国家出版基金项目
NATIONAL PUBLICATION FOUNDATION

涡轮机械与推进系统出版项目

航空发动机技术出版工程

航空发动机主燃烧室设计

李继保　索建秦　等　编著

科学出版社

北　京

内 容 简 介

本书基于航空发动机主燃烧室利益相关方的各类需求,给出了燃烧室的设计要求,全面介绍了航空发动机主燃烧室的设计流程和设计方法,包括航空发动机主燃烧室的总体、气动热力、扩压器、旋流器、燃油喷射及热防护、火焰筒、机匣和点火等方面的设计流程与具体设计方法。另外,本书还介绍了航空发动机主燃烧室的常用材料、加工工艺、试验验证以及数值仿真等方面的内容。

本书可作为从事航空发动机主燃烧室设计的专业人员的参考书,也可作为其他类型的燃气涡轮发动机燃烧室设计人员和相关高校教师及研究生的参考书。

图书在版编目(CIP)数据

航空发动机主燃烧室设计 / 李继保等编著. —北京:科学出版社,2022.12
航空发动机技术出版工程　国家出版基金项目
涡轮机械与推进系统出版项目
ISBN 978 - 7 - 03 - 074381 - 7

Ⅰ. ①航… Ⅱ. ①李… Ⅲ. ①航空发动机—燃烧室—设计 Ⅳ. ①V233.7

中国版本图书馆 CIP 数据核字(2022)第 246483 号

责任编辑:徐杨峰 / 责任校对:谭宏宇
责任印制:黄晓鸣 / 封面设计:殷　靓

科学出版社 出版
北京东黄城根北街 16 号
邮政编码:100717
http://www.sciencep.com

南京展望文化发展有限公司排版
广东虎彩云印刷有限公司印刷
科学出版社发行　各地新华书店经销

*

2022 年 12 月第 一 版　开本:B5(720×1000)
2024 年 10 月第六次印刷　印张:18 3/4
字数:368 000
定价:150.00 元
(如有印装质量问题,我社负责调换)

涡轮机械与推进系统出版项目
顾问委员会

航空发动机技术出版工程
专家委员会

航空发动机技术出版工程
编写委员会

航空发动机主燃烧室设计
编写委员会

涡轮机械与推进系统出版项目

序

涡轮机械与推进系统涉及航空发动机、航天推进系统、燃气轮机等高端装备。其中每一种装备技术的突破都令国人激动、振奋，但是由于技术上的鸿沟，使得国人一直为之魂牵梦绕。对于所有从事该领域的工作者，如何跨越技术鸿沟，这是历史赋予的使命和挑战。

动力系统作为航空、航天、舰船和能源工业的"心脏"，是一个国家科技、工业和国防实力的重要标志。我国也从最初的跟随仿制，向着独立设计制造发展。其中有些技术已与国外先进水平相当，但由于受到基础研究和条件等种种限制，在某些领域与世界先进水平仍有一定的差距。在此背景下，出版一套反映国际先进水平、体现国内最新研究成果的丛书，既切合国家发展战略，又有益于我国涡轮机械与推进系统基础研究和学术水平的提升。"涡轮机械与推进系统出版项目"主要涉及航空发动机、航天推进系统、燃气轮机以及相应的基础研究。图书种类分为专著、译著、教材和工具书等，内容包括领域内专家目前所应用的理论方法和取得的技术成果，也包括来自一线设计人员的实践成果。

"涡轮机械与推进系统出版项目"分为四个方向：航空发动机技术、航天推进技术、燃气轮机技术和基础研究。出版项目分别由科学出版社和浙江大学出版社出版。

出版项目凝结了国内外该领域科研与教学人员的智慧和成果，具有较强的系统性、实用性、前沿性，既可作为实际工作的指导用书，也可作为相关专业人员的参考用书。希望出版项目能够促进该领域的人才培养和技术发展，特别是为航空发动机及燃气轮机的研究提供借鉴。

张彦仲

2019 年 3 月

航空发动机技术出版工程

序

　　航空发动机被誉称为工业皇冠之明珠,实乃科技强国之重器。

　　几十年来,我国航空发动机技术、产品及产业经历了从无到有、从小到大的艰难发展历程,取得了显著成绩。在世界新一轮科技革命、产业变革同我国转变发展方式的历史交汇期,国家决策进一步大力加强航空发动机事业发展,产学研用各界无不为之振奋。

　　迄今,科学出版社于2019年、2024年两次申请国家出版基金,安排了"航空发动机技术出版工程",确为明智之举。

　　本出版工程旨在总结、推广近期及之前工作中工程、科研、教学的优秀成果,侧重于满足航空发动机工程技术人员的需求,尤其是从学生到工程师过渡阶段的需求,借此也为扩大我国航空发动机卓越工程师队伍略尽绵力。本出版工程包括设计、试验、基础与综合、前沿技术、制造、运营及服务保障六个系列,2019年启动的前三个系列近五十册任务已完成;后三个系列近三十册任务则于2024年启动。对于本出版工程,各级领导十分关注,专家委员会不时指导,编委会成员尽心尽力,出版社诸君敬业把关,各位作者更是日无暇暑、研教著述。同道中人共同努力,方使本出版工程得以顺利开展、如期完成。

　　希望本出版工程对我国航空发动机自主创新发展有所裨益。受能力及时间所限,当有疏误,恭请斧正。

2024 年 10 月修订

本书序

燃烧室(指主燃烧室)是航空发动机的主要部件之一,其性能直接影响航空发动机的主要性能。航空发动机在正常和极端条件下的启动性能直接与燃烧室相关,航空发动机的污染排放主要由燃烧室决定,涡轮的寿命也与燃烧室的出口温度分布有很大关系。当前航空发动机发展的高性能要求使得燃烧室的工作条件越来越恶劣,工作范围越来越宽广,对其性能要求也越来越高,这就对燃烧室的设计提出了极大的挑战。

航空发动机对燃烧室的性能有诸多要求,设计者需考虑多种因素的影响,采取综合权衡的设计方案,才能同时满足这些要求。为此,燃烧室需要采取高精技术的气动热力设计和结构设计,这对燃烧室设计者的知识体系、专业结构和经验体会等均提出了全面和极高的要求。

该书是中国航空发动机集团有限公司组织编写的"航空发动机技术出版工程"系列专著之一,内容涵盖航空发动机主燃烧室设计的各个方面,包括燃烧室设计要求、设计流程、总体设计、各部件(扩压器、喷嘴、旋流器、火焰筒和机匣)设计方法、点火方案设计、喷嘴热防护设计、常用材料、加工工艺和设计相关的实验验证要求等,是一部有关航空发动机燃烧室研究和设计知识面较全的著作。

该书的编写团队包括国内从事航空发动机主燃烧室设计方面的资深专家和一线设计人员,也包括国内从事航空发动机主燃烧室研究和教学方面相关高校的专家学者,他们有多年从事航空发动机主燃烧室设计方面的专业造诣和丰富经验,也有系统的理论知识和研究成果,我相信该书的出版将为提升国内航空发动机主燃烧室设计水平和推动相关产品的研制起到很好的促进作用。

甘晓华

2022 年 5 月

前　言

燃烧室是航空发动机的三大核心部件之一,接收来自压气机的高压高速空气来流,并与喷射的燃油混合后点燃,将化学能转化为热能,产生高温的燃气以驱动涡轮做功,而涡轮又驱动压气机做功。因此,人们将燃烧室称为发动机的"心脏"。

燃烧室的工作条件非常恶劣,是航空发动机中工作压力和工作温度最高的部件,气体在压气机出口达到航空发动机的最高压力进入燃烧室,燃烧室中的燃气温度高达 3 000 K;燃烧室的进气条件也非常不好,进气速度非常高,可以高达 150~200 m/s(12 级风速为 32.7~36.9 m/s),燃烧室进口的速度分布常常不均匀;另外燃烧室要在航空发动机的各个工况下都能正常工作,因此燃烧室工作的压力、流量(空气和燃油)和油气比范围变化很大。

虽然燃烧室的工况如此苛刻,但仍对其有诸多很高的要求。航空发动机对燃烧室的要求包括工作评定要求和性能评定要求两方面。工作评定要求包括点火(地面、高空、高寒、高温和高原等)、熄火(慢车贫油、吞烟、吞水和吞冰等)、寿命(大修之间循环数或小时数)、维护(包括喷嘴积碳等)等方面。性能评定要求包括燃烧效率、总压损失、出口温度分布(热点指标、周向平均的径向温度分布偏差和径向温度分布偏差)、污染排放(气态污染物和非挥发性颗粒物)和燃烧不稳定性等方面。

工作在如此苛刻的环境中,又要满足诸多方面的高要求,这就对燃烧室的设计者提出了极大挑战。为满足某一性能要求而采取的设计举措,可能导致其他性能的恶化,因此设计者必须采取折中的方案,在诸多性能要求和设计举措中做出妥协,进行全面考量,做出平衡选择。

燃烧室设计对设计者的知识面、知识体系和架构要求广而深,涉及工程热力学、流体力学、传热学、燃烧学、化学反应、化学平衡、化学动力学、控制科学、材料科学和工艺学等多方面知识,设计者要综合运用这些学科的知识设计满足各方要求的燃烧室。由于以上各学科中并未形成完整的理论和体系,燃烧室与航空发动机一样,都严重依赖前期的经验与积累。因此,目前国际上并设有通用的燃烧室设计方法和理论体系,各个国家和供货商都是在自身多年经验积累的基础上,建立各自的燃烧室设计方法和理论体系,与之配合的是丰富的经验数据与准则,并在此基础上不断改进和完善。

新中国成立后,伴随着航空工业的发展,航空发动机也经历了测绘、仿制、改进和自主设计的历程。当前,我国正在大力推进航空发动机的设计研发工作,其中一个重要内容就是建立航空发动机自主设计体系,本书就是在这一背景下,组织国内相关单位的专家和学者编写的关于航空发动机主燃烧室设计方面的专著。

本书第1章介绍燃烧室功能和类型,并给出燃烧室研制流程;第2章明确燃烧室利益相关方、需求捕获和分解、设计要求和接口;第3章给出燃烧室总体设计的方法,包括气动热力学参数计算、总体尺寸确定和主要结构方案设计;第4章给出扩压器设计;第5章给出旋流器设计流程与方法;第6章给出燃油喷射系统设计,包括喷嘴热防护、活门设计和喷嘴调试;第7章给出火焰筒设计;第8章给出机匣设计;第9章给出点火方案设计;第10章介绍燃烧室常用材料和工艺;第11章给出燃烧室试验验证;第12章介绍燃烧室数值仿真。

本书第1章由朱英和秦皓编写;第2章由朱英编写;第3章由彭剑勇、邢力、马存祥和李银怀编写;第4章由邢菲编写;第5章由邢力和朱鹏飞编写;第6章由林宇震、李林、张净玉、彭剑勇和朱英编写;第7章由杨会评和翟维阔编写;第8章由曹阳和柴昕编写;第9章由唐军、吴云、张志波和崔巍编写;第10章由王少波和柴昕编写;第11章由唐军和房人麟编写;第12章由金捷编写。全书由宋双文和金捷审稿,李继保和索建秦统稿并定稿。在本书的编写过程中,得到了中国航空发动机集团科学技术委员会和参加本书各个章节编写人员所在单位的大力支持;在本书的出版过程中,得到了科学出版社的大力支持与帮助,在此一并表达谢意。

由于作者众多且来自不同的单位,所以各章节的编写风格略有差异。经作者慎重考虑,决定不进行风格方面的统一处理,而是作为本书的特色之一,以拓展读者的思路。因为在实际的发动机设计中,国内外不同的设计单位及设计者的设计思想往往有很大的不同,采用的方法也不尽相同。

由于作者实际经验和理论水平有限,以及时间和其他方面的限制,本书难免有不足之处,恳请读者批评指正。

李继保　索建秦

2022 年 6 月

目　录

第1章　燃烧室设计基础

第2章　燃烧室设计要求

第 3 章　燃烧室总体设计

第4章　扩压器设计

第5章　旋流器设计

第6章　燃油喷射系统设计

第7章　火焰筒设计

第8章　机　匣　设　计

第9章　点火方案设计

第10章　燃烧室常用材料和工艺

第 11 章　燃烧室试验验证

第 12 章　燃烧室数值仿真

第1章

燃烧室设计基础

1.1 燃烧室功能和结构

1.1.1 航空发动机对飞机的主要作用

飞机主要依靠机翼产生的升力克服重力实现空中飞行,图1.1是飞机机翼上下型面气流流动示意图。从图中可以看出,空气在机翼上下型面流过,在机翼尾缘汇合。其中,黑色实线是机翼上型面空气流动路径,黑色虚线是机翼下型面空气流动路径。从机翼剖面形状可以看出,机翼上型面做成向上突出的形状,机翼下型面更加平直。显然,空气在上型面流经的路程要比在下型面流经的路程长,因此在上型面的空气被迫以较快的速度流过。当气流流过机翼时,沿上型面的流速快,沿下型面的流速慢。根据流体力学中的伯努利定律,流速快的地方压强低,流速慢的地方压强高。这样流过机翼上下型面的气流流速不一致,使作用在机翼上下型面上的压强出现差异(下型面压强大、上型面压强小),这个压强差值作用在机翼上形成一个向上的力,即升力[1]。只要机翼与空气之间有相对运动,空气就能为机翼提供升力。

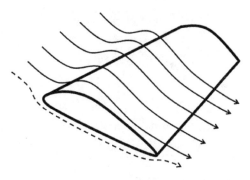

图1.1 飞机机翼上下型面气流流动示意图

发动机是飞机获得向前飞行速度的动力来源。飞机飞行时推力的来源如图1.2所示,图中给出了两种推力形式:对于喷气式飞机,发动机直接将吸入的气流加速后向后喷出,气流会产生一个向前的反作用力加载在飞机上;对于螺旋桨飞机,是由发动机带动螺旋桨转动使空气加速产生向后的流动,气流反作用力加载在螺旋桨叶并传递到飞机机身上。当向前的反作用力大于飞机飞行的阻力时,就可以推动飞机向前飞行。

需要说明的是,上面介绍的例子是针对固定翼飞机的,如果是直升机,飞行原

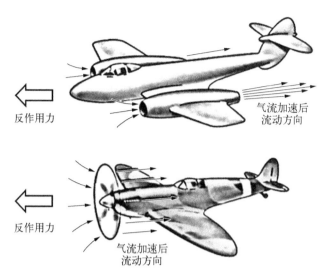

图 1.2　飞机飞行时推力的来源

理则大不相同。直升机主要依靠高速旋转的旋翼产生向上的升力,再加上飞行姿态控制旋翼升力有一个向前的分力,实现直升机的向前飞行。现代直升机一般采用的是涡轴发动机,其提供的输出功率驱动旋翼高速旋转。

　　不论是固定翼飞行器(如飞机)还是旋翼飞行器(如直升机),都依赖航空发动机产生的机械能来驱动空气流动产生的反作用力作为动力。

1.1.2　燃烧室功能

　　航空发动机产生推力的原理是:将进口大气环境的空气作为工质,加入能量之后使空气通过尾喷管高速排出,以获得飞机向前的推力。

　　航空发动机产生推力分为四个步骤,进行简化后的航空涡轮发动机理想热力循环过程示意图见图 1.3[2]。第 1 步是发动机压缩部件(风扇、压气机)将进口空气进行压缩以提升总压;第 2 步是燃烧室注入燃油与空气混合并燃烧,将燃油化学能转化为燃气热能,这个过程总压略微降低;第 3 步是燃气在涡轮中膨胀,燃气热能转化为机械能,可以驱动压缩部件;第 4 步是剩余燃气的能量在尾喷管继续膨胀做功,高速气流向后喷出的同时产生向前的反作用力。

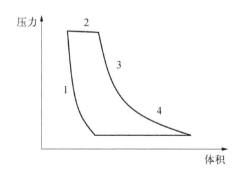

图 1.3　航空涡轮发动机理想热力循环过程示意图

　　从上述热力循环过程可以看出,燃烧室的作用主要是将燃料的化学能转化为热能,对做功的工质进行加热。随着航空发动机技术的发展,对推重比(军机)、耗油率(民机)的要求越来越高,循环参数水平也越来越高,其中燃烧室出口温度(也称为"涡轮前温度")是一项重要指标。

发动机的涡轮部件限制了燃烧室的出口温度,燃烧过程并未将核心机(由压气机、燃烧室和涡轮组成)空气中的氧气全部消耗(用于热端零件冷却的空气通常占核心机总空气流量的20%以上),这也导致核心机气流工质的做功能力并未得到充分利用。军用航空发动机往往需要在一些场合(如短距起飞、作战机动等)增加发动机推力,此时可以在涡轮后、尾喷管前设置一个额外的燃烧室,注入额外的燃油燃烧来提高气流的总焓,从而增加发动机推力,这个额外的燃烧室称为加力燃烧室。为了与加力燃烧室进行区分,涡轮上游的燃烧室称为主燃烧室。由于民用航空发动机没有加力燃烧室,所以本书介绍的内容对于军机和民机有通用性,为了便于阅读,本书统一用"燃烧室"字样。

由于加力燃烧室设计的考虑因素和主燃烧室差别较大,所以本书内容聚焦于主燃烧室的设计,读者可以参阅其他资料了解加力燃烧室的设计知识。

1.1.3　燃烧室构成和设计边界

经过几十年的发展,航空发动机燃烧室的结构形式基本相同,一般由以下几大组件构成:外机匣、内机匣、扩压器、喷嘴、前封严环和火焰筒。不同的发动机,对燃烧室单元体的划分略有差异,例如,有的发动机将内机匣和涡轮一级导向器合起来作为一个大组件,划分给高压涡轮单元体;有的发动机将前封严环划分给燃烧室单元体。图 1.4 是一种常见的航空涡轮发动机燃烧室结构组成示例,图中灰色区

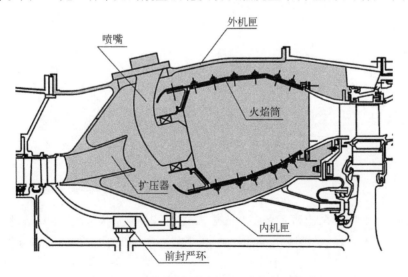

图 1.4　航空涡轮发动机燃烧室结构组成示例

域是燃烧室设计覆盖的范围,由图可以看出,该例中前封严环和内机匣均不在燃烧室单元体中。

除了几何边界,燃烧室还需要定义气动边界。燃烧室进口用"3 截面"表示,此处"3 截面"指的是扩压器进口的位置;对于压气机末级导叶(outlet guide vane, OGV)和扩压器非一体化设计,"3 截面"指的是 OGV 出口。燃烧室出口用"4 截面"表示,这里指的是火焰筒出口位置,也是高压涡轮第一级导向器前缘位置,通常说的燃烧室出口温度或者涡轮前温度就是指这个位置的平均燃气总温,用 T_{t4} 表示。图 1.4 中燃烧室气动范围标识的灰色区域前后两个分界面,就是"3 截面"和"4 截面"的位置。

燃烧室是航空涡轮发动机必不可少的一个部件,其功能就是把燃料中的化学能经过燃烧释放出来转化为热能,生成的高温燃气是涡轮和尾喷管膨胀做功的工质,最终将热能转化为机械能,用于不同类型的飞机产生动力。

1.2　燃 烧 室 类 型

按照燃烧室横截面上火焰筒和机匣排布形式的差异,燃烧室分为三种类型:单管燃烧室、环管燃烧室以及环形燃烧室[3]。

图 1.5 是单管燃烧室示意图,从燃烧室剖面图来看,单管燃烧室由多个筒状的火焰筒和机匣组成,每个火焰筒独立放置于机匣内,每个火焰筒之间用联焰管相连。在早期的航空发动机中,单管燃烧室得到了广泛应用,因为其优点是研发时间短和研发经费少,只需要把每个火焰筒的燃烧场调试好就可以根据发动机推力大小增加或者减少火焰筒数量。单管燃烧室的缺点是:采用独立的单管火焰筒和单管机匣,导致燃烧室长度和重量非常大,并且燃烧室出口的燃气在周向非常不均匀,因此现代航空发动机很少使用单管燃烧室。

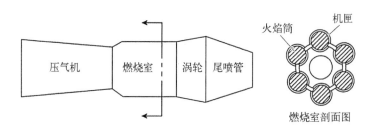

图 1.5　单管燃烧室示意图

随着技术的发展,出现了将多个火焰筒放在同一个筒状机匣内的环管燃烧室,其示意图见图 1.6。环管燃烧室相比于单管燃烧室减少了零件数量和重量,并且在研发过程中也只需要对一个火焰筒进行设计和验证,继承了单管燃烧室的一些优点,也是环形燃烧室出现之前得到广泛应用的构型。采用环管燃烧室的第二代发动机主要有通用电气公司的 J73 和 J79 发动机、普惠公司的 J57 和 J75 发动机及罗罗公司的康维(Conway)、奥林巴斯(Olympus)和斯贝(Spey)发动机。

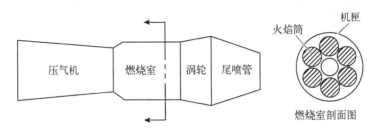

图 1.6 环管燃烧室示意图

随着技术的发展,现代燃烧室基本采用了更加先进的环形燃烧室,其示意图见图 1.7,这是航空涡轮发动机燃烧室的理想形式。由于避免了不同独立火焰筒之间的流动、掺混和燃烧联焰问题,环形燃烧室结构更加紧凑,气动上更加顺畅,流动损失更小,燃烧场更加均匀。不过环形燃烧室也存在一些缺点,如大尺寸环形薄壁火焰筒的结构强度不如单管火焰筒、全尺寸燃烧室试验对气源要求更高等。20 世纪 70 年代以后的航空发动机绝大部分采用了环形燃烧室的构型,如通用电气公司的 CF6、CFM56、GE90 和 F110 发动机等,普惠公司的 JT9D、F100 和 F119 发动机等,罗罗公司的 RB211 和 Trent 系列发动机等。

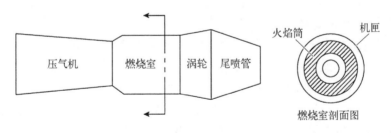

图 1.7 环形燃烧室示意图

1.3 燃烧室研制流程

1.3.1 概述

航空发动机是现代工业发展过程中诞生的有代表性的复杂系统,由于周期长、风险大、投入高,所以具有极高的研制门槛。现代航空发动机的研制对基础学科、工业水平以及综合国力的要求极高,在全球范围内呈现出典型的寡头垄断格局,目前仅美国、英国、法国、俄罗斯和中国具备完整的航空发动机研发能力,比较有代表性的民用涡扇航空发动机主制造商又以美国两家公司(通用航空发动机公司和普惠公司）和英国一家公司（罗罗公司）为主，此外还有以上三家公司组建的国际合作公司，如 CFM 国际公司（美国的通用航空发动机公司和法国赛峰集团公司合资，具有代表性的发动机有 CFM 56 系列和 Leap 系列）、国际航空发动机（International Aero Engines，IAE）公司（美国的普惠公司、英国的罗罗公司、日本的航空发动机公司和德国的 MTU 公司合资，代表性发动机为 V2500）和发动机联盟（Engines Alliance，EA）公司（通用航空发动机公司和普惠公司合资，代表性发动机为 GP7000 系列）。

燃烧室作为航空发动机的关键部件之一，研制流程是伴随着发动机整个研制过程而制定的，因此本小节介绍的燃烧室研制流程中的一些阶段描述与整个发动机的研制流程是匹配的。

军用航空发动机和民用航空发动机的研制虽然在使用对象和管理机关部门要求上存在一些差异，但是在一些基本理念上比较类似，如按阶段管理研制活动、重视设计要求和需求、试验验证分层级等。本小节以民用航空发动机燃烧室为例介绍产品型号燃烧室的研制活动。

1.3.2　民用航空发动机主要研制阶段的燃烧室研制活动

民用航空发动机的研制主要分为以下几个阶段：需求分析和定义阶段、概念设计阶段、初步设计阶段、详细设计与初始验证阶段、验证与确认阶段、产品交付和服务支持阶段、产品退役阶段等。其中，体现燃烧室设计研制活动的主要是前五个阶段，下面分别对其进行具体介绍。

1）需求分析和定义阶段

整机在需求分析和定义阶段的主要工作是分析需求并立项，具体包括：分析发展规划、市场需求及潜在客户，识别利益相关方，编制商务需求文档（business requirement document，BRD）；收集利益相关方的需求，形成产品的系统需求文档（system requirement document，SRD）；分析项目周期、资源和经费需求，完成项目建议书编制并提交上级机关管理部门；论证关键技术并提前开展研究工作。

为了支撑整机论证立项和需求分解，燃烧室要对型号技术指标中与燃烧室相关的内容进行评估，论证其可行性，提出燃烧室的研制思路，并识别可能用到的新技术，如新材料、新技术、新工艺、新设计等。

一般在型号立项之前，燃烧室应该已经开展了一些预先研究，对整机技术发展趋势进行了前瞻性的探索，如军机关注高温升，民机关注低污染排放，在新一代发动机参数水平下，燃烧室的气动热力设计和结构方案需要采用哪些新的技术，这些新的技术一般会安排一些理论分析以及耗费不大的模型试验件进行验证。一旦型号要进行立项，这些预先安排的研究工作将是论证整机技术方案可行性的重要依据，也会为后面阶段的工作奠定基础。

需求分析和定义阶段燃烧室研制工作的输出包括：燃烧室方案论证报告、燃烧室研制相关的项目要素分解(经费、周期、资源等)、燃烧室研制策划、燃烧室关键技术分析报告。

2) 概念设计阶段

整机在概念设计阶段的主要工作是根据产品系统需求文档开展整机的初步方案设计,并与主要的部件、子系统进行方案迭代,在这个过程中一般会形成多个方案进行比较择优,最终确定整机的主方案。具体工作包括:更新市场需求和潜在客户分析,视情答复客户的信息征询书或招标书,更新商务需求文档;根据市场分析和利益相关方需求的变化,更新产品系统需求文档,并以此完成总体方案的定义;完成部件和子系统的需求文档(sub-system requirement document, SSRD)编制,并开展部件和子系统的初步方案设计;完成可行性研究报告的编制并提交上级机关管理部门;与适航局方建立联系,签署安全保障合作计划。

概念设计阶段燃烧室要开展的工作主要是支撑总体方案定义,分解燃烧室技术需求,完成燃烧室的多方案设计,择优形成燃烧室主方案,并全面启动相关关键技术的验证工作。而全部关键技术的验证工作是在初步设计阶段结束时完成的,达到技术成熟度(technology readiness level, TRL)6 级。

一般在概念设计阶段发动机总体方案没有冻结,燃烧室的工作条件和接口(如气动热力学参数、进出口尺寸等)可能随着其他部件和总体的迭代而发生变化。在概念设计阶段燃烧室的试验验证工作基于概念方案的参数和接口,开展单头部模型燃烧室或者冷态流场试验,筛选验证燃烧室选型的主要设计参数,并对主要关键技术指标进行初步验证,为燃烧室方案的可行性论证提供依据。

概念设计阶段燃烧室研制工作的输出包括:燃烧室子系统需求文档;燃烧室方案设计结果;一部分关键技术报告和试验报告。

3) 初步设计阶段

整机在初步设计阶段的主要工作是在概念设计阶段初步总体技术方案的基础上,完善细化形成最终的总体方案(含部件级方案、子系统方案),完成关键技术攻关。具体包括:更新市场需求和潜在客户分析,视情与客户签署备忘录或意向书;更新商务需求文档;根据市场分析和利益相关方需求的变化,更新产品系统需求文档、部件和子系统需求文档;编制零组件需求文档(component requirement document, CRD)并完成零组件设计;开展部件级和零组件级试验验证;完成所有关键技术攻关工作;向适航局方提交型号合格证申请书,确定审定基础,编写审定计划草案。

初步设计阶段燃烧室要开展的工作是完善燃烧室部件方案,并开展详细的零组件级试验和部件级试验,常见的试验包括:多头部扇形高温高压试验、全环燃烧室试验、火焰筒振动疲劳试验、机匣压力试验、机匣低循环疲劳试验、喷嘴热防护试验等。有时为了提前验证技术、降低风险,也会在这一阶段安排核心机试验或者整机试验,对某些关键性能进行摸底。在初步设计阶段,通过充分的试验验证,燃烧室所有技术指标必须满足发动机总体对燃烧室提出的要求,并且关键技术攻关全部完成验证。如果存在不满足指标要求的情况,则需要请发动机总体和利益相关方进行评估,并列入风险管控清单,原则上不允许出现重大指标不符合的情况。

初步设计阶段燃烧室研制工作的输出包括:更新后的燃烧室设计需求文档;经验证的燃烧室方案;部件级、零组件级试验验证结果;关键技术总结。

4)详细设计与初始验证阶段

整机在详细设计与初始验证阶段的主要工作是完成子系统的详细设计、加工和整机装配,完成首台发动机的初始验证。具体包括:更新市场需求和潜在客户分析,与先锋客户签订销售合同;更新商务需求文档;根据市场分析和利益相关方需求的变化,更新产品系统需求文档、部件和子系统需求文档;完成产品详细设计,完成全套设计图样设计和发放;完成零组件、部件和子系统硬件交付与装配;首台整机试车发动机(first engine to test,FETT)总装和初始验证;另外,需要视情补充必要的部件、子系统试验验证;配合局方完成审定计划和专项合格审定计划。

详细设计与初始验证阶段燃烧室要开展的工作是根据整机试验情况,以及初步设计阶段遗留问题改进优化设计并验证,冻结燃烧室方案并完成详细设计和部件加工装配,交付首台发动机总装。

详细设计与初始验证阶段燃烧室研制工作的输出包括:更新后的燃烧室设计需求文档;详细设计图样;组装好的燃烧室硬件;按需开展的部件级、零组件级试验验证结果。

5)验证与确认阶段

整机在验证与确认阶段的主要工作是按照产品验证计划完成研制验证试验、型号取证适航试验,并支持飞机完成取证,确认产品符合客户需求,可以进行生产交付和使用。具体包括:更新市场需求和潜在客户分析,视情启动批产订单谈判和签约;完成所有零组件、部件子系统、整机的工程验证试验;根据试验结果视情优化改进,并按取证状态完成制造和装配;完成飞行台试验和其他取证试验;取得型号合格证(type certification,TC);开展生产许可证申请,取得生产许可证(production certification,PC);交付飞机公司用于取证的发动机;支持飞机获得 TC 和 PC。

验证与确认阶段燃烧室要开展的工作是完成支撑适航取证相关试验件的试制和试验,并获得 TC 和 PC。

验证与确认阶段燃烧室研制工作的输出包括:各种试验报告;构型审核报告;适航符合性报告;取证后的燃烧室全套技术文件(如图纸、设计报告、分析报告、工艺文件等)。

1.3.3　基础研究、预先研究和型号研制的关系

由于现代燃烧室的技术指标越来越高、工作条件越来越恶劣,其研制工作的技

术风险和进度风险也越来越大,为了降低型号研制风险,国外发动机公司、研究机构和政府部门极其重视基础研究和预先研究。

图 1.8 是燃烧室基础研究、预先研究和型号研制的关系示意图。从图中可以看出,基础研究是最早启动的,其主要目的是跟踪前沿技术发展趋势,探索一些技术点的规律,开展一些理论研究(TRL1 级)和元件级试验验证(TRL2 级),这个阶段往往没有明确的型号总体参数和需求来牵引,在条件允许的情况下可以开展一些单头部筛选试验(TRL3 级)和扇形燃烧室试验(TRL4 级),以提高技术成熟度。到了预先研究阶段一般会有整机或者核心机级的技术验证项目作为牵引,会有一个发动机总体方案,虽然分解到燃烧室的需求还不是很详细,但是对燃烧室技术路线起到了重要的牵引作用,例如:民机污染排放的要求会引出燃烧组织的方式选择。在预先研究阶段,重点是突破一些部件级关键技术,以支撑发动机总体关键指标的可行性,一般在项目经费充足的情况下尽量做到验证机整机级考核,技术成熟度达到 TRL5 级和 TRL6 级,即完成全环燃烧室验证或者整机验证。在型号研制阶段,主要解决的是结构强度、寿命、可靠性的问题,并完成部件和总体的迭代,在型号发动机边界条件下完成部件的全部设计和验证工作,最终所有的技术指标要得到充分验证,达到技术成熟度 TRL9 级才能进入市场服役。

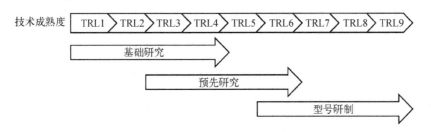

图 1.8　燃烧室基础研究、预先研究和型号研制的关系示意图

以最新型的民用航空发动机低排放燃烧室为例,早在 1995 年通用电气公司就在 NASA 的某研究计划框架下开展了第一代双环预混旋流器(twin annular premixing swirler, TAPS)燃烧室的研究工作,并在 2000 年利用 CFM56 发动机作为验证平台开展了一系列整机试验,到 2003 年已经在整机上积累了上千小时的试车数据,技术成熟度达到 TRL6 级。因此,通用电气公司在 2003 年启动 GEnx 型号研制时,其燃烧室技术指标可行性已经得到了充分验证,然而即使提前安排了大量的预先研究工作,但在 GEnx 型号研制过程中依然出现了进度拖延情况。

除了预先研究,国外发动机公司和大学建立了密切的基础研究合作,通用电气公司、普惠公司和罗罗公司均在欧洲和北美建立了覆盖航空发动机燃烧室主要基础学科的研究合作点,并将一些关键的技术方向纳入公司自己的基础研究规划。这些合作方向覆盖了传热、雾化、化学反应、流动与燃烧理论、数值仿真、高温材料、先进工艺等众多学科,大学和发动机公司自己的基础研究部门针对长期规划中列出的新一代发动机燃烧室技术指标分解出的单向技术点开展深入、广泛的理论和试验研究,获得的数据、规律以及准则能够源源不断地纳入企业产品研发的体系中,产生的软件、规范、标准和数据成为一系列新型号的保障。

近些年,随着我国航空发动机事业的不断发展,以及国家和社会对航空发动机的日益重视,我国航空发动机产业也在逐步开创、借鉴并实施一套基于科学规律的研制规划,这无疑是缩小与国外航空发动机水平差距的有力保障。

参考文献

[1]　刘大响,陈光.航空发动机:飞机的心脏[M].北京:航空工业出版社,2003.

[2]　廉筱纯,吴虎.航空发动机原理[M].西安:西北工业大学出版社,2005.

[3]　Lefebvre A H, Ballal D R. Gas turbine combustion: Alternative fuels and emissions[M]. 3rd ed. Boca Raton: Taylor and Francis Group, 2010.

第2章
燃烧室设计要求

2.1 燃烧室利益相关方

根据系统工程理论,复杂系统的设计需求识别过程要从利益相关方入手[1],典型的燃烧室利益相关方如图 2.1 所示,包括:上层系统——飞机和发动机;其他子系统——压气机、涡轮、燃油系统和空气系统等;使用者——航空公司、维维人员、制造和装配人员等;影响周围环境的因素——大气、机场、居民和乘客等;政府监管部门——民航局。

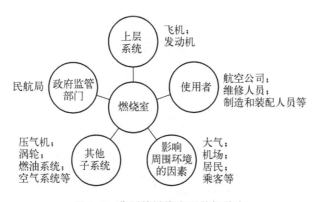

图 2.1 典型的燃烧室利益相关方

这些利益相关方之间又有密切的关联,它们一起形成一个完成航空运行任务的"大系统",有些直接与燃烧室发生信息交互,有些通过其他系统元素和燃烧室关联,图 2.2 为典型的燃烧室和利益相关方信息交互关系图。图中箭头方向表示信息的流入方向或者流出方向,有的信息(如热量交换)是双向的,方框中给出的是与燃烧室发生信息交互的对象,也就是燃烧室的利益相关方。这些信息交互的过程,就是燃烧室设计需要捕获的设计需求的重要来源。

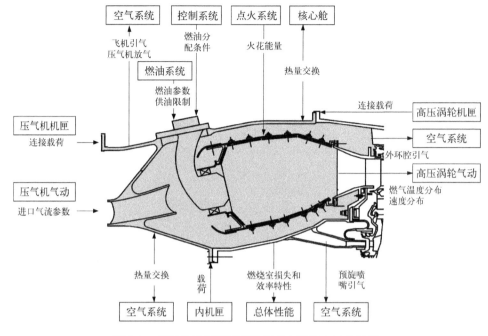

图 2.2　典型的燃烧室和利益相关方信息交互关系图

2.2　燃烧室需求捕获和分解

燃烧室是发动机下属的一个子系统,发动机属于飞机系统,飞机又属于航空运行这个大系统。

为了研究燃烧室设计需求分解的过程,需要首先了解相关的系统架构划分。如果把发动机作为燃烧室关心的最上层系统,往下分为子系统和零组件,一共三个层级,燃烧室部件位于子系统层级。最下层是零组件层级,本书后面章节介绍的扩压器、火焰筒、喷嘴、机匣等零组件就位于这一层。

根据系统工程理论,一个复杂系统的需求是从上层系统向下层系统分解的,在这个过程中每层系统要根据需求开展设计定义,对下一层系统提出要求,作为下一层系统需求的来源,直至底层系统完成方案定义,这个过程参见图 2.3。在发动机研制过程中,最上层系统的需求来源包括客户需求、市场分析结果、适航需求和企业技术方针等,根据这些需求源形成系统需求文档。发动机系统级定义工作基于SRD 开展总体方案设计,确定总体性能循环参数、总体结构布局、空气系统引气分配、计算整机载荷等,这个过程称为系统定义,产生的是系统级设计定义(system design definition, SDD)文档。

燃烧室作为发动机的一个子系统,根据发动机 SDD 文档,形成燃烧室子系统

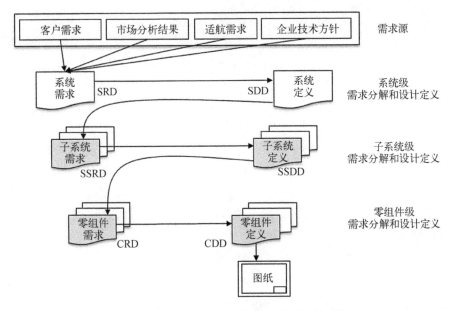

图 2.3　发动机系统需求分解和设计定义的过程

的需求文档。之后,燃烧室根据 SSRD 开展设计定义,其一般指的是燃烧室方案设计,因为零组件详细设计还未开展,只需根据燃烧室的性能要求、结构要求、强度要求和寿命要求等开展燃烧室总体设计,确定燃烧室气动热力学参数选取和总体结构布局,并对下一层零组件提出设计需求。燃烧室设计定义工作产出的是燃烧室子系统设计定义(sub-system design definition, SSDD)文档。

底层的零组件级,如扩压器、火焰筒、喷嘴、机匣等,根据燃烧室 SSDD 文档形成零组件需求文档,这也是本书后面章节中设计要求内容的产生过程。

在设计零组件时,根据零组件需求文档开展详细的设计定义工作,确定零组件的主要参数、尺寸,并开展性能和强度分析评估,完成之后形成零组件设计定义(component design definition, CDD)文档,这也是最后绘制用于生产加工图纸的依据。

2.3　燃烧室设计要求和接口

2.3.1　燃烧室气动热力学参数和其他相关接口

航空发动机在飞机飞行包线不同状态时的飞行高度、飞行速度不同,飞机对发动机的推力需求不同,发动机进口参数也有很大区别。燃烧室在不同工作状态下的工作参数也有很大差异,要准确理解燃烧室设计过程,就需要熟悉燃烧室典型工作状态下参数的特点。

通常来讲,航空发动机的主要工况有地面或高原起飞、高空巡航、低高度大马赫数平飞、地面慢车、高空再点火等。通常燃烧室气动热力设计点选择地面起飞状态,对民机燃烧室设计而言,由于要考虑氮氧化物(NO 和 NO_2,用 NO_x 表示)的排放指标,一般将国际民用航空组织(International Civil Aviation Organization, ICAO)规定的着陆和起飞(landing and take-off, LTO)循环中的起飞状态作为设计点[2]。一般 LTO 循环中的起飞状态的燃烧室参数和地面起飞状态的燃烧室参数接近,是发动机在地面台架试车时去掉功率提取和飞机引气,推力达到额定起飞推力时的状态。

燃烧室设计用到的主要气动热力学参数包括进口空气流量 W_3、进口总温 T_{t3}、进口总压 P_{t3}、出口温度 T_{t4}、总油气比 FAR 等。这些参数在发动机总体循环确定之后就可以由发动机总体性能给出专业计算值,在部件、核心机、整机试车过程中不断进行迭代修正。

不同推力级别及不同类型的航空发动机,燃烧室在大状态(如起飞工况)的参数差别非常大。例如:进口空气流量从小于 10 kg/s 到超过 100 kg/s,进口空气流速范围为 60~180 m/s,进口马赫数范围为 0.2~0.35,进口空气压力范围为 0.4~5 MPa,进口温度范围为 450~950 K。燃烧室出口温度范围为 1 200~2 000 K,甚至更高。表 2.1 是常见的航空发动机燃烧室参数范围。

表 2.1   常见的航空发动机燃烧室参数范围

状 态	P_{t3} /MPa	T_{t3} /K	FAR
地面起动	0.08~0.14	220~320	0.010~0.040
慢车	0.11~0.40	300~475	0.010~0.018
巡航	0.20~1.50	600~750	0.015~0.026
起飞	0.40~5.00	450~950	0.015~0.035
高空再点火	0.03~0.10	220~340	0.010~0.040

另外,现代燃烧室在小工况到大工况的油气比 FAR 范围非常宽,可以从 0.010 变化到超过 0.035,这对燃烧室设计点(一般是大工况)和小工况的性能平衡折中带来了很大的设计难度,尤其是民机燃烧室大工况 NO_x 排放与小工况的燃烧效率、点火性能是一对互相矛盾的指标,需要在设计时反复迭代优化。

发动机对燃烧室的接口要求,除了工作状态气动热力学参数,还包括一系列的几何接口,如前后安装边连接接口、喷嘴进油接头接口、点火电嘴安装接口、涡轮一导的封严和配合接口、高压轴和内机匣之间的转静子封严接口、压气机出口的流道接口和来流条件参数接口等。

2.3.2　性能要求

1. 燃烧效率

对于现代燃烧室,低燃烧效率通常是不可接受的,一方面是燃烧不充分代表燃油的浪费;另一方面,低效率燃烧导致未燃碳氢化合物和一氧化碳污染排放物增多。小状态以慢车为代表,慢车是发动机地面长时间工作的状态,在慢车状态下一般要求燃烧效率达99%以上。对于大状态的燃烧效率,由于现代燃烧室的工作压力、温度非常高,燃烧效率基本接近100%。对于民用涡扇发动机,空中巡航时间长、权重大,从而影响整个飞机的经济性,因此要求燃烧效率为99.5%~99.9%。此外,从点火成功到起动至慢车之间的工况(称为亚慢车),燃烧效率也是飞机关注的指标。一方面是因为点火成功后发动机处于低转速、低效率工作状态,燃烧效率直接影响发动机起动加速性,进而影响起动时间;另一方面主要考虑剩余未燃烧燃油造成燃烧室下游积油、爆燃或超温等问题。对于现代民机燃烧室,要求点火成功的燃烧效率大于50%,亚慢车的燃烧效率大于70%。

对于空中起动状态,燃烧效率是一个比较难实现的指标,是因为在这种情况下燃烧室进口空气压力和温度都很低,再加上燃油流量比较小,雾化蒸发性能较差,所以燃烧化学反应速率较低,燃料难以充分燃烧。所以,在设计燃烧室时要确保火焰筒尺寸合适,并反复优化火焰筒内流场、油雾场,以满足高空再点火时燃烧效率的要求,这需要大量的设计数据积累并在高空点火模拟试验中进行验证。

2. 总压损失

气流流过燃烧室后,进口马赫数太高需要减速扩压,并且火焰筒内燃烧组织流场一般采用旋流流场,各种流动分离是不可避免的,再加上气流加热造成的损失,构成了燃烧室出口截面4总压和进口截面3总压的差值,称为总压损失。

一般认为燃烧室总压损失由以下几部分组成:前置扩压器损失、突扩损失、火焰筒开孔损失和加热损失,燃烧室总压损失的分配示例见图2.4。其中,从直接燃烧角度来看前置扩压器损失和突扩损失是无用损失,需要尽量减少,一般在发动机分配给燃烧室长度有限的情况下,前置扩压器损失加上突扩损失之和需要控制在2%以内。从燃烧角度来看火焰筒开孔损失是有用损失,主要用于气流穿透和掺混,在火焰筒内形成良好的燃烧场流动条件,火焰筒开孔损失常见要求范围是3%~4%。对于加热损失,如果控制火焰筒内流动马赫数在比较合理的范围内,这部分损失不到0.1%。

总压损失和燃烧室尺寸限制有关,也要考虑燃烧掺混需求,因此一般常见的燃烧室总压损失均控制在5%~6%。值得注意的是,涡轮叶片的冷却气流经常从燃烧室环腔经过,如果火焰筒开孔损失太小,也会导致涡轮冷却孔设计压差偏小,带来设计困难。

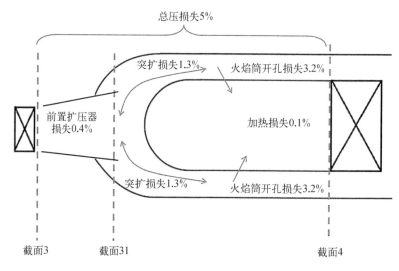

图 2.4　燃烧室总压损失的分配示例

3. 出口温度分布

出口温度分布是衡量燃烧室出口燃烧产物温度分布均匀性的指标,直接关系到涡轮的工作环境,影响到涡轮的寿命。一般有 3 个方面的温度分布要求:总温度分布系数(overall temperature distribution factor, OTDF)、径向温度分布系数(radial temperature distribution factor, RTDF)和出口径向温度分布曲线[3]。

其中,OTDF 指的是燃烧室出口整个截面上的最高温度 T_{t4max} 超过出口温度 T_{t4} 的值与燃烧室平均温升($T_{t4} - T_{t3}$)的比值,公式如下:

$$OTDF = \frac{T_{t4max} - T_{t4}}{T_{t4} - T_{t3}}\tag{2.1}$$

式中: T_{t4max}——燃烧室出口截面温度最大值;

$\quad\quad T_{t3}$——燃烧室进口温度;

$\quad\quad T_{t4}$——燃烧室出口温度。

需要注意的是,国内以及欧洲用 OTDF,而美国称其为热点指标(pattern factor, PF)。

燃烧室 OTDF 含义示意图如图 2.5 所示,从图中可以看出,燃烧室出口整个温度云图分布上,最高温度 T_{t4max} 代表了燃烧场的绝对不均匀性,所以 OTDF 反映了燃烧室出口整个截面上的温度均匀性,直接影响的是涡轮一级导叶的冷却设计。现代航空发动机燃烧室 OTDF 常为 0.25~0.35,一般可以在设计时通过加强燃烧场掺混的方式来降低 OTDF。

由于涡轮动叶处于高速旋转状态,它感受到的燃烧室出口温度分布是周向平均后的效果。为此专门定义涡轮动叶设计关心的一个重要变量——RTDF,其指的

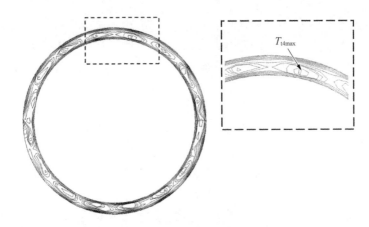

图 2.5　燃烧室 OTDF 含义示意图

是燃烧室出口燃气温度与一个径向高度的数值沿周向平均之后取一个径向的分布,为径向最大值 T_{t4mr} 超过出口温度 T_{t4} 的值与燃烧室平均温升的比值,公式如下:

$$RTDF = \frac{T_{t4mr} - T_{t4}}{T_{t4} - T_{t3}} \tag{2.2}$$

式中: T_{t4mr}——燃烧室出口温度沿周向平均后径向最大值;

　　　 T_{t3}——燃烧室进口温度;

　　　 T_{t4}——燃烧室出口温度。

同样需要注意的是,RTDF 名称的差别,我国和欧洲用 RTDF,而美国称其为形状系数(profile factor,PF)。

燃烧室 RTDF 含义示意图如图 2.6 所示,从图中可以看出,燃烧室出口截面的燃气温度按照同一个径向高度的周向全部数据点进行平均处理,得到一个周向平均后温度 T_{t4r} 沿径向相对高度的曲线,其中曲线的峰值位置就是 T_{t4mr},将其代入式(2.2)就可以计算获得 RTDF 值。

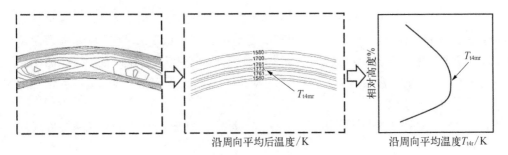

图 2.6　燃烧室 RTDF 含义示意图

不同类型燃烧室的 RTDF 数值范围差异较大,一般在 0.1～0.15。例如:现代民机低排放燃烧室采用了贫油燃烧模式,绝大部分空气从火焰筒头部进入燃烧区,没有多余空气用来在燃烧区下游开掺混孔调节温度分布,因此 RTDF 调节比较困难。

由于燃烧室出口温度分布在不同的工况下且变化很大,而在进行涡轮传热设计时主要考虑大工况下燃烧室出口温度分布的指标。因此,燃烧室重点关注地面起飞、高温起飞、最大推力起飞等工况下的出口温度分布。

对于径向温度分布曲线形状,燃烧室设计时要和涡轮进行协调迭代,一般要避免叶尖和叶根出现高温,虽然常见的峰值位置位于叶高 2/3 处,但受到燃烧室设计(如贫油低排放燃烧室)采用的燃烧场特点的限制,因此峰值位置不同于传统燃烧室。总体来说,燃烧室的出口温度分布需要通过分析、试验进行不断调试,以确保涡轮设计可以承受。

4. 污染排放

航空发动机排放的污染物,对大气环境、气候以及人类健康的影响日益受到社会关注。为此,国际民航组织(International Civil Aviation Organization, ICAO)专门成立了环境保护委员会(Committee on Aviation Environmental Protection, CAEP),并提出用于世界各国政府机构发布排放适航要求规章的具体指标。

由于绝大部分排气污染物来自航空发动机的排气产物,而 ICAO 规范要求的排放物主要来自燃烧室产物,包括氮氧化物(NO_x)、未燃碳氢化合物(unburned hydro-carbon, UHC)、一氧化碳(CO)和冒烟,在最新的 ICAO 文件中已经将非挥发性微粒物质(non-volatile particulate matter, nvPM)纳入排放要求[2]。因此,航空发动机燃烧室提出的污染排放技术要求,直接关系着航空发动机的排放能否满足取证要求。针对军用航空发动机燃烧室,尚未有明确的环保指标要求,但是冒烟水平导致作战飞机的可探测性变差,UHC 和 CO 排放过高也意味着燃烧效率偏低,仅 NO_x 排放对于军用航空发动机燃烧室没有特殊要求。本节立足于通用燃烧室的技术研发,因此以民用航空发动机燃烧室的污染排放技术要求为例展开介绍和讨论。

在 ICAO 规范中,为了统一排放的定量标准,提出了用地面台架非安装状态来模拟机场 3 000 ft① 高度以下飞行状态中发动机的排放总量,并按照额定推力比例选取四个典型状态,即 100%起飞、85%爬升、30%进场、7%慢车,称为一个 LTO 循环。ICAO 规范规定,LTO 循环四个状态对应发动机地面台架试车状态,去除了功率提取和飞机引气。

针对气态污染物(NO_x、UHC 和 CO),需要将 LTO 循环四个状态发动机排气的

---

① 1 ft = 3.048×10^{-1} m。

污染物总量累计并除以发动机推力,获得排放特征值,并和 ICAO 发布的不同总压比、推力允许的排放值进行比较,低于规定值方可通过认证。ICAO 规范规定了四个状态的发动机工作时间,具体如表 2.2 所示。用每个状态排放指数(emission index, EI)(单位: g/kg 燃油)表示单位燃油消耗产生的排放量,乘以每个状态发动机的燃油流量和工作时间,即可得到对应的排放量。

表 2.2　LTO 循环四个状态

状　态	额定推力比例/%	工作时间/min
起飞	100	0.7
爬升	85	2.2
进场	30	4.0
慢车	7	26.0

1) NO_x 排放标准

针对 NO_x 排放,ICAO 的 CAEP 标准几乎每 5～10 年就会更新一次,提出越来越严格的排放限制值。从 1986 年 ICAO 第一次发布的 CAEP 标准到最新 CAEP 第八次会议发布标准的限制值的变化情况如下:

(1) CAEP 1 标准,适用于首台单独生产型号的制造日期在 1996 年 1 月 1 日之前,并且此单台发动机的制造日期在 2000 年 1 月 1 日之前的某一类型或型号的发动机。具体 NO_x 排放要求数值公式如下:

$$D_p/F_\infty = 40 + 2\pi_\infty \tag{2.3}$$

式中: D_p——LTO 循环四个状态的累计排放物总量,单位: g;

$\quad F_\infty$——该型发动机的取证额定起飞推力,单位: kN;

$\quad \pi_\infty$——该型发动机在海平面标准大气条件下达到起飞推力时的总压比。

(2) CAEP 2 标准,适用于首台单独生产型号的制造日期在 1996 年 1 月 1 日或之后,并且此单台发动机的制造日期在 2000 年 1 月 1 日或之后的某一类型或型号的发动机。具体 NO_x 排放要求数值公式如下:

$$D_p/F_\infty = 32 + 1.6\pi_\infty \tag{2.4}$$

(3) CAEP 4 标准,适用于首台单独生产型号的制造日期在 2004 年 1 月 1 日或之后的某一类型或型号的发动机。具体 NO_x 排放要求数值公式如下。

① 对于总压比≤30 的发动机,当其推力≥89 kN 时,有

$$D_p/F_\infty = 19 + 1.6\pi_\infty \tag{2.5}$$

当 26.7 kN ≤ 推力 < 89 kN 时,有

$$D_{\mathrm{p}}/F_{\infty} = 37.572 + 1.6\pi_{\infty} - 0.208\,7F_{\infty} \tag{2.6}$$

② 对于 30 < 总压比 < 62.5 的发动机,当推力 ≥ 89 kN 时,有

$$D_{\mathrm{p}}/F_{\infty} = 7 + 2.0\pi_{\infty} \tag{2.7}$$

当 26.7 kN ≤ 推力 < 89 kN 时,有

$$D_{\mathrm{p}}/F_{\infty} = 42.71 + 1.428\,6\pi_{\infty} - 0.401\,3F_{\infty} + 0.006\,42\pi_{\infty}F_{\infty} \tag{2.8}$$

③ 对于总压比 ≥ 62.5 的发动机,有

$$D_{\mathrm{p}}/F_{\infty} = 32 + 1.6\pi_{\infty} \tag{2.9}$$

(4) CAEP 6 标准,适用于首台单独生产型号的制造日期在 2008 年 1 月 1 日或之后,并且此单台发动机的制造日期在 2013 年 1 月 1 日或之后的某一类型或型号的发动机。具体 NO_x 排放要求数值公式如下。

① 对于总压比 ≤ 30 的发动机,当推力 ≥ 89 kN 时,有

$$D_{\mathrm{p}}/F_{\infty} = 16.72 + 1.408\pi_{\infty} \tag{2.10}$$

当 26.7 kN ≤ 推力 < 89 kN 时,有

$$D_{\mathrm{p}}/F_{\infty} = 38.548\,6 + 1.682\,3\pi_{\infty} - 0.245\,3F_{\infty} - 0.003\,08\pi_{\infty}F_{\infty} \tag{2.11}$$

② 对于 30 < 总压比 < 82.6 的发动机,当推力 ≥ 89 kN 时,有

$$D_{\mathrm{p}}/F_{\infty} = -1.04 + 2.0\pi_{\infty} \tag{2.12}$$

当 26.7 kN ≤ 推力 < 89 kN 时,有

$$D_{\mathrm{p}}/F_{\infty} = 46.16 + 1.428\,6\pi_{\infty} - 0.530\,3F_{\infty} + 0.006\,42\pi_{\infty}F_{\infty} \tag{2.13}$$

③ 对于总压比 ≥ 82.6 的发动机,有

$$D_{\mathrm{p}}/F_{\infty} = 32 + 1.6\pi_{\infty} \tag{2.14}$$

(5) CAEP 8 标准,适用于某一类型或原型发动机,第一台原型发动机的制造日期在 2013 年 12 月 31 日之后。具体 NO_x 排放要求数值公式如下。

① 对于总压比 ≤ 30 的发动机,当推力 ≥ 89 kN 时,有

$$D_{\mathrm{p}}/F_{\infty} = 7.88 + 1.408\pi_{\infty} \tag{2.15}$$

当 26.7 kN ≤ 推力 < 89 kN 时,有

$$D_{\mathrm{p}}/F_{\infty} = 40.052 + 1.568\,1\pi_{\infty} - 0.361\,5F_{\infty} - 0.001\,8\pi_{\infty}F_{\infty} \tag{2.16}$$

② 对于 30<总压比<104.7 的发动机,当推力≥89 kN 时,有

$$D_p/F_\infty = -9.88 + 2.0\pi_\infty \tag{2.17}$$

当 26.7 kN≤推力<89 kN 时,有

$$D_p/F_\infty = 41.9435 + 1.505\pi_\infty - 0.5823F_\infty + 0.005562\pi_\infty F_\infty \tag{2.18}$$

③ 对于总压比≥104.7 的发动机,有

$$D_p/F_\infty = 32 + 1.6\pi_\infty \tag{2.19}$$

2) CO 和 UHC 排放标准

ICAO 规范中针对 CO 和 UHC 发布的排放限制值并未随着 CAEP 标准的更新而修改,这可能是因为现代航空发动机燃烧室的燃烧效率已经达到非常高的水平,这两类排放物的总量已经非常小。

CO 的排放规定:

$$D_p/F_\infty = 118 \tag{2.20}$$

UHC 的排放规定:

$$D_p/F_\infty = 19.6 \tag{2.21}$$

一方面,现代航空发动机的循环参数越来越多,燃烧室进口温度和进口压力越来越高;另一方面,燃油喷射和雾化的设计技术和喷嘴的制造技术有了很大的提高,这些变化有利于促进燃烧室中燃料的雾化、蒸发、混合和化学反应。因此,现代燃烧室在大状态下的 CO 和 UHC 排放几乎已经达到接近于零的水平。在小状态如慢车、地面点火、高空点火工作时,燃烧室进口温度低、压力低、燃油流量小,均不利于燃料的雾化和燃烧,再加上为了降低 NO_x 排放,燃烧室采用的燃烧模式不利于小状态提高燃烧效率,CO 和 UHC 排放水平往往大打折扣,如果设计不合理,也可能会出现 CO 和 UHC 不满足 ICAO 规范标准的情况。

3) 冒烟排放标准

对于冒烟排放标准,用冒烟数(smoke number, SN)来衡量。ICAO 规范规定 SN 限制值用下列公式的计算值和数值 50 之间的小值表示:

$$SN = 83.6F_\infty^{-0.274} \tag{2.22}$$

ICAO 规范规定 SN 通过两次滤纸反射率测量获得,公式如下:

$$SN = 100\left(1 - \frac{R_S}{R_W}\right) \tag{2.23}$$

式中: R_S——有烟痕过滤纸的反射率;

R_{w}——清洁过滤纸的反射率。

4）非挥发性微粒物质

在 2017 年 ICAO 发布的最新排放标准文件中，将非挥发性微粒物质 nvPM 的排放限制纳入规章要求，文件定义了 nvPM 专指航空发动机尾喷口燃气中存在的一些加热到 350℃ 依然不会挥发的排放颗粒，用排放质量浓度表示，单位：$\mu\mathrm{g/m^3}$。具体 nvPM 排放要求数值公式如下：

$$\text{nvPM 质量浓度限制值} = 10^{(3+2.9F_{\infty}^{-0.274})} \tag{2.24}$$

5. 点火性能

点火性能主要用于发动机地面起动或者空中起动时燃烧室在不同来流条件（压力、温度和流速）下能够实现喷油点火的油气比范围，常用点火边界油气比来表示。

燃烧室在地面状态情况下，由起动机带转发动机至一定的转速，燃烧室喷油，采用点火装置进行点火，在一定时间内使燃烧室所有的燃油喷嘴喷出的油雾都能着火，这个过程称为地面起动点火。地面起动点火时燃烧室进口压力一般与海平面高度有关，这时发动机转速较低、压缩比基本上不会超过 1.2，一般常见的地面起动海拔是 0～2.5 km，极限情况是青藏高原机场海拔约为 4.5 km。此外，还要考虑发动机在不同大气温度条件下能起动点火，一般常见的温度包线要求是 −50～50℃。

空中起动点火是指航空发动机在飞行条件下遇到了特殊情况导致熄火，需要燃烧室在不同起动模式下实现再点火，完成发动机的空中起动[3]。常见的空中起动点火模式有：

（1）快速风车点火——发动机熄火后较短时间内压气机仍然处于惯性高速旋转状态，燃烧室进口压力和温度还未降低到与环境条件相当的程度；

（2）稳态风车点火——发动机熄火较长时间后进气道进入的气流吹动转子低速稳定旋转的状态；

（3）冷浸风车——发动机熄火更长时间后，整个热端部件温度都被进气道来流冷却到接近环境温度的状态；

（4）辅助起动——通过起动机带转，实现熄火发动机压缩部件能运转到一定转速，燃烧室进口空气流量和压力相比不运行起动机的情况显著提高。

通常用空中起动点火的海拔和飞行马赫数表示点火包线，这决定了发动机的重要安全性能，因此现代航空发动机尤其是民用航空发动机都需要尽量拓宽空中起动包线范围，如宽体飞机的空中起动点火高度经常达到 9～10 km。

6. 熄火性能

在发动机进行减速操作时，转子由于惯性减速较慢，空气流量降低速度远小于燃油流量降低速度,此时燃烧室的油气比相比稳态工况明显偏小,处于非常贫油的状态。因此,燃烧室的贫油熄火边界是关系发动机减速操作性能的一项重要指标,尤其是军机需要经常做机动飞行,油门杆加减速操作幅度比较剧烈,如果贫油熄火边界太窄,则严重影响作战性能。贫油熄火边界和燃烧室气动热力学参数条件有关,小状态的化学反应速率随着燃烧室进口温度和进口压力的降低而显著降低,再加上燃油流量小,造成雾化质量变差,因此慢车这样的小状态是作为贫油熄火指标考核的常用工况。现代航空发动机的慢车贫油熄火油气比一般在 0.005~0.007 的水平。

另外,当飞机在中低空遭遇雷雨天气,发动机大量吸雨或吸冰雹时,容易导致熄火,此时飞行高度低,发动机很难再点火起动,发动机失去动力将导致灾难性的后果,尤其对大涵道比涡扇发动机而言,吸雨、吸冰雹条件下是绝对不允许熄火的。民用航空发动机适航规章中对吸雨、吸冰雹条件做了详细规定,必须在地面台架上模拟这些条件并通过试验考核,才能获得适航认证。

对于军用航空发动机燃烧室,要求在武器发射时不能因吸入武器发射产生的烟气而熄火。

7. 振荡燃烧

现代燃烧室容易遇到的一个问题是振荡燃烧现象,也称为燃烧不稳定性,其主要原因是燃烧室中局部释热率波动造成的压力波动,这种波动的频谱特征与燃烧室声学特征频率耦合之后造成压力波动急剧增大而失控。采用预混、预蒸发方式的民用低排放燃烧室,尤其容易诱发振荡燃烧[4]。

振荡燃烧对发动机产生的危害很大,如诱发压气机喘振进而导致停车、火焰筒内燃烧火焰流动失控导致热端硬件烧蚀,以及引起一些结构件的共振造成高周疲劳失效等。因此,发动机对燃烧室提出了严格的脉动压力限制要求。

一般火焰筒内的脉动压力可以通过脉动压力传感器测得,经频谱分析得出压力振荡的频率和振幅,常用峰峰值表示振幅大小。脉动压力的限制取决于发动机相关零组件的结构强度设计抗振能力(共振频谱和阻尼),以及压气机喘振和燃烧室振荡的耦合因素,因此不同发动机的振荡燃烧脉动压力限制是不一样的。常见的脉动压力限制要求是:对于稳态工况,脉动峰峰值限制为平均压力的 0.5%~1% 或者 14 kPa 中的小值;对于起动过程或者其他非稳态工况,脉动峰峰值限制可以略微放宽。

2.3.3　结构要求

1) 结构设计范围(和其他部件/系统的界面)

一般不同发动机的总体结构划分的工作界面是不一样的,这与发动机维修单元体设置有关,主要根据燃烧室相邻的结构特点来制定,例如,GEnx 燃烧室就将压气机末级导叶组件放入燃烧室结构设计范围内。

常见的燃烧室结构设计范围包括前置扩压器、外机匣、火焰筒、燃油喷嘴和内机匣。燃油总管根据不同发动机划分方式可能会归属到外部管路,点火电嘴一般属于点火系统。

2)尺寸要求

燃烧室流道尺寸一般是总体结构根据发动机转子的支点跨度以及压气机、涡轮的流道尺寸来确定的,主要包括总长、进口内/外径、出口内/外径。

结构方案尺寸主要包括前后安装边总长、前后安装边法兰尺寸、内机匣轮廓限制尺寸(和高压轴间距)、涡轮一导的配合尺寸等。

3)重量要求

燃烧室重量占发动机的比例不高,尤其对于大涵道比涡扇发动机,占比为5%~7%,设计上燃烧室尺寸一旦确定,大致重量基本就确定了。

机匣零件要承担传递轴向力和扭矩的功能,并且寿命要求很长,因此减重设计要特别小心。通过有限元分析,将静强度储备系数较高的部位适当减薄壁厚,可以节省一些重量。

对于火焰筒内外壁和喷嘴,减重空间一般不大,主要由结构方案决定最终重量,例如,单层壁的火焰筒比双层壁的火焰筒轻,一般复合气动雾化喷嘴的重量要大于简单的离心喷嘴的重量。

4)安装要求

燃烧室应按大组件模块进行设计,便于实施单元体装配前的组件装配。在机匣法兰边上,一般会设置顶丝孔以便于拆分。自锁螺母和托板螺母是常用的紧固件形式,但要考虑扳手装配空间限制。设计上要通过合理的尺寸链分配,并安排组件的组合加工来满足一些较窄的尺寸链范围,便于组件和单元体装配过程中满足发动机的配合面接口要求。在燃油喷嘴和总管装配之后,一般还要进行打压密封,检查接头是否有泄漏。如有特殊要求,燃烧室机匣在装配完成之后还要设计堵盖工装进行打压查漏。

2.3.4　强度和寿命要求

1)静强度

对于燃烧室所属的零组件,在其承受机械载荷、压力载荷和温度载荷条件下要求静应力(或者应变)不能超过一定数值,以保留足够的静强度安全裕度。一般同时对屈服强度安全系数和极限强度安全系数提出定量要求,如前者要求1.0以上、后者要求1.5以上,这两个安全系数是针对全部飞行包线工况点提出的。

由于发动机工作场景非常复杂,除了正常的工作模式,还有一些失效模式,如叶片飞脱、鸟撞、机动载荷等,在这些失效模式下燃烧室也要满足一定的静强度要求,一般是允许出现一定的变形,但是不能造成结构失效(如断裂)。

关于静强度要求方面,在民机适航条款中还专门有一条静承压件要求,是针对以承受压力载荷为主的结构件(如燃烧室机匣)提出的。这个条款有两种要求,分别针对的是燃烧室机匣不能出现变形以及不能出现断裂两种情况,考虑的载荷条件比全部飞行包线工况点更加恶劣,具体如下。

第一种是燃烧室机匣在耐压条件下不允许产生超过屈服强度的应力或变形导致的密封泄漏。耐压条件是指以下三者中的最大值:

(1) 1.1 倍的最大工作压力;

(2) 1.33 倍的正常工作压力;

(3) 大于正常工作压力 35 kPa。

第二种是燃烧室机匣在过压条件下不允许产生超过极限强度的应力,即不能出现任何断裂损伤。过压条件是指以下三者中的最大值:

(1) 1.15 倍的最大可能压力;

(2) 1.5 倍的最大工作压力;

(3) 大于最大可能压力 35 kPa。

2) 低循环疲劳寿命

一般将循环次数低于 100 000 即发生可检疲劳裂纹的现象称为低循环疲劳寿命。低循环疲劳的交变应力可能超过屈服强度,材料处于弹塑性或塑性状态。

燃烧室机匣、喷嘴和火焰筒等主要组件的低循环疲劳寿命是评价耐久性的重要指标,而这几个组件的静应力产生的主要原因也不相同,例如:机匣主要是由承受腔压和轴向力载荷导致的静应力;喷嘴主要是由局部温度梯度导致的热应力;火焰筒主要是由温度梯度导致的局部热应力和整体变形导致的静应力。这些应力随着发动机转速工况的不同而不同,一般用 0 - max - 0 简化表示一个飞行循环中多次应力循环的变化关系,可根据研制经验或者载荷分析做出简化飞行循环任务剖面表,用于评估低循环疲劳寿命。

现代航空发动机由于材料工艺的进步和有限元分析水平的提升,对于寿命的要求也越来越高。对于典型的民用航空发动机,燃烧室机匣的低循环疲劳寿命一般要求超过 15 000 次循环,火焰筒和喷嘴的低循环疲劳寿命一般要求超过 7 500 次循环。

3) 高周疲劳寿命

一般将循环次数高于 100 000 次即发生可检疲劳裂纹的现象称为高周循环疲劳,其交变应力较低,往往远低于屈服强度,材料处于弹性状态。一般将航空发动机上振动产生的循环应力定义为高周疲劳应力,高周疲劳寿命一般用应力与寿命曲线来表征。

对于航空发动机燃烧室,高周疲劳寿命一般要求大于 10 000 000 次循环。降低振动应力是设计研发中要重点考虑的问题,可以通过结构优化避开共振载荷频率,或者施加减振阻尼设计来降低振动应力。

4) 持久蠕变寿命

材料在高温条件下会产生缓慢黏塑性变形的力学行为,称为蠕变。同时,如果持续在高温、高应力条件下工作,即使应力远低于极限强度,保持载荷一定时长后依然会发生断裂,称为持久寿命。

燃烧室热端部件(火焰筒、挡溅盘等)需要满足持久寿命要求,为了统一考核工况点,一般选用红线温度(即发动机工作时燃烧室出口温度不能超过的限制值)工况。同时,还要考虑温度分散性、材料数据分散性以及分析和试验过程的不确定性,保留一定的寿命裕度,典型的红线温度工况持久寿命要求是 100 h。

此外,对于热协调控制变形的一些燃烧室热端部位也要考虑蠕变寿命,一般用蠕变变形(如 0.2%)来量化。典型蠕变寿命考核部位包括火焰筒壁、头部挡溅盘等。

2.3.5 通用质量特性要求

除了性能要求和功能要求,还有一类非常重要的要求是针对产品质量特性提出的。对于民机研制,一般用"四性"来表示,即可靠性、安全性、维修性和测试性。对于军机研制,一般用"六性"来表示,主要是在民机"四性"的基础上增加了作战保障和作战环境适应相关的要求,即可靠性、安全性、维修性、保障性、测试性和环境适应性。本节主要介绍民机燃烧室的产品质量特性。

1) 可靠性

现代航空发动机的可靠性要求极高,尤其对于民用发动机,一般要求平均故障间隔时间(mean time between failure, MTBF)超过 1 000 h,分解到燃烧室的 MTBF超过 20 000 h。

可靠性的通用要求包括:采用成熟的材料工艺,连接件应采用锁片、保险丝、自锁螺母等方式防止松动导致振动超限,静应力和动应力的水平要尽量控制在合理范围内。

2) 安全性

与燃烧室相关的发动机安全性要求主要影响空中停车率和着火概率,故障事件包括喷嘴漏油、燃烧场偏离导致出口温度分布变差、结构件故障失效、内部火焰泄漏烧穿机匣等。典型的民机安全性指标分解到燃烧室的一些有代表性的失效率,本节举例如下:

(1) 燃油喷嘴漏油的失效率小于 2×10^{-8}/EFH,其中 EFH 表示发动机飞行小时(engine flight hour);

(2) 燃烧组织不佳导致出口温度分布不满足要求的失效率小于 3×10^{-8}/EFH;

(3) 燃烧室结构故障导致无法提供燃烧环境的失效率小于 3×10^{-8}/EFH;

（4）燃烧室燃油/燃气泄漏导致发动机着火的失效率小于 3×10^{-8}/EFH。

此外，对于现代航空发动机，压缩比越来越高，导致燃烧室进口气流温度也很高，燃油喷嘴和油路直接暴露在高温气流中，要对油路采取合理的热防护措施，防止高温损伤喷嘴并造成燃油泄漏或燃油结焦。

3）维修性

燃烧室外场维修的零件主要是燃油喷嘴［航线可更换单元（line replaceable unit，LRU）］，其应设计成可互换的，以便于外场更换维修。燃油喷嘴本体的平均故障维修时间（mean time to repair，MTTR）一般也有明确要求，如小于 4 min。

如果燃油喷嘴周向存在不同构型，则设计上应防止装反或装错。防止差错和提高维修效率的标识（包括维修标识）、符号和技术数据应清晰准确，并标识在产品表面明显位置，使标识在使用、存放和运输条件下具有防冰、防油、耐磨、耐腐蚀性和持久性，能够保证标识的完整、清晰，便于维修人员辨识。

此外，为了便于维修检查，燃烧室机匣上应设有孔探仪插入孔，以检查燃油喷嘴、火焰筒和第一级涡轮导向叶片。

4）测试性

为了便于运营中的监控，民用航空发动机提出了测试性要求。与燃烧室相关的主要是 LRU 的故障检测率应为 100%，此外将故障定位到一个 LRU 件的故障隔离率应大于 95%，将故障定位到三个 LRU 件的故障隔离率应为 100%。

2.3.6　其他功能要求

由于不同发动机的燃烧室所处的工作环境不一样，还有一些不太容易归类的功能类要求没有在前面章节中体现，如防止停车后燃油排泄、避免产生电火花、限制着火蔓延等。在民机适航条款中，有专门的对应要求，本书不再赘述。

2.3.7　客服要求

无论是军机产品还是民机产品，一旦从发动机公司交付客户使用，就需要配套实施售后客户服务。一般常见的售后客户服务根据实施的场地不同分为几大类：航线维护、基地维修、返厂大修、运输和存储。

售后客户服务的工作内容一般包括重新润滑、检查、恢复性能、存储、运输等。又可以进一步拆分，各工作内容之间的关系如图 2.7 所示，其中和燃烧室设计密切相关的内容以灰底方框显示，针对这些内容分解出燃烧室客户服务的一些需求。

1）孔探检查

发动机服役之后，经常要使用孔探设备对内部零组件进行检查，这样就可以在发动机不分解的情况下观察发动机硬件的状态，提前识别变形、裂纹、烧蚀等故障。

燃烧室火焰筒是发动机工作压力和工作温度最高的部件，因此是每次孔探检

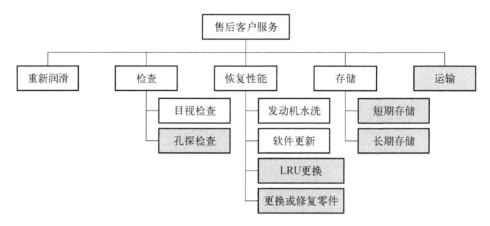

图 2.7　售后客户服务的工作内容示例

查的重点关注对象。燃烧室一般在机匣上预留孔探孔安装座,数量为 2~4 个,取决于燃烧室尺寸大小以及发动机安装吊挂形式对孔探操作的姿态需求。

在平时正常工作状态下,孔探孔要用堵头封堵,因此还要考虑堵头的耐用性、密封性以及承受火焰筒内燃气的热负荷。如果结构上可行,借用点火电嘴孔作为孔探孔也是一个不错的选择。

2) LRU 更换

针对某些易损件和定期拆下来修复和维护的零组件,一般为了不影响飞机的运行和使用,客户希望有尽量多的零组件可以在航线上拆换,称为 LRU 件。发动机不用从飞机上拆卸下来,通过打开短舱就能实现拆换零组件的可达性,这需要在设计时就合理考虑更换零组件的拆装方案。

燃烧室燃油喷嘴使用一段时间之后容易出现积碳、结焦等问题,随之出现的是燃油雾化性能衰退,如果不做更换处理,将会造成燃烧场偏离设计状态,严重时会烧坏涡轮导向器叶片。因此,燃烧室经常将燃油喷嘴设计成 LRU 件。

在拆下燃油喷嘴之前,还需要分解相连的燃油总管、分管,并将产生干涉的附近的支架和电缆走线进行拆除,这需要燃烧室专业人员和发动机总体结构专业人员协同工作,确定装配路径对应的几何空间接口限制要求。

3) 更换或修复零件

除了喷嘴 LRU 件,如果其他零组件出现寿命消耗完毕或者提前检查发现故障,则需要在发动机返回基地或者大修厂时分解并更换,这往往需要结合发动机整个维修策略来安排。

对于更换下来的旧件,如果是制造成本比较高的零组件,从经济角度出发一般也会制订合理的修复方案。常见的有火焰筒涂层掉块修复、旋流器积碳清洗、挡溅盘涂层修复、封严环蜂窝更换等。因此,在设计时要考虑将来修复方案的可行性。

4）存储

由于客户运营的需要,有时候发动机从飞机上拆下来之后需要进行短期或者长期存储,此时应在设计时考虑存储环境和存储时间对发动机性能和功能的影响,如防氧化和防腐蚀等。甚至有时候发动机不会从飞机上拆下来,和飞机一起停放在存储地点,可能面临恶劣气候和环境条件,如沙尘暴、极端寒冷、潮湿、高温、盐雾气候等。在设计燃烧室时,要从结构、选材等方面考虑恶劣环境下的适应性。

5）运输

发动机服役之后,各类转场运输在所难免,在设计时就应考虑运输过程中各种条件的影响,如吊装、操作和运输过程中的载荷。如果燃烧室处于已经从发动机上拆下来的状态,一般还要从减振、密封、防潮、防雨等方面考虑包装要求,结构上预留可以加装固定支架、密封堵盖以及其他包装设备的接口。

参考文献

[1]　Haskins C. Systems engineering handbook: A guide for system life cycle processes and activities[M]. San Diego: INCOSE, 2011.

[2]　ICAO. Annex 16 to the convention on international civil aviation, environmental protection, volume Ⅱ, aircraft engine emissions[S]. 4th ed, 2017.

[3]　Lefebvre A H, Ballal D R. Gas turbine combustion — Alternative fuels and emissions[M]. 3rd ed. Boca Raton: Taylor and Francis Group, 2010.

[4]　金如山. 航空燃气轮机燃烧室[M]. 北京: 宇航出版社, 1988.

第3章
燃烧室总体设计

3.1 概　　述

本章主要承接发动机总体对主燃烧室的需求参数,将其转化为主燃烧室的设计要求,并利用半经验半理论方法对主燃烧室总体进行初步设计,确定主燃烧室主要的性能参数和结构参数以指导主燃烧室的具体设计。

3.2 燃 烧 室 类 型

3.2.1 按照发展历程分类

1. 主要类型

按航空发动机主燃烧室的发展历程来分类,有单管燃烧室、环管燃烧室和环形燃烧室等。20 世纪 40 年代末,航空发动机主要使用的是单管燃烧室,环管燃烧室则是 20 世纪 50 至 60 年代燃烧室的经典代表,而目前大多数发动机采用环形燃烧室,以满足更高的性能指标参数。

2. 三类燃烧室的优缺点对比

三类燃烧室的主要优缺点对比见表 3.1。

表 3.1　单管燃烧室、环管燃烧室、环形燃烧室的比较

类　型	优　点	缺　点
单管燃烧室	(1) 旋流器进气与喷嘴油雾易匹配,便于燃烧组织,而且易调试; (2) 试验方案简单、拆装维护方便	(1) 体积大,质量大; (2) 压力损失大; (3) 各个单管之间需要联焰装置,点火联焰容易出现问题; (4) 燃烧室出口温度分布差; (5) 较大散热表面积,热损失大

续　表

类　型	优　点	缺　点
环管燃烧室	(1) 燃油空气匹配较好,试验调试方便; (2) 比单管燃烧室空间利用率高、压力损失小、质量小、热损失小; (3) 结构牢固,火焰筒刚性好	(1) 质量较大; (2) 存在联焰问题; (3) 出口温度分布较差
环形燃烧室	(1) 体积小、重量轻、布局紧凑、空间利用率最高; (2) 压力损失小、热损失小; (3) 有较好的出口温度场分布; (4) 火焰筒面积较小,能有效减少火焰筒冷却空气量	(1) 火焰筒刚性差,易发生热变形; (2) 部件试验方案设计难度大,试验成本高; (3) 生产加工成本以及后期维修成本较高

3.2.2　按照气流流动方式分类

燃烧室构型主要受上游压气机出口截面和下游高压涡轮进口截面尺寸的影响,大中型发动机压气机一般为轴流式,燃烧室一般为直流式。

小型发动机空气流量偏小,为追求高的气动效率,最后一级压气机多采用离心压气机,这样就使得压气机部件出口和涡轮进口的高度差与最后一级采用轴流压气机时相比更大,大的高度差可以使小型发动机燃烧室的结构形式更加多样化。

小型发动机燃烧室有三种结构形式,即以 PT6B(普惠加拿大公司)、PW200(普惠加拿大公司)和 MTR390(德国 MTU 公司、法国透博梅卡公司和英国罗罗公司联合研制)等发动机为代表的回流燃烧室;以 T700 发动机(美国通用电气公司)为代表的直流燃烧室;以法国透博梅卡公司阿赫耶(Arriel)系列、马基拉(Makila)等发动机为代表的折流燃烧室。回流燃烧室是现代小型发动机普遍采用的结构形式,特别是流量小于 8 kg/s 的发动机,折流燃烧室自 20 世纪 80 年代以来很少采用。一般采用直流燃烧室的小发动机压比和涡轮前温度均较高。

1. 直流燃烧室

如果压气机最后一级采用轴流压气机,那么燃烧室通常选择直流形式与之相匹配,如 T406(美国艾利逊公司)、TV2 - 117(苏联克里莫夫设计局)、TV3 - 117(苏联克里莫夫设计局)、D - 136(苏联伊夫琴科设计局)等发动机。然而,如果小型发动机压气机最后一级采用离心压气机,那么也可以选择直流燃烧室与之相匹配,典型的例子为 T700 发动机。与离心压气机匹配的直流燃烧室典型结构见图 3.1。

直流燃烧室具有构造简单、流动顺畅、冷却难度相对较小等优点,符合燃烧室更高温升的发展需求。但是,采用这种结构的发动机通常轴系较长,对高转速的小型发动机而言,转子动力学难度更大;另外,直流燃烧室对压气机出口流场特性较敏感,在与离心压气机相匹配时,压气机出口与涡轮进口之间有较大的高度差,燃

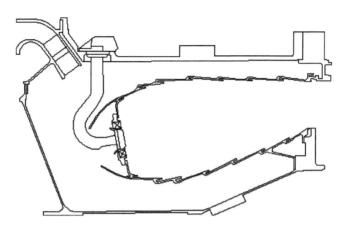

图 3.1　与离心压气机匹配的直流燃烧室典型结构

烧室通常需要设计成倾斜的,这就造成燃烧室内外环腔流动不对称,燃烧组织困难,因此较难获得良好的气动性能,尤其是在当前高性能小型发动机追求低污染、低重量以及小冷却面积的条件下,燃烧室长度日益缩短,更加大了直流燃烧室的气动设计难度。

2. 回流燃烧室

回流燃烧室是现代小型发动机上普遍采用的结构形式,典型结构见图 3.2。采用回流燃烧室与离心压气机相匹配,可以有效缩短发动机轴系长度,对采用高转速的小型发动机而言,可以有效解决转子动力学难题,并且可以有效地利用燃烧室的容积,同时喷嘴安装也更容易。另外,回流燃烧室存在一些其他优点:火焰筒内

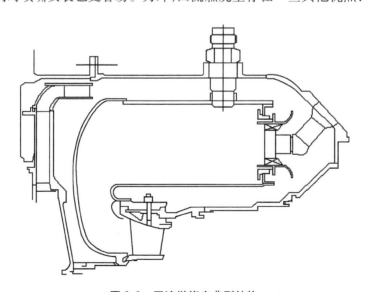

图 3.2　回流燃烧室典型结构

气流平均流速较低,有利于火焰筒内燃烧组织和高效燃烧;高温燃气在火焰筒内的流路较长,在火焰筒内的驻留时间比较充足,有利于高效燃烧和获得较好的燃烧室出口温度分布;因为高温燃气在火焰筒内有一个180°左右的转弯,紧邻燃烧室部件的涡轮导向器不能直接感受到火焰筒头部的高温火焰辐射,有利于降低涡轮导向器的温度水平。但是,回流燃烧室也存在较为突出的缺点,即整个燃烧室的表面积较大,尤其是燃烧室出口段有一个弯管,需要额外的冷却空气进行冷却保护。对高性能涡轴发动机要求燃烧室高温升而言,回流燃烧室的冷却问题突出。另外,在内环腔中气流从头部折转,导致其压力比外环腔低,因此需要格外仔细研究火焰筒内的流动控制。

3. 折流燃烧室

折流燃烧室是一种非常适合在高转速发动机上采用的燃烧室结构形式,采用甩油盘供油,与采用喷嘴供油方式不同,主要利用发动机轴的高转速实现对燃油的雾化。一般情况下,燃油以较低的压力从发动机轴供入甩油盘中,甩油盘与发动机共轴,转速相同,然后通过发动机轴上的喷油孔或者固定在发动机轴上的喷油装置放射状地喷入燃烧室内。由于甩油盘的高速旋转,燃油雾化,形成火焰。折流燃烧室典型结构见图3.3。

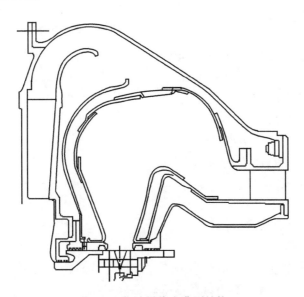

图 3.3　折流燃烧室典型结构

折流燃烧室具有以下显著优点:供油系统不需要太高的压力,燃油雾化只与转速有关,与供油压差基本无关,利用高速旋转的发动机轴喷出燃油即实现燃油的良好雾化,大大简化了燃油系统的设计;喷油孔直径较流量要求的直径更大,能有效避免喷油孔堵塞问题;成本低,重量轻,这是因为燃烧室不需要价格高且制造难度大的燃油喷嘴和旋流器等零件。然而,折流燃烧室也存在如下缺点:喷油孔制造精度要求高,因为经验表明喷油孔之间燃油流量的均匀性在很大程度上取决于孔尺寸的精度和表面光洁度;喷油孔和发动机转子的转动是同步的,如果某喷油孔对应位置出现一个热斑,那么这个热斑将始终与燃烧室下游的某几个涡轮叶片相对应,因此会对这几个涡轮叶片产生严重危害;由于燃烧室喷油孔固定在发动机轴上,在燃烧室部件引入转动件,将使转子和静子之间的气流密封、气油密封等设计变得复杂。另外,此类燃烧室的径向尺寸大,往往只限制与离心式压气机组合使用,只适合小型发动机。

一些典型的机型,如阿赫耶(Ariel)、马基拉(Makila)等都采用甩油盘供油。不过,在先进的小型发动机中,这种供油方式不多。

3.3　设 计 输 入

1) 进口参数

进口参数有以下几个。

(1) P_{t3}:燃烧室进口压力;

(2) T_{t3}:燃烧室进口温度;

(3) W_{a3}:燃烧室进口流量;

(4) D_{in}、d_{in}:燃烧室进口内、外径。

2) 出口参数

出口参数有以下几个。

(1) T_{t4}:燃烧室出口温度;

(2) D_{out}、d_{out}:燃烧室出口内、外径;

(3) R_{in}、R_{out}:内、外环涡轮引气量。

3) 性能参数要求

性能参数要求包括以下几点。

(1) σ_B:总压恢复系数;

(2) η_B:效率;

(3) OTDF:出口温度分布系数;

(4) RTDF:出口径向温度分布系数;

(5) H:点火高度。

4) 燃烧室限制尺寸

燃烧室限制尺寸有以下几点。

(1) L_B:燃烧室长度;

(2) D_{max}:外机匣最大限制尺寸;

（3）d_{min}：内机匣最小限制尺寸。

5）燃油流量 W_f

3.4 燃烧室气动热力学参数计算

3.4.1 燃烧室设计点

为了适应航空发动机各种任务的需要,燃烧室必须在各种状态下均能正常工作并获得满意的性能,但设计时只能针对某一个稳定工况进行计算,所以设计时需要选择具有代表性的工作点,即设计点。该点应根据飞机对发动机的技术要求和发动机的工作包线进行选择,保证燃烧室主要工况的性能最佳,适当兼顾其他工况的性能。

1. 军用发动机燃烧室

军用战机一般要满足各种复杂飞行状态,对燃烧室的稳定性要求很高,在飞行包线内燃烧室必须满足可靠稳定的工作要求。飞机起飞、爬升和作战一般在最大状态工作,因而一般选择地面起飞状态为设计点,其他状态可作为验算点。

但在设计火焰筒时,应考虑火焰筒工作环境最恶劣的最大热负荷状态和最大气动负荷状态。在进行点火设计时,应考虑进口温度低、进口压力低和气流流速高的空中风车状态。在设计燃烧室出口温度场时,还应考虑最大热负荷状态。通过各非设计点特性的验算评估调整设计点参数,以获得综合性能优良的设计方案。

2. 民用发动机燃烧室

民用飞机的任务环境相对简单,一般地面起飞状态相对来说最为恶劣,所以一般选择地面起飞状态为设计点。其次,为了获得最大的航程和良好的经济性,还应考虑发动机长时间工作的巡航状态。

3.4.2 燃烧效率

燃烧效率即实际燃烧中释放的热量与燃料包含的热量之比,其计算方法主要有焓增法、温升法以及燃气分析法,这些方法主要基于工程的试验结果进行计算,目前,设计阶段的燃烧效率计算方法只有 Lefebvre[1] 通过大量试验数据拟合修正的公式,即燃烧室完全燃烧一定量液体燃料所需的总燃烧时间等于燃油蒸发、油气混合和化学反应时间之和,这个总燃烧时间与燃烧效率密切相关,可以用来表征燃烧效率。

$$\theta = P_{t3}^{1.75} A_{ref} D_{ref}^{0.75} \left[\frac{\exp\left(\dfrac{T_{t3}}{300}\right)}{W_{a3}} \right] \tag{3.1}$$

一般在进行新燃烧室设计选型时,若没有试验数据或者足够尺寸的数据,则可直接通过式(3.1)高效地计算出不同设计的性能差异,为设计者提供较大的数据支撑。

Lefebvre[1]通过大量的服役发动机燃烧室数据,结合燃烧室燃烧效率的理论分析,获得了燃烧室燃烧效率与参数 θ 之间的关系,如图3.4所示。图中显示了早期单管燃烧室、环管燃烧室以及后来发展的环形燃烧室均存在燃烧效率与参数 θ 之间特殊的关系。图中阴影线表明已有燃烧室的 $\eta = f(\theta)$ 范围的极限,若新设计的燃烧室燃烧效率特性线 $\eta = f(\theta)$ 落在阴影范围内,则它的实现在技术上已有先例,原则上应该不存在技术难点;若使设计的燃烧室燃烧效率特性线 $\eta = f(\theta)$ 落在阴影范围左侧(即在相同的 θ 值下获得较高的燃烧效率 η),则必须在技术上采取有效措施,否则将不会成功。

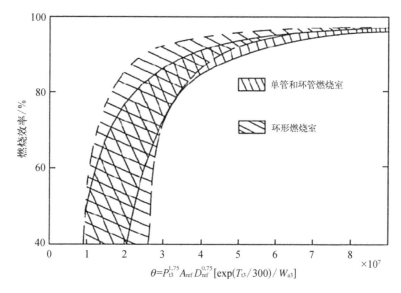

图3.4　燃烧效率与参数 θ 之间的关系

3.4.3　压力损失

燃烧室压力损失一般用总压恢复系数 σ_B 和流阻系数 ξ_B 表示。

总压恢复系数即燃烧室出口总压与进口总压之比:

$$\sigma_B = \frac{P_{t4}}{P_{t3}} \tag{3.2}$$

燃烧室的总压恢复系数一般在 $0.92 \sim 0.96$(不包含由燃烧导致的热阻损失)。燃烧室的总压损失大小直接影响发动机的做功能力,提高总压恢复系数会降低耗油率。但是要注意,燃烧室压力损失中有大约50%是有用损失,如旋流器损失和火焰筒各进气孔(主燃孔、掺混孔和冷却孔等)损失,这部分压力损失促成了燃油和空气,热燃气和新鲜空气的强烈掺混加快了燃烧反应,提高了燃烧效率,燃烧室出口温度分布也更加均匀,所以有效损失值不能过小。

燃烧室流阻系数定义为燃烧室总压损失 ΔP_B 与燃烧室进口动压头 $\rho_3 V_3^2/2$ 的比值:

$$\xi_B = \frac{\Delta P_B}{\dfrac{\rho_3 V_3^2}{2}} = \frac{P_{t3} - P_{t4}}{\dfrac{\rho_3 V_3^2}{2}} \tag{3.3}$$

流阻系数表征的是压气机出口与涡轮进口之间的流阻,其与依赖发动机工作状态的总压恢复系数不同,一旦燃烧室构型固定,在燃烧室工作的自模化范围内流阻系数是一个常数。

3.4.4　流量系数

流量系数 C_d 是指气流通过小孔的实际流量与理论流量之比。当气流方向与小孔中心轴线不平行时,如图 3.5 所示,气流流经小孔时内侧(1 侧)气流转弯半径小,产生的离心力相对较大,由于惯性作用,气流经过小孔后离心力依然存在,使得气流流经小孔时的最小截面不是小孔平面处,而是小孔后 j-j 截面。

通过小孔的实际流量为[2]

$$W_s = C_d \rho_j V_j A_h \tag{3.4}$$

式中: C_d——流量系数;

　　　ρ_j——气流密度;

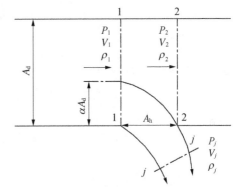

图 3.5　空气流经进气孔的物理图

　　　V_j——气流在小孔内的射流速度;

　　　A_h——小孔面积。

影响小孔进气流量系数的因素复杂,很难用理论方法精确确定,一般采用半经验半理论的方法进行设计。

火焰筒进气孔的穿透深度主要由孔的射流速度、孔径确定,在各排孔的流量确定后,需合理安排孔径和孔数,使各排进气孔的穿透深度适当。

3.4.5　流量分配

流量分配主要是指压气机来的空气沿燃烧室长度方向流入火焰筒内的进气规

律,主要通过改变火焰筒各进气装置的数目、形状、尺寸及配置进行设计。流量分配是燃烧室设计中最基本的问题,关系到燃烧室的点火、火焰稳定、燃烧效率、总压损失、壁面冷却、出口温度分布和污染排放等各个方面。以英国罗罗公司的经典斯贝发动机燃烧室为例,其流量分配如图3.6所示。

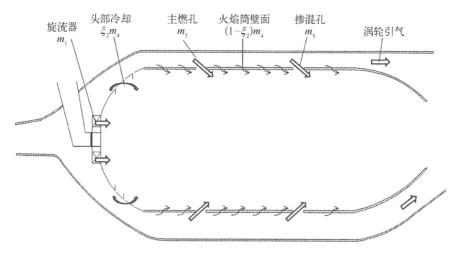

图 3.6　斯贝发动机燃烧室的流量分配

当进行流量分配设计时,考虑的主要因素是火焰筒头部能稳定、高效燃烧,兼顾火焰筒壁的冷却以及出口温度场的分布,因此最重要的是确定主燃区空气流量分配、冷却空气流量分配、掺混空气流量分配和流量分配核算。

1. 主燃区空气流量分配

一般将火焰筒头部到主燃孔截面的区域称为主燃区。主燃区油气比的选择对燃烧室性能有重要影响,一般不同用途的燃烧室,主燃区油气比的选择也不同。对于军机主燃烧室,需要其具有良好的点火性能、熄火性能和稳定性,通常选择恰当比或略富油的主燃区。对于民机主燃烧室,需要其具有良好的经济性和低污染排放性能,通常选择贫油的主燃区。

进入主燃区的空气量主要包括旋流器进气量、喷嘴雾化空气量、部分主燃孔进气量以及部分冷却空气量,即

$$m_a = m_1 + m_2 + \xi_1 m_3 + \xi_2 m_4 \tag{3.5}$$

式中: m_a ——主燃区空气量;

m_1 ——旋流器进气量;

m_2 ——喷嘴雾化空气量;

m_3 ——主燃孔进气量;

m_4——冷却空气量。

式(3.5)需要确定系数 ξ_1 和 ξ_2，ξ_1 与主燃孔的空气回流比有关，回流比越大，ξ_1 越大，ξ_1 一般取值为 0.4~0.5。ξ_2 主要与火焰筒壁的冷却方式和主燃孔位置有关，一般燃烧室的 ξ_2 值为 0.2~0.4。

2. 冷却空气流量分配

根据发动机总体要求以及初步的流动设计参数，考虑燃烧室的进口温度、压力、温升与典型燃烧室的差异，选择冷却方式后估算所需的冷却空气流量。冷却空气流量一般根据冷却流率来确定，冷却流率与火焰筒冷却结构形式有较大关系，所以在设计过程中需要进行多轮迭代设计。

3. 掺混空气流量分配

一般燃烧室主燃区主要进行剧烈的湍流燃烧反应，高温区温度甚至会达到 2 600 K，这样的高温燃气如果直接进入涡轮，涡轮是无法承受的。所以，一方面为了降低燃烧室出口高温；另一方面为了获得涡轮能长期工作的燃烧室出口径向及周向温度分布，通常需要一定量的掺混空气来调节燃烧室出口的高温燃气。

在主燃区空气流量分配和冷却空气流量分配确定后，再除去总体需求的引气量后剩余的就是掺混空气流量 m_5。在燃烧室总的油气比确定后，掺混空气将出口平均温度降到要求值比较容易做到，但是将燃烧室出口径向和周向温度分布调节到涡轮满意的结果是非常困难的。多年的研究发现，利用理论计算设计出口温度分布准确性不高，主要还是需要通过反复试验来调节，因为燃烧室上游的所有设计(包括：旋流器的旋流特性、喷嘴的雾化特性、火焰筒的尺寸、几何造型和压降、火焰筒上主燃孔的位置和数量)都会对燃烧室出口的温度分布产生一定影响，所以如果经过数次尝试改进掺混区设计都不能达到要求的出口温度分布，则需要考虑燃烧头部的流场设计是否合理。

4. 流量分配核算

流量分配核算最常用的方法是面积法：

$$W_i = \frac{A_i}{\sum A_i} \tag{3.6}$$

即各部分的流量分配等于其开孔面积相对总开孔面积的比值。

面积法主要有以下几点假设：

(1) 各开孔部分的内外压差相等；

(2) 各部分进气孔的流量系数相等；

(3) 燃烧室二股通道中的密度沿轴向没有变化。

面积法虽然忽略了影响流量最大的因素——流量系数，但是在实际工程应用中进行现场分析十分方便，准确性也基本能够被接受。其他常见的计算燃烧室流量分配核算的方法还有流阻法、平均流量系数法、等射流理论解法、基本方程法等。

3.4.6　流程参数

依据热量守恒,并运用迭代计算的方法,可以求得火焰筒内部截面的流程参数,主要包含截面温度 T、密度 ρ 以及速度 V。

在给定火焰筒开孔面积 A、燃烧室进口空气流量 m_a、进口总压 P_{t3}、进口温度 T_{t3}、燃油流量 m_f 等条件下,假定内部截面 J_1 位于主燃孔后,测得该截面面积为 A_1,给定燃烧效率为 η_1,并给定一个初始温度 T_0 以及该截面的预估温度 T_1,一般而言,初始温度 T_0 为燃烧室进口温度,预估温度 T_1 大于初始温度 T_0。

需要注意的是,在进行流程参数的计算时,必须满足燃烧效率 $\eta_1 + \eta_2 + \cdots + \eta_n < 1$。

3.4.7　火焰筒壁温计算

计算火焰筒一维壁温前需要先计算火焰筒的流量分配和燃烧室二股通道的流程参数,再根据火焰筒的流量分配计算火焰筒内燃气流程参数,包括燃气速度、燃气温度、燃气压力、燃气的质量流量等。

火焰筒壁温取决于燃气对火焰筒壁面的辐射换热 R_1、燃气对火焰筒壁面的对流换热 C_1、火焰筒壁面对机匣的辐射换热 R_2 以及火焰筒壁面与二股通道气流的对流换热 C_2。

根据热流平衡方程[3]:

$$C_1 + R_1 = C_2 + R_2 \tag{3.7}$$

估算时可以认为 $T_{w1} = T_{w2}$(T_{w1}、T_{w2} 分别为两个壁面的表面温度),由热流平衡方程可以计算出火焰筒内外环的壁面沿轴向的温度分布。

3.4.8　出口温度分布

航空发动机燃烧室出口温度场的设计、调试以及预估都非常困难,因为燃烧室出口温度场作为燃烧室与涡轮接口截面,所有上游的流动、雾化、蒸发、燃烧及各项的相互作用最后体现在对温度场的影响上,影响因素众多是出口温度场预测困难的重要原因。目前,对燃烧室出口温度场进行的预估主要是经验关系式。

影响燃烧室出口温度场温度分布的重要因素是火焰筒的长度和火焰筒的压力损失,火焰筒的长度决定了燃料的停留时间,火焰筒的压力损失决定了通过掺混孔的气流的穿透深度和混合速率。通过试验可以发现:

$$\frac{T_{t4max} - T_{t4}}{T_{t4} - T_{t3}} = f\left(\frac{L_L}{D_L} \times \frac{\Delta P_L}{q_{ref}}\right) \tag{3.8}$$

式中：$\Delta P_{\rm L}/q_{\rm ref}$——火焰筒压力损失系数；

$\quad\quad L_{\rm L}$——火焰筒总长；

$\quad\quad D_{\rm L}$——火焰筒直径或高度。

3.4.9　污染排放

对燃烧室污染排放的预估，工程上常用的方法有三种，即经验公式法、化学反应器网络法以及数值模拟法。经验公式法是基于大量的试验结果数据库，将进口参数(包括进口压力、温度、油气比等)拟合成与污染排放相关的经验关系式的方法，虽然该方法较为简单且准确度较高，但需要大量的试验数据作为依托，且经验关系式的系数与具体的燃烧方案对应，通用性受到较大的限制；化学反应器网络法基于 CFD 燃烧场的模拟结果，将燃烧区域划分为几个甚至几十个区域，按照流动特性对这些区域进行反应器性质的定义，将各区域相连编织成网络，采用详细的化学反应机理进行排放的预估，该方法计算较快，且可以采用详细的化学反应机理，但最大的问题在于网络反应器的划分，对于复杂的湍流燃烧，当前仍缺乏有效的划分工具及划分标准；数值模拟法采用简化的化学反应机理进行污染物排放的预估，对于 NO_x 的排放，在高温高压条件下主要为热力型生成机理，这与燃烧区的温度直接相关。

1. 经验公式法预估污染排放

经验公式法基于燃烧室简单的物理化学分析并通过大量的数据拟合得到，一般的经验公式法将与燃烧室相关的参数列入参考范围，如燃烧室尺寸、设计特征、运行工况以及燃料类型和燃料喷雾特征。经验公式法预估污染排放简单且准确度较高，能给燃烧工程师方向性的指导，便于将与排放相关的复杂问题简单化，但该方法需要以大量的试验数据为依托，且关系式的系数与具体的燃烧方案相对应，通用性受到极大的限制。

20 世纪 70 年代开始，Lefebvre[1]经过大量的燃烧室试验，在对燃烧室内物理化学过程进行分析的基础上提出了大量与燃烧室污染排放、燃烧效率等有关的经验关系式，对燃烧室设计起到了很好的支撑作用和指导作用，Rizk 等在 Lefebvre 的基础上继承和发展了经验公式法，使得经验公式法预估污染排放的精度得到进一步提高。但是随着燃烧室精细化设计的发展，人们已不满足这种需要耗费大量试验才能得到预估公式的方法，现在经验公式法的应用较少。

NO_x 对环境的影响更为突出，因此发动机 NO_x 排放受到了越来越严格的限制，通过对各种燃烧室 NO_x 排放数据进行统计和分析，Lefebvre[1]得出的 NO_x 排放公式为

$$EI_{NO_x} = 4.59 \times 10^{-9} \cdot P_{t3}^{0.25} \cdot F \cdot t_{\rm res} \cdot \exp(0.01T_{\rm st}) \tag{3.9}$$

式中：EI_{NO_x}——NO_x 排放指数，单位为 g/kg；

$\quad\quad P_{t3}$——进口压力，单位为 kPa；

F——主燃区空气质量分数；

t_{res}——主燃区停留时间,单位为 s；

T_{st}——化学恰当比温度,单位为 K。

2. 化学反应器网络法预估污染排放

采用化学反应器网络(chemical reactor network, CRN)模型进行污染物排放量的计算可以选用简化、半详细或详细化学动力学反应机理。它的优点:一是 CRN 模型能够较灵活地处理各类燃烧室,对于流场、温度场、反应物浓度场等的不同特点,用于模拟计算的网络模型具有较强的针对性;二是 CRN 和 CFD 两种方法可以进行耦合,先根据 CFD 模拟结果构建 CRN 模型,再采用详细化学反应机理对燃烧室污染排放特性进行计算,可以减少 CFD 计算中采用简化反应机理预测污染物生成的误差,把两者结合起来可以更准确地对燃烧室污染排放特性进行评估。

图 3.7 为一个典型的单环腔燃烧室结构和 CRN 模型示意图。CRN 模型根据燃烧室内温度、组分、当量比、流场等的分布特点,对燃烧室进行分区,并采用不同

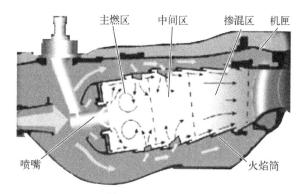

(a) 单环腔燃烧室结构

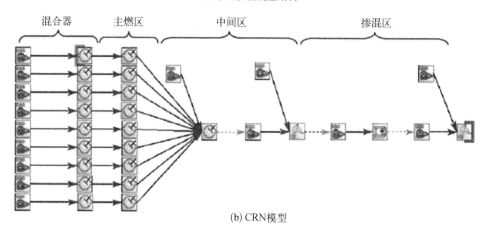

(b) CRN模型

图 3.7 单环腔燃烧室结构和 CRN 模型示意图

的理想反应器模型代替真实的反应流动,获得相应的反应器组合,进而采用较详细的化学反应机理获得污染排放数据。

3. 数值模拟法预估污染排放

数值模拟法是利用计算燃烧学和简化的化学反应机理来进行污染物排放预估的一种方法。随着计算机技术的快速发展,计算燃烧学得到了长足的进步,国内外学者和工程师围绕燃烧室的网格划分、数值计算方法和结果后处理等开展了大量的研究工作。以 Mongia 为代表的燃烧领域专家围绕燃烧室污染排放问题也进行了很多卓有成效的研究,主要研究了湍流模型、燃烧反应模型和化学反应机理等对污染物生成的影响,并对低污染燃烧室设计起到了很好的指导作用。

目前,燃气轮机燃烧室污染排放的重点在于对 NO_x 排放的限制,因此国内外学者主要针对 NO_x 排放进行了预估方式和方法的研究。数值模拟法对 NO_x 排放进行预估,分为直接模拟、大涡模拟、Reynolds 平均法模拟,前两种模拟方法准确度最高,但需要大量的计算时间,并对计算硬件提出了很高的要求,而 Reynolds 平均法模拟可以采用工程上成熟的湍流模型、燃烧模型以及简化的化学反应机理进行流场模拟、排放预估,是较为合适的一种污染物数值模拟方法。目前,燃气轮机燃烧室的数值模拟法可以为低污染燃烧室的设计提供定性的指导,但尚未达到定量的精度,还需要在更加精确的湍流模型、湍流燃烧模型、辐射模型和更详细的化学反应机理等方面开展研究工作。

3.5　燃烧室总体尺寸确定

要设计一款新燃烧室最重要的一步就是确定燃烧室各部分的尺寸,首先确定参考截面尺寸,其次分别确定燃烧室长度(容积)以及喷嘴(头部)数目等。

目前,国内外主流的航空发动机基本选择带有突扩扩压器、气动雾化喷嘴的短环形燃烧室,所以本书的计算方法基于该类型的燃烧室。

首先需要确定的是燃烧室总体特征参数——参考截面处特征参数,包括参考截面面积、参考速度等;或者首先确定燃烧室主要空气流量分配,包括头部进气、二股环腔进气(含涡轮引气)等;之后需要确定燃烧室长度(容积),该参数对燃气停留时间影响甚大;最后需要确定燃烧室喷嘴(头部)数目。以上四个步骤主要求得燃烧室(主要是火焰筒)的总体尺寸,接下来才逐一开展各零组件或燃烧室主要区域的设计,如扩压器、头部旋流器、喷嘴、主燃区(主燃孔)、掺混区(掺混孔)等。

3.5.1　参考截面尺寸

参考截面参数选取通过综合参数 θ 估算燃烧效率,燃烧室综合参数 θ 定义为

$$\theta = P_{t3}^{1.75} A_{ref} D_{ref}^{0.75} \left[\frac{\exp\left(\dfrac{T_{t3}}{300}\right)}{W_{a3}} \right] \tag{3.10}$$

式中：W_{a3}、P_{t3}、T_{t3}——燃烧室进口空气流量、总压、总温；

   A_{ref} 和 D_{ref}——燃烧室参考截面面积和直径(高度)。

3.5.2   燃烧室长度(容积)

火焰筒长度也是一项非常重要的燃烧室设计参数,主要是对燃油雾化、蒸发及油气混合、燃烧等产生影响。燃油雾化、蒸发及其与空气的混合、燃烧需要一定的燃烧室长度来完成,过短的燃烧室长度使得燃烧效率不高,影响整个发动机性能;过长的燃烧室长度,除了增加污染排放外,更重要的是增加重量,对整机(转子动力学)不利,而且现在的设计要求是超短紧凑型燃烧室。燃烧室长度确定后,燃烧室容积也就确定了,反之亦然。

随着发动机沿着高性能方向发展,各部件系统也在发展变化,燃烧室则向着高性能、紧凑型的短环形结构方向发展,燃烧室的长径比越来越小,已经发展到接近2,未来有可能继续向着更小的方向发展。但是,随着未来燃烧室温升提高,结构更加紧凑,燃烧室长度过短可能会引起燃烧不完全,甚至高温产生的热离解造成更多热损失。因此,燃烧室长径比一般不会过小。

3.5.3   喷嘴(头部)数目

对于传统燃烧室,一个头部对应着一个喷嘴,即头部数目与喷嘴数目是相等的。设环形燃烧室头部(喷嘴)共有 N 个,则头部间距 P 为

$$P = \pi D_{d,p}/N \tag{3.11}$$

式中：$D_{d,p}$——头部中径。

一般头部间距 P 与火焰筒高度 H_d 之比(P/H_d)有一个合理的范围,因为该值对燃烧室出口温度场有较大影响,所以其十分关键且成为一项燃烧室设计参数。在燃烧室初步设计时,可初步选取燃烧室头部间距与火焰筒高度相等。

3.6   燃烧室主要结构方案设计

燃烧室主要结构方案设计依据发动机总体布局和支承方案,燃烧室进出口尺寸,主要飞行状态燃烧室参数 P_{t3}、T_{t3}、W_{a3}、W_f、ΔT、λ_3,涡轮冷却空气系统及其他用气进行设计,要满足燃烧室的起动性能要求以及重量限制、尺寸限制和热膨胀

等;另外,还要保证持久性、可靠性、维修性、保障性以及寿命。

3.6.1　机匣承力方式

燃烧室机匣是燃烧室中的主要承力件,并辅助燃烧室形成气流通道。燃烧室机匣由扩压器机匣、内机匣和外机匣组成。燃烧室机匣除了承受本身内外压差带来的压力(主要是径向力),还要承受发动机其他部件传递的轴向力、径向力和扭矩。根据发动机总体布局和燃烧室类型的不同,可将传力分为内传力、外传力、混合传力和平行传力。

环管燃烧室和环形燃烧室的内、外壳体是薄壁零件,通常是发动机的主要承力构件,承受力有轴向力、径向力、横向力、扭矩、振动载荷和热应力等,受力非常复杂。因此,在进行结构设计时,必须保证壳体具有足够的强度和刚性。由于外壳体直径很大,抗横向弯曲的刚度一般较强,所以考虑刚度时要注意保证径向刚度,防止由于壳体被压扁,变成椭圆形而失去稳定。对于超薄壁的内壳体,要特别注意保证径向刚度。

各种传力方式的特点和适用范围见表 3.2,混合传力和平行传力的前端连接是相同的,目前对于短环形燃烧室,大部分采用前置扩压器内支板或末级叶片整体铸造的连接形式[4]。

表 3.2　各种传力方式的特点和适用范围

传力方式	特　　　点	适 用 范 围
内传力	内机匣传递所有的力和扭矩,直径小,刚性差	早期单管燃烧室
外传力	外机匣传递所有的力和扭矩,内机匣没有与外机匣刚性连接,自身刚性较差	早期环管燃烧室
混合传力	内外机匣传递径向力按刚性分配,受力合理,轴向刚性差,以减少内外机匣的轴向热应力,结构较复杂	涡轮前有支点的环管燃烧室
平行传力	内外机匣前端刚性连接,受力合理,结构简单适用,无内外机匣膨胀不一致引起的热应力	涡轮前无支点的环形燃烧室

3.6.2　火焰筒安排、定位与支撑

1. 直流燃烧室

燃烧室火焰筒主要由头部、内环、外环等组成(图 3.8),燃烧室火焰筒定位方式有前端定位和后端定位两种,前端定位采用头部的固定销进行定位,后端定位是火焰筒后端通过法兰边,用精密螺栓安装达到轴向定位目的,法兰边设计时需充分考虑热膨胀量。

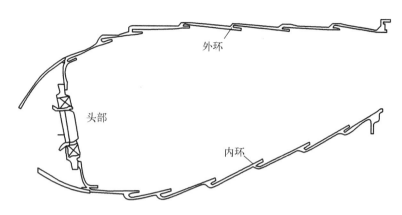

图 3.8 直流燃烧室火焰筒示意图

1）头部连接

（1）整体焊接形式。大部分火焰筒头部是通过整体焊接和筒身连接的，其主要优点是头部与筒身的相对位置易保证，而且结构简单、工艺方便、刚性好，但是维修更换不方便。

（2）螺钉连接。火焰筒头部通过螺钉与筒身连接，这种方式便于更换维修，但是结构复杂，重量较大。

（3）半刚性连接。火焰筒外环与头部采用刚性连接，内环与火焰筒头部采用滑动支承，可降低热膨胀的影响，优点是装配方便，并且能保证燃烧室性能。

2）后部连接

为了确保火焰筒在各种复杂环境下的可靠性和安全性，合理地选择火焰筒的定位和支承是非常重要的，定位一般指轴向定位，支承一般指径向支承。

（1）定位和支承的要求：可靠性、尽可能避免由不同膨胀而产生的热应力，结构简单、拆装方便。

（2）轴向定位：由于火焰筒是发动机中工作环境温度最高的热端部件，所以火焰筒工作时沿轴向有一定的伸长量，这样相对机匣只能有一处定位截面。

目前，轴向定位主要有两种定位方式：前端定位和后端自由伸长。这种定位方式的优点是：火焰筒头部温度低，承力可靠；喷嘴和头部的相对位置变化小，对燃烧室性能影响小；定位与支承可一同解决。缺点是后端径向间隙较大，配装性较差，并且会影响出口温度分布。

（3）后端定位。一种是直接与燃烧室机匣后端连接；另一种是与涡轮导向器安装边连接。后端定位的优点是拆装方便，对出口温度分布影响小；缺点是变形集中于头部，对头部油气匹配产生一定影响。

（4）混合定位。火焰筒头部和外环采用前端定位，内环则采用后端定位，如JT9D、V2500 等。

3）火焰筒径向支承

（1）单管燃烧室和环管燃烧室一般采用前后两端两点支承,前端通过喷嘴支承,后端采用涡轮导向器的外环或者内环支承。

（2）对于前端定位的环形燃烧室,只需要后端支承。

（3）当短环形燃烧室火焰筒后端有定位时,前端一般不需要支承,凡配合的组件均采用浮动结构来防止轴向或径向热膨胀约束。

2. 回流燃烧室

回流燃烧室火焰筒在流道上可区分为火焰筒（包括头部、内环、外环）及排气弯管（包括大弯管、小弯管）两部分。按照结构特点可划分为两种结构类型,如图 3.9 所示,一种是火焰筒内环、外环及头部整体设计,排气弯管分为大弯管、小弯管,通过搭接或鸟嘴等方式与火焰筒相连;另一种是火焰筒外环与大弯管外环一体化设计,火焰筒头部与内环一体化设计,小弯管与火焰筒内环或者燃气涡轮导向器一体化设计,火焰筒内、外环在头部通过止口定位,用螺栓紧固。第一种结构在试验调试方面可以不带弯管进行试验,测试性更好;对于头部带隔热屏设计的火焰筒,第二种结构利于更换隔热屏,维修性更好。

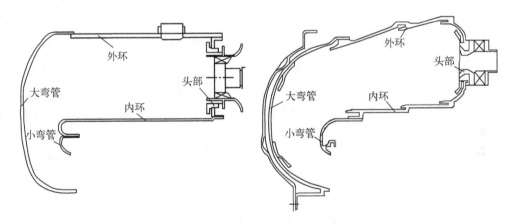

图 3.9　回流燃烧室火焰筒结构示意图

回流燃烧室火焰筒采用头部定位（或前端定位）,通过位于火焰筒头部的固定销或燃油喷嘴外壳体兼作定位装置在燃烧室机匣上固定,大弯管出口通过法兰与燃气涡轮导向器一起固定在径向扩压器上,小弯管则通过鸟嘴与火焰筒内环或燃气涡轮导向器搭接。通常采用悬于火焰筒外侧的小尺寸固定销座设计,为了提高固定销的耐磨性能,并增强燃烧室的可测试性,贯穿火焰筒的大尺寸固定销座成为主流设计。

3. 折流燃烧室

折流燃烧室火焰筒由火焰筒外环组件和火焰筒内环组件组成（图 3.10）,火焰

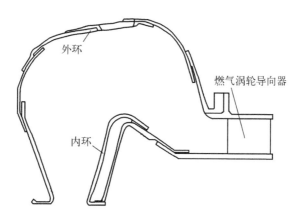

图 3.10　折流燃烧室火焰筒结构示意图

筒内、外环组件是两个相互独立的零件,共同形成火焰筒内流通道,确保油气混合物在火焰筒内良好地燃烧组织。

折流燃烧室火焰筒采用后端法兰定位,通过螺栓与燃气涡轮导向器一起固定在机匣上,避免燃烧室与涡轮流道冷热态膨胀不同步的问题。折流燃烧室火焰筒腔高较高,为确保火焰筒掺混射流深度,通常采用掺混斗设计,而位于火焰筒中的掺混斗容易在使用中损坏,因此往往在掺混斗表面设计冷却孔。

3.6.3　燃油喷嘴和总管的安装

1. 燃油喷嘴

燃油喷嘴的类型很多,特别是中小型航空发动机,受成本、重量以及使用环境的影响很大,因此其燃油喷嘴的种类十分丰富。目前,对燃油喷嘴的分类主要有两种方式:一种是按照燃油的雾化原理分为三大类,即压力雾化喷嘴(或称机械雾化喷嘴)、空气雾化喷嘴以及压力雾化与空气雾化相结合的复合式空气雾化喷嘴,表3.3给出了每种喷嘴的优缺点及其应用。压力雾化喷嘴的雾化原理是:当液体加压时,将压力能转化为燃油的动能,使燃油射流与周围气相的相对速度增加,达到雾化燃油的目的。空气雾化喷嘴的工作原理是:利用燃烧室的压力降,在喷嘴内部形成高速的空气射流,从而使燃油与空气的相对速度增加,达到雾化燃油的目的。其中,航空发动机上采用的压力雾化喷嘴主要有直射式喷嘴、单油路离心喷嘴、双油路离心喷嘴、回油式喷嘴和甩油盘等。空气雾化喷嘴按照燃油喷出方式和空气的相互作用主要可分为蒸发管式、旋流杯式、液膜式、复合式等,在航空发动机上主要采用预膜式空气雾化喷嘴。另一种是按照燃油喷嘴的具体结构类型进行分类,主要分为直射式喷嘴、单油路离心喷嘴、双油路离心喷嘴、甩油盘、蒸发管式喷嘴、液膜式喷嘴等。上述燃油喷嘴都具有各自的优点和缺点,并在不同的航空发动机上应用。

表 3.3　燃油喷嘴的分类及特点

雾化方式	喷嘴结构类型	优　　点	缺　　点	应　　用
压力雾化	直射式	简单、可靠	雾化质量差,喷雾锥角小	加力燃烧室,蒸发管和空气雾化喷嘴的中心喷嘴
	单油路离心	简单、雾化质量较好	调节比小,低油压下雾化差	辅助动力装置(auxiliary power unit, APU)和涡轴发动机上多采用,空气雾化喷嘴中用作中心喷嘴
	双油路离心	点熄火性能好,雾化质量好	油泵压力大,高温高压下易结焦和冒烟	大型及小型发动机上广泛采用,空气雾化喷嘴中用作中心喷嘴
	回油式	低油压下雾化质量好,调节比大	油泵流量大,喷雾锥角变化较大	APU 上使用
	甩油盘	结构简单,油压低,雾化质量好	燃油密封难,存在局部热点,应用受限	折流燃烧室
空气雾化	蒸发管式	结构简单,油压低,冒烟少,燃油变化不敏感	需要辅助喷嘴,点熄火性能差,蒸发管易烧蚀和结焦积碳	主要是英国罗罗公司开发和使用
	旋流杯式	排气冒烟较少,可兼顾高低工况下的性能	结构较为复杂,对几何尺寸敏感	当代高性能发动机上广泛使用
	液膜式	油压低,冒烟少,出口温度场较好	点熄火性能较差,低工况下雾化不好	在较高性能发动机上广泛使用
	复合式	可兼顾高低工况下的性能,满足高温升和低污染要求	结构复杂,加工制造成本高,研发困难	在先进高性能发动机上广泛使用

2. 燃油总管

目前,中小型航空发动机燃烧室主要采用金属硬管或聚四氟乙烯软管两种结构。金属硬管结构的燃油总管一般采用不锈钢制造,优点是零件数量及材料种类较少、加工制造简单、可靠性高、重量轻、成本低;缺点是变形较大,需要在组件时校形,否则装配时管子存在较大的残余应力,装配困难,与燃油喷嘴需要分开装配,且机匣上还需要卡箍固定。软管结构主要由聚四氟乙烯软管制造,软管外层用不锈钢丝编织以增强其结构强度,外部增加耐热橡胶防火管,增强燃油总管的防火性能,优点是具有良好的柔韧性,安装方便,可以与燃油喷嘴进行密封性试验后一起装配;缺点是质量大(同一内径软管的质量较硬管大 40%)、成本高、寿命相对较短。目前,中小功率的涡轴/涡桨发动机及 APU 燃烧室多采用聚四氟乙烯软管,涡扇发动机及大功率的涡轴/涡桨发动机多采用金属硬管。

根据燃油喷嘴及点火设计,确定总管油路的数量,若双油路离心喷嘴自身没有设计分油活门,则需匹配双油路总管;对于单油路离心喷嘴,有时为了适应点火分区供油要求,也可配置双油路总管。

燃油总管的设计主要是确定燃油总管的详细结构和要求:内径、外径、长度、支管结构和尺寸、材料等。

一般认为燃油总管、支管、燃油喷嘴各处流通截面应为圆形,当流通截面为其他形状时,流通截面尺寸按与圆形截面面积相同的原则进行设计,外形尺寸可按圆形截面壁厚相同并满足安装和工艺要求的原则进行设计。根据每路燃油总管上燃油喷嘴最小流通面积和安装数量,可以由经验公式确定燃油总管内径基本尺寸。

燃油总管初步设计完成后,应根据燃烧室的结构以及发动机整体布局特征和燃油总管结构特征来调整燃油总管的几何外形尺寸与结构。

3.6.4   点火系统

燃烧室的点火方式主要有两种:一种是直接点火,即利用点火装置输出的高压低频电流使点火电嘴电极间产生火花放电,或利用半导体表面放电,产生高能火花点燃燃烧室内的油气混合物;另一种是间接点火,即专门设立一个小预燃室,在预燃室内创造一个利于点火的环境实现点火,由预燃室喷出的火舌点燃主燃烧室。直接点火的优点是结构简单、质量小、点火电嘴位置易于调整,并且维护方便;缺点是点火能量较低。间接点火的优点是点火能量大、火舌穿透深度大、易于点燃主燃烧室内的油气混合物;缺点是结构复杂、质量大、操作和维护不方便,而且供油系统复杂。由于空间上的限制,涡轴/涡桨等中小型发动机一般不采用预燃室,但值得指出的是,部分小型发动机燃烧室采用起动喷嘴或联焰喷嘴(也可以二者结合)的方法来提高燃烧室的点火可靠性。随着燃烧技术的发展,目前燃烧室设计更倾向于采用结构更简单的直接点火方式,因此下面主要介绍直接点火。

点火系统的性能参数包括火花能量、火花持续时间以及火花放电频率,这些特征参数取决于点火装置、存储电容器和点火电嘴等的设计。

通常情况下,点火器释放的能量占电容器放电过程中释放总能量的比例随着压力、间隙宽度和气流速度的增加而增加。电容器中所储存的总能量中,只有小部分被有效地用于加热可燃混合物。因此,在考虑实际点火环境的前提下,需要权衡火花持续时间及火花放电频率的影响。当火花放电频率较高时,能量损失非常高;而如果火花持续时间太长,能量在大量的流动混合物中扩散,使得燃气温度不足以引发点火。

发动机地面起动过程中,空气流量和燃料流量都随着转速的上升而逐渐增大,但两者增加速率不相等,导致点火电嘴周围的油气混合物浓度有很大的波动,只有当火花放电与当地油气混合物浓度在可燃范围之内同时发生时,点火才能成功。在这样的条件下,增加火花频率很有可能比增加火花能量有效得多。虽然高火花频率是有利的,但是对于给定尺寸的点火装置,高火花频率只能以降低火花能量为代价的方式获得。因此,选取点火装置的原则是,在保证火花能量能满足最恶劣条件点火要求的前提下,尽可能提高火花频率。

此外,点火电嘴的位置对点火性能也有较大的影响。点火器必须位于主燃区,这样着火后形成的高温燃气能够回流到上游并提供点燃新鲜混合气体所需的热量。工程上,通常把点火电嘴放置在火焰筒外环靠近喷雾锥的外边缘,使点火电嘴附近有恰当的油气比。点火电嘴不能被过多的燃油浸湿表面,因为燃油蒸发会吸收大量热量,导致火花能量减小。点火电嘴插入深度也不能太深,以避免其改变燃烧室内部流场。此外,燃油落在点火电嘴表面还可能导致其表面积碳或烧蚀。

3.7　准则和经验规律

燃烧室的总体设计主要受发动机设计的制约,发动机的应用类型(军用或民用)、种类和使用范围都在很大程度上影响燃烧室设计思想和燃烧室主要性能要求。

燃烧室的各项性能往往是互相矛盾的,如燃烧效率高往往要求燃烧室长度长、直径大,这就和体积小、质量小矛盾;为扩展点火边界、熄火边界,可采取头部富油燃烧,但是富油又会导致冒烟、积碳等问题。因此,在进行燃烧室总体设计时,必须综合考虑,根据总体需求不断平衡各项性能之间的关系,突出其主要性能指标,适当牺牲甚至不予考虑其他次要性能指标。其次,燃烧室的设计并不可能一次到位,还需要后续三维仿真、零组件级试验、部件级试验、整机试验等一系列的验证以及迭代改进来满足最终的使用要求。

参考文献

[1]　Lefebvre A H. Gas turbine combustion[M]. London: Hemisphere Publishing Co, 1983.
[2]　范作民,傅巽权. 热力过程计算与热气表[M]. 北京: 国防工业出版社,1987.
[3]　金如山. 航空燃气轮机燃烧室[M]. 北京: 宇航出版社,1988.
[4]　彭拾义. 航空发动机燃烧室结构[M]. 北京: 国防工业出版社,1978.

第 4 章
扩压器设计

4.1 概　述

现代大流量涡轮发动机压气机是高负荷的,通常出口马赫数较高。因此,在高压气流进入燃烧室之前,气流的动压头很高。压气机出口气流在高马赫数情况下,动压头可能高达总压的 10%。因此,压气机出口空气的流速通常达到 120 ~ 220 m/s。这样高的流速条件对火焰稳定和燃烧组织造成困难[1],一般要求在旋流器前减速到 40~60 m/s,才可能保证稳定可靠的燃烧组织。综上所述,各类燃烧室在结构上都要有一个减速扩压的扩压器(图 4.1)。

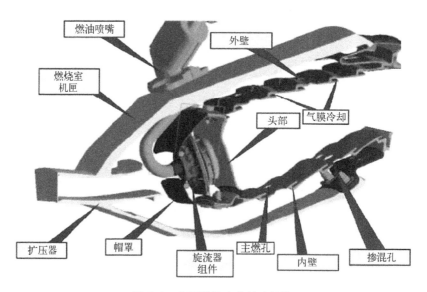

图 4.1　典型燃烧室内基本结构

扩压器的另一个作用是回收大部分气流的能量,避免由此产生更高的总压损失而使发动机的燃油消耗率显著提高。此外,扩压器还必须对进口速度分布和相对燃烧室位置的变化不敏感。随着进气马赫数的增大,除了需要保证较低的扩压损失之外,扩压器的长度也必须有所限制,以使发动机的长度和重量最小化。高性能的扩压器设计应该在低压损失和发动机长度之间有一个很好的折中。

扩压器要求发动机在有限长度内,出口气流尽可能达到高的静压恢复和低的总压损失,同时得到稳定和对称的出口流场。值得注意的是,最大静压恢复的情况常常出现在扩压器刚出现轻微气流失速时。在某些情况下,扩压器内气流分离,随后恢复,而后又重新分离,引起压力波动,流动不稳定,或出现单边分离,流动很不对称,这些现象对燃烧室扩压器是极为不利的。

以直壁二元扩压器为例(图4.2),其流态变化可分为四种典型情况:① 无明显分离区;② 单侧出现不稳定分离区;③ 单侧出现强的稳定失速分离区;④ 两侧出现稳定失速分离区,扩压失效呈射流流态。显然,设计扩压器应处在无明显分离区的流动状态。

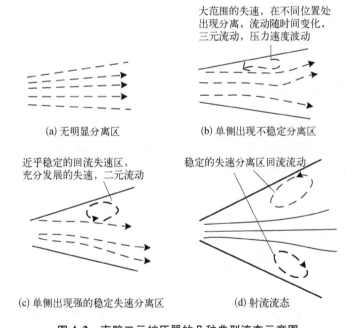

图 4.2　直壁二元扩压器的几种典型流态示意图

4.2　扩压器设计要求

现代燃烧室对扩压器的设计要求如下[2~4]。

(1) 压力损失小。在给定燃烧室流动损失时,总是希望尽可能降低扩压器的压力损失。定义火焰筒损失与燃烧室损失之比为 β($\beta = \Delta P_L / \Delta P_{3-4}$)。目前,$\beta$ 值为 0.7 左右,即扩压器的压力损失约为总损失的 30%。一般情况下,扩压器的压力损失应小于压气机出口动压头的 40%。

（2）足够的强度和刚度。扩压器为发动机的主要承力构件,因此必须在结构和选材上保证该部件具有足够的强度和刚度,且可靠地传力和安全地工作。

（3）扩压器在满足性能要求的条件下,长度应尽可能短。

（4）气流在扩压器通道中流动要稳定,不产生明显分离（突扩区除外）。

（5）周向流动和径向流动尽可能均匀。

（6）对压气机出口气流畸变不敏感。

在以上要求中,压力损失小是扩压器部件最主要的性能要求,目前经过验证的减少压力损失的措施如下。

（1）小的扩压比 n。扩压器的压力损失主要是由扩张损失造成的,摩擦损失相对较小。因此,在可能的情况下,选用小的扩压比可以明显减小压力损失。目前,典型的 $n = 4 \sim 6$。

（2）小的扩张角 θ。扩张角减小将使缓冲系数 K 减小,故使压力损失减小。但在扩张比一定的条件下,采用太小的扩张角 θ 将使扩压器长度加长,使摩擦损失增加。

（3）合理的造型规律。为减少扩压器的压力损失,目前广泛采用的造型规律有如下几种: ① 等压力梯度造型规律;② 等速度梯度造型规律;③ 前两种兼有的混合造型规律;④ 双纽线造型规律;⑤ 直线造型规律。

为了有效缩短扩压器长度,提高扩压器流动稳定性和抗进口流场畸变能力,突扩扩压器、吸气扩压器等结构形式已得到广泛应用。

4.3　扩压器参数

扩压器的主要结构参数[2,3]包括以下方面。

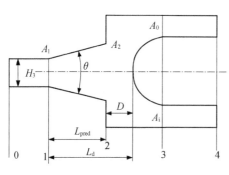

图 4.3　直壁二元突扩扩压器的几何构型与参数

（1）型面扩压器主要参数: ① 扩压比 n;② 扩压器长度 L_d;③ 上壁面平均张角 α_0;④ 下壁面平均张角 α_i;⑤ 扩张角 θ（或当量扩张角 θ_g）;⑥ 型面规律。

（2）带前置扩压器的突扩扩压器,见图 4.3: ① 前置扩压器的长度 L_{pred};② 前置扩压器的扩张角 θ;③ 前置扩压器的无因次长度 L_{pred}/H_3（H_3 为进口通道高度）;④ 突扩间隙 D;⑤ 二股通道外环面积 A_0;⑥ 二股通道内环面积 A_i;⑦ 前置扩压器型面规律(型面或直壁)。

扩压器的主要性能参数包括以下方面。

1) 均匀流动情况

(1) 扩压器总压恢复系数:

$$\sigma_{DB} = \frac{P_{td}}{P_{t3}} \qquad (4.1)$$

式中: P_{td} ——扩压器出口总压;

P_{t3} ——燃烧室进口总压。

(2) 扩压器流阻系数:

$$\xi_{DB} = \frac{\Delta P_d}{q_3} \qquad (4.2)$$

式中: ΔP_d ——扩压器压力损失;

q_3 ——燃烧室进口截面动压头。

(3) 扩压器静压恢复系数:

$$\sigma_{S,DB} = \frac{P_{sd} - P_{s3}}{q_3} \qquad (4.3)$$

式中: P_{sd} ——扩压器出口静压;

P_{s3} ——燃烧室进口静压。

(4) 扩压器理想静压恢复系数:

$$\sigma_{S,DBi} = \frac{P_{sd} - P_{s3}}{q_3} = \frac{(P_{td} - q_d) - (P_{t3} - q_3)}{q_3} \qquad (4.4)$$

设 $P_{td} = P_{t3}$,则

$$\sigma_{S,DBi} = 1 - \left(\frac{A_3}{A_d}\right)^2 \qquad (4.5)$$

式中: A_3 ——燃烧室进口面积;

A_d ——扩压器出口面积。

(5) 扩压器效率:

$$\eta_{DB} = \frac{\sigma_{S,DB}}{\sigma_{S,DBi}} = \frac{P_{sd} - P_{s3}}{q_3\left[1 - \left(\dfrac{A_3}{A_d}\right)^2\right]} \qquad (4.6)$$

（6）扩压器的压力损失系数：

$$\lambda_{\mathrm{d}} = \frac{\Delta P_{\mathrm{d}}}{q_3 - q_{\mathrm{d}}} \tag{4.7}$$

2）非均匀流动情况

（1）任意截面的质量平均总压：

$$\bar{P}_{\mathrm{t}} = \frac{\int_0^A (P_{\mathrm{s}} + \rho V^2/2)\,\mathrm{d}W}{W}, \quad \mathrm{d}W = \rho V \mathrm{d}A \tag{4.8}$$

对于不可压的非均匀流动，有

$$\bar{P}_{\mathrm{t}} = \bar{P}_{\mathrm{s}} + \alpha \rho V^2/2 \tag{4.9}$$

式中：$\bar{P}_{\mathrm{s}} = \frac{1}{W}\int_0^A P\mathrm{d}W$；$\alpha$—— 不均匀系数，其物理意义是非均匀流动按质量平均动能与均匀流动在同样质量流量条件下的动能之比，$\alpha = \frac{1}{A}\int_0^A \left(\frac{V}{V_{\mathrm{av}}}\right)^3 \mathrm{d}A$，其中 V 为任意截面流速，V_{av} 为平均流速。

（2）静压恢复系数：

$$\sigma_{\mathrm{S,DB}} = \frac{(W_{\mathrm{i}}\bar{P}_{\mathrm{si}})_4 + (W_{\mathrm{o}}\bar{P}_{\mathrm{so}})_4 - W_1 P_{\mathrm{s1}}}{\alpha_1 W_1 \rho V_1^2/2} \tag{4.10}$$

$$\sigma_{\mathrm{S,DB}} = 1 - \frac{\alpha_{\mathrm{i}} W_{\mathrm{i}} \rho V_{\mathrm{i}}^2/2 + \alpha_0 W_{\mathrm{o}} \rho V_0^2/2}{\alpha_1 W_1 \rho V_1^2/2} - \xi_{\mathrm{DB}} \tag{4.11}$$

对于理想均匀流情况：

$$\xi_{\mathrm{d}} = 0, \quad \alpha_1 = \alpha_{\mathrm{i}} = \alpha_0 = 1$$

则有

$$\sigma_{\mathrm{S,DBi}} = 1 - \frac{(W_{\mathrm{i}}V_{\mathrm{i}}^2)_4 + (W_{\mathrm{o}}V_0^2)_4}{W_1 V_1^2} \tag{4.12}$$

将式（4.12）用结构参数来表示，令 $W_{\mathrm{o}}/W_1 = S$，经变换与简化后可得

$$\sigma_{\mathrm{S,DBi}} = 1 - \frac{1}{(1+S)^3}\left[\left(\frac{A_1}{A_{\mathrm{i}}}\right)^2 + S^3\left(\frac{A_1}{A_0}\right)^2\right] \tag{4.13}$$

式（4.11）表示静压恢复程度取决于总压损失和动能转化为压力势能的程度，或是完善的扩压器设计取决于合理的结构和稳定良好的流动。

扩压器设计就是将扩压器性能要求与流动和结构参数建立关联,各类性能参数与设计参数的主要关系如下所示:

$$\sigma_{DB} = 1 - \frac{K}{2}M_3^2\xi_{DB} \tag{4.14}$$

$$\sigma_{DB} = 1 - \frac{K}{2}M_3^2(1 - \eta_{DB})(1 - AR^2)\Big/\Big(1 + \frac{k-1}{2}M_3^2\Big)^{\frac{k}{k-1}} \tag{4.15}$$

$$\eta_{DB} = 1 - \lambda_d \tag{4.16}$$

$$\sigma_{S,DB} = 1 - \xi_{DB} - \frac{q_d}{q_3} \tag{4.17}$$

$$\sigma_{DB} = \exp\left\{1 - \frac{K}{2}M_3^2\left[\left(1 - \frac{1}{n}\right)^2 + (1 - n)^2\right]\right\}(\text{对突扩扩压器}) \tag{4.18}$$

$$\eta_{DB} = \frac{P_{sd} - P_{s3}}{q_3(1 - 1/AR^2)}(\text{对突扩扩压器}) \tag{4.19}$$

$\sigma_{S,DB} = f(AR, L/H_3, 2\theta)$(对典型的进口边界层堵塞比为 0.015),如图 4.4 所示,其中,L/H_3 为沿 X 方向无因次的长度;AR 为扩压器出口与进口面积比。扩压器效率与结构参数关系如图 4.5 所示。

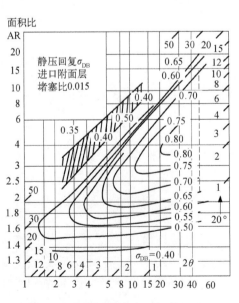

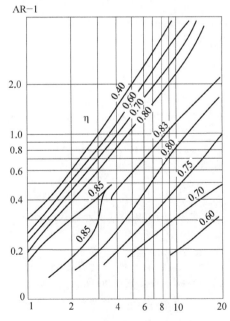

图 4.4 静压恢复系数与几何参数关系　　图 4.5 扩压器效率与结构参数关系

4.4　扩压器类型及应用范围

由于目的和要求不同,扩压器的结构类型和特点各不相同,所以扩压器种类很多,主要的结构及特点如下所示[2]。

(1) 圆锥形扩压器。其优点是结构简单、工艺性好、生产成本低,缺点是压力损失比型面扩压器大、结构刚度差,多用于地面管道及地面燃气轮机设备。其结构示意图见图4.6,主要性能和结构参数计算方法如下:

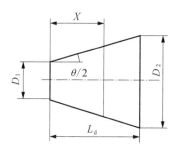

图 4.6　圆锥形扩压器结构示意图

$$n = \left(\frac{D_2}{D_1}\right)^2 \tag{4.20}$$

$$A_x = \frac{\pi}{4}\left(D_1 + 2X\tan\frac{\theta}{2}\right)^2 \tag{4.21}$$

$$\theta = 2\arctan\left(\frac{\sqrt{A_2} - \sqrt{A_1}}{\sqrt{\pi}L_d}\right) \tag{4.22}$$

(2) 正四棱锥扩压器。其优点是结构简单、工艺性好、生产成本低,缺点是压力损失比型面扩压器大、结构刚度差,多用于地面管道及地面燃气轮机设备。其结构示意图见图4.7,主要性能和结构参数计算方法如下:

$$n = 1 + \frac{4L_d}{H_1}\tan\frac{\theta}{2} + \left(\frac{2L_d}{H_1}\right)^2\tan^2\frac{\theta}{2} \tag{4.23}$$

$$A_x = \left(H_1 + 2X\tan\frac{\theta}{2}\right)^2 \tag{4.24}$$

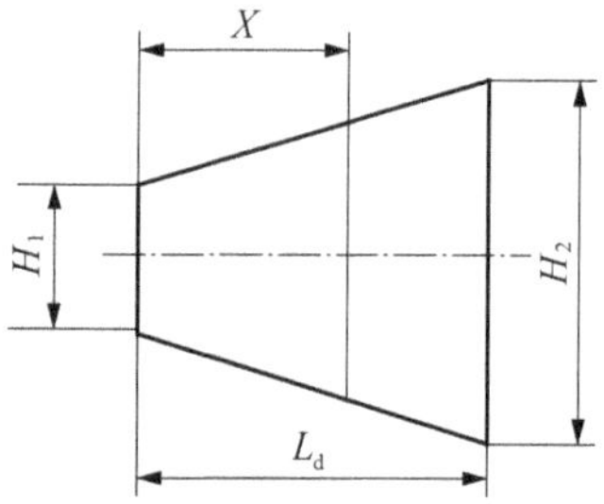

图 4.7　正四棱锥扩压器结构示意图

$$\theta = 2\arctan\left[\frac{\frac{1}{2}(H_2 - H_1)}{L_d}\right] \tag{4.25}$$

(3) 环形直壁扩张角对称扩压器。其优点是结构简单、工艺性好、生产成本低,缺点是压力损失比型面扩压器大、结构刚度差,多用于突扩扩压器的前置扩压器以及地面管道和燃气轮机设备。其结构示意图见图4.8,主要性能和结构参数计算方法如下:

$$n = 1 + \frac{2L_d}{H_1}\tan\frac{\theta}{2} \qquad (4.26)$$

$$A_x = \left(1 + \frac{2X}{H_1}\tan\frac{\theta}{2}\right)A_1 \qquad (4.27)$$

$$\theta = 2\arctan\frac{R_2 - R_1}{L_d} \qquad (4.28)$$

（4）环形直壁扩张角不对称扩压器。其优点是结构简单、工艺性好、生产成本低,缺点是结构刚度差、压力损失比型面扩压器稍大,多用于加力燃烧室扩压器及某些地面燃气轮机设备。其结构示意图见图 4.9,主要性能和结构参数计算方法如下:

$$n = 1 + \frac{2L_d\left[\tan\alpha_0 + (R_0/R_i)\tan\alpha_i\right]}{(R_0 - R_i)(1 + R_i/R_0)} + \frac{L_d^2(\tan^2\alpha_0 - \tan^2\alpha_i)}{R_0^2 - R_1^2} \qquad (4.29)$$

$$A_x = n_x A_1 \qquad (4.30)$$

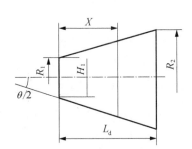

图 4.8　环形直壁扩张角对称
扩压器结构示意图

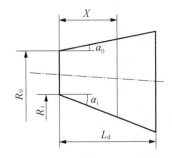

图 4.9　环形直壁扩张角不对称
扩压器结构示意图

（5）环形直壁内(外)壁扩张角为零扩压器。其优点是结构简单、工艺性好、生产成本低,缺点是结构刚度差、压力损失比型面扩压器稍大,多用于加力燃烧室扩压器。其结构示意图见图 4.10,主要性能和结构参数计算方法如下:

$$n = 1 + \frac{2\frac{L_d}{R_0}\tan\alpha_0}{1 + R_i/R_0} \qquad (4.31)$$

$$A_x = \left(1 + \frac{2\frac{X}{R_0}\tan\alpha_0}{1 + R_i/R_0}\right)A_1 \cdot \tan\frac{\theta_x^*}{2} \qquad (4.32)$$

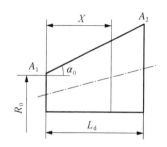
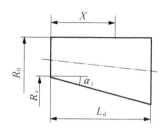

图 4.10　环形直壁内(外)壁扩张角为零扩压器结构示意图

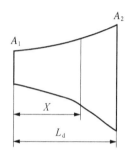

图 4.11　等压力梯度造型扩压器结构示意图

（6）等压力梯度造型扩压器。其优点是压力损失最小、结构刚性好、承力好，缺点是型面要求高、工艺性比直壁扩压器差、生产成本高、出口壁面张角过大、转接困难，广泛用于航空发动机主燃烧室扩压器造型，也可用在加力燃烧室扩压器上。其结构示意图见图 4.11，主要性能和结构参数计算方法如下：

$$n = \frac{A_2}{A_1} \tag{4.33}$$

$$A_x = \left\{ 1 - \left[1 - \left(\frac{A_1}{A_2} \right)^2 \right] \frac{X}{L_d} \right\}^{-\frac{1}{2}} A_1 \cdot \tan \frac{\theta_x^*}{2} \tag{4.34}$$

（7）等速度梯度造型扩压器。其优点是压力损失略逊于等压力梯度造型扩压器，结构刚性好、承力好、型面生产成本比直壁型扩压器高，缺点是出口壁面张角比等压力梯度造型扩压器小、型面转接方便、用于导管造型可获得好的出口流场，广泛用于主燃烧室，并与等压力梯度造型扩压器进行混合造型，也可用于燃气导管造型。其结构示意图见图 4.12，主要性能和结构参数计算方法如下：

$$n = \frac{A_2}{A_1} \tag{4.35}$$

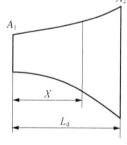

图 4.12　等速度梯度造型扩压器结构示意图

$$A_x = \left\{ 1 - \left[1 - \left(\frac{A_1}{A_2} \right) \right] \frac{X}{L_d} \right\}^{-\frac{1}{2}} A_1 \cdot \tan \frac{\theta_x^*}{2} \tag{4.36}$$

（8）二元曲壁扩压器。其优点是结构简单、工艺方便、压力损失比型面扩压器略大，广泛用于地面管道及某些地面风机及燃气轮机的扩散通道。其结构示意图如

图 4.13 所示,主要性能和结构参数计算方法如下:

$$n = 1 + \frac{2L_d}{H_1}\tan\frac{\theta}{2} \qquad (4.37)$$

式中:θ——扩压器扩张角。

$$A_x = \left(1 + \frac{2X}{H_1}\tan\frac{\theta}{2}\right)A_1 \qquad (4.38)$$

$$\theta_d = 2\arctan\left(\frac{H_2 - H_1}{2L_d}\right) \qquad (4.39)$$

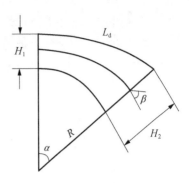

图 4.13　二元曲壁扩压器结构示意图

式中:θ_d——扩压器当量扩压角。

$$L_d = R_a \qquad (4.40)$$

(9)双纽线扩压器。其优点是压力损失和等压梯度相当,设计、计算方便,型面结构加工方便,刚性好,可承力,常用于主燃烧室扩压器造型及某些地面燃气轮机设备的进气装置。其结构示意图如图 4.14 所示,主要性能和结构参数计算方法如下:

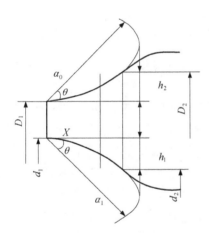

图 4.14　双纽线扩压器结构示意图

$$\alpha_0 = \left(L_d^2 + h_2^2\right)^{\frac{1}{2}} \Big/ \left(\left\{\cos\left[2\left(45° - \arctan\frac{h_0}{L_d}\right)\right]\right\}\right)^{\frac{1}{2}} \qquad (4.41)$$

$$\rho_\theta = \alpha\sqrt{\cos(2\theta)} \qquad (4.42)$$

式中:ρ_θ——中间变量。

$$X = \rho_\theta\cos(45° - \theta) \qquad (4.43)$$

$$Y = \rho_\theta\sin(45° - \theta) \qquad (4.44)$$

式中:Y——当 θ 变化时夹线与纽线型面相交处的高度。

(10)混合造型扩压器。其优点是压力损失小、出口壁面张角比纯等压力梯度造型扩压器小、型面转接方便、出口流场较好、刚性好,缺点是型面加工比较麻烦,常用于主燃烧室扩压器造型。一般采用等压力梯度和等速度梯度混合造型,前半段采用等压力梯度造型,后半段采用等速度梯度造型,其结构示意图见图 4.15。

(11)双通道扩压器。其优点是压力损失小、气流不易分离、工作稳定性好、燃烧室对压气机出口流场畸变不敏感、结构刚度好,缺点是设计结构、工艺、调试稍复杂。双通道扩压器经常被环形燃烧室所采用,环管燃烧室也有采用。双通道扩压器实质上可以看作带分流板的环形扩压器,其结构示意图见图4.16。唇口 A、B 点的位量可由②、③、④三股通道的空气流量来确定,①、②、③、④通道型面可采用等压力梯度、等速度梯度或直壁相结合。

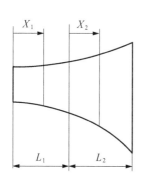

图 4.15　混合造型扩压器结构示意图

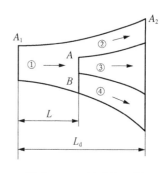

图 4.16　双通道扩压器结构示意图

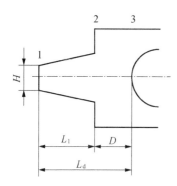

图 4.17　突扩扩压器结构示意图

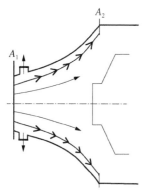

图 4.18　吸气式扩压器结构示意图

（12）突扩扩压器。其优点是长度短、工作稳定、对压气机出口流场畸变不敏感、压力损失对设计良好的突扩扩压器只比型面扩压器略高或相当,但长度可以减小 1/3,刚度也可以,缺点是设计、结构、工艺、调试稍复杂,适用于高温高压大推重比的多轴风扇发动机。其结构示意图见图4.17,主要性能和结构参数计算方法如式（4.45）所示,前置扩压器各段造型可参选等压力梯度、等速度梯度或直壁相结合造型规律计算。

$$n_1 = \frac{A_2}{A_1}, \quad n_2 = \frac{A_3}{A_2}, \quad N = \frac{A_3}{A_1} \quad (4.45)$$

（13）吸气式扩压器。其优点是采用边界层吸除措施,可以延缓气流分离,因此可以增大扩张角,缩短扩压器长度,压力损失也较小,缺点是扩压器结构复杂,且消耗一定的空气量,并要增加调节控制系统,属于研制中的新型结构扩压器。其结构示意图如图4.18所示,扩压段造型可参选等压力梯度、等速度梯度或二元曲壁扩压器造型规律计算。

（14）可控涡扩压器。其优点是压力损失低、静压恢复高、流动稳定、燃烧工作时对压气机出口流场畸变不敏感、扩压器长度短，缺点是结构复杂,抽气需要消耗3%左右的空气量,需与气冷涡轮匹配,并需要专门的调节系统,属于研制中的新型结构扩压器。其结构示意图如图 4.19 所示,主要性能和结构参数计算方法如式(4.46)~式(4.48)所示,式(4.48)为吸气量计算公式。

$$n = \frac{A_2}{A_1} \tag{4.46}$$

$$\frac{\Delta W}{W_3}\% = \left[0.87 + 0.626\left(\frac{A_2}{A_1} - 1\right) \right] D^{-0.5} \tag{4.47}$$

$$D = D_1 - d_1 \tag{4.48}$$

（15）冲压进气扩压器。其适用于双环腔冲压进气的短环形燃烧室。优点是二股通道流速高、对壁面冷却效果好、节省气膜冷却空气量、燃烧室长度短、扩压器压力损失小,缺点是火焰筒损失增大,属于研制中的新型结构扩压器。其结构示意图如图 4.20 所示,L_1 段可以参考前面各个范例造型规律计算;L_2 段可按各截面速度相等条件设计锥体。

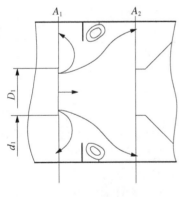

图 4.19　可控涡扩压器
结构示意图

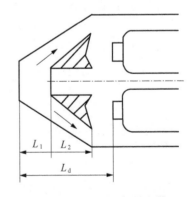

图 4.20　冲压进气扩压器
结构示意图

4.5　流线型扩压器设计

4.5.1　等压力梯度型面设计

本节按照等压力梯度和等速度梯度两种方法介绍流线型扩压器设计[2]。

1）扩压器进出口中心流线差等于零的情况

$$h_1 = D_{3\mathrm{av}} - D_{\mathrm{Lav}} = 0 \tag{4.49}$$

式中：$D_{3\mathrm{av}}$——扩压器中径；

D_{Lav}——燃烧室中径。

（1）扩压器进出口中心流线差等于零的情况可表示为

$$A_x = \cfrac{A_3}{\sqrt{1 - \left[1 - \left(\cfrac{A_3}{A_\mathrm{d}}\right)^2\right] x/L_\mathrm{d}}} \tag{4.50}$$

（2）型面 R_x 及 r_x 为

$$\begin{cases} R_x = \cfrac{1}{2}\left(D_{3\mathrm{av}}^2 + \cfrac{b}{\sqrt{1 - ax}}\right)^{\frac{1}{2}} \\[4mm] r_x = \cfrac{1}{2}\left(D_{3\mathrm{av}}^2 - \cfrac{b'}{\sqrt{1 - ax}}\right)^{\frac{1}{2}} \end{cases} \tag{4.51}$$

（3）x 截面局部型面张角 α_{ox} 和 α_{ix}

$$\begin{cases} \tan\alpha_{\mathrm{ox}} = \cfrac{1}{8}ab \cfrac{1}{\left(D_{3\mathrm{av}}^2 + \cfrac{b}{\sqrt{1 - ax}}\right)^{\frac{1}{2}}} \cdot \cfrac{1}{(1 - ax)^{\frac{3}{2}}} \\[6mm] \tan\alpha_{\mathrm{ix}} = -\cfrac{1}{8}ab' \cfrac{1}{\left(D_{3\mathrm{av}}^2 - \cfrac{b'}{\sqrt{1 - ax}}\right)^{\frac{1}{2}}} \cdot \cfrac{1}{(1 - ax)^{\frac{3}{2}}} \end{cases} \tag{4.52}$$

式中：$a = \left[1 - \left(\dfrac{A_3}{A_\mathrm{d}}\right)^2\right] \Big/ L_\mathrm{d}$；

$b = \dfrac{m_\mathrm{K}}{1 + m_\mathrm{K}}\dfrac{4}{\pi}A_3$；

$b' = \dfrac{1}{1 + m_\mathrm{K}}\dfrac{4}{\pi}A_3$，$m_\mathrm{K}$——燃烧室中径常数，定义为被燃烧室中径 D_{Lav} 分割的火焰筒内、外两部分面积之比。

设被中径分割的火焰筒内、外面积分别为 f_2、f_1，燃烧室环道面积分割为 A_2、A_1，为保证火焰筒进气上下对称，防止火焰偏斜，应满足的条件是 $f_1/f_2 = A_1/A_2$。 由此定义可得如下中径常数 m_K 及中径 D_{Lav} 的关系式。

（4）燃烧室中径 D_{Lav} 及中径常数 m_K 的确定。

对于环管燃烧室，有

$$
\begin{cases}
D_{Lav} = \left(\dfrac{D_B^2 + m_K d_B^2}{1 + m_K} \right)^{\frac{1}{2}} \\[3mm]
m_K = \dfrac{\dfrac{\pi}{8}D_L^2 + 2\Delta f}{\dfrac{\pi}{8}D_L^2 - 2\Delta f}
\end{cases}
\tag{4.53}
$$

联立迭代求解 D_{Lav} 及 m_K，其中 d_B、D_B、D_L 已知。

$$
\Delta f = \arcsin\left(\frac{D_L}{2D_{Lav}} \right)\left(\frac{D_L^2}{8} - \frac{D_{Lav}^2}{4} \right) + \frac{1}{8}D_L D_{Lav}\cos\left(\arcsin\frac{D_L}{2D_{Lav}} \right)
\tag{4.54}
$$

对于环形燃烧室，有

$$
D_{Lav} = f(D_B, d_B, A_L), \quad A_L、d_B、D_B \text{ 已知}
\tag{4.55}
$$

$$
D_{Lav} = \left(\frac{1}{2}\left\{ \frac{1}{2}(D_B^2 + d_B^2) \right.\right.
$$
$$
\left.\left. + \sqrt{\left[\frac{1}{2}(D_B^2 + d_B^2) \right]^2 - \frac{A_L}{\pi}(D_B^2 - d_B^2)} \right\} \right)^{\frac{1}{2}}
\tag{4.56}
$$

$$
m_K = \frac{D_B^2 - D_{Lav}^2}{D_{Lav}^2 - d_B^2}
\tag{4.57}
$$

图 4.21 给出中径常数 m_K 随火焰筒直径 D_L 及燃烧室中径 D_{Lav} 的变化曲线。从图中可以看出，中径常数 m_K 随 D_L 的增大而增大，随 D_{Lav} 的增大而减小。

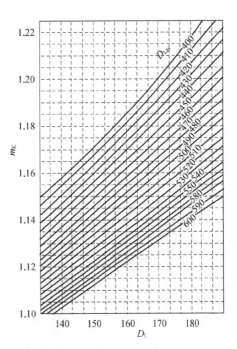

图 4.21　燃烧室中径常数变化曲线

2）扩压器进出口中心流线差不等于零的情况

（1）中心流线方程的确定。

当 $h_1 \neq 0$ 时，一般可设中心流线由外切双圆弧构成。已知扩压器长度 L_d 及中心流线差 h_1，其双圆弧线半径 $R = \dfrac{L_d^2 + h_1^2}{4h_1}$，几何关系见图 4.22。

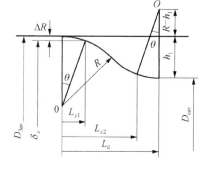

图 4.22　双圆弧中心流线几何关系

（2）中心流线方程：

$$D_{xav} = D_{3av} - 2R\left\{1 - \cos\left[\arcsin\left(\frac{x}{R}\right)\right]\right\}, \quad x \leqslant \frac{L_d}{2} \tag{4.58}$$

$$D_{xav} = D_{Lav} + 2R\left\{1 - \cos\left[\arcsin\left(\frac{L_d - x}{R}\right)\right]\right\}, \quad x > \frac{L_d}{2} \tag{4.59}$$

（3）型面坐标 R_x、r_x 的计算：

$$R_x = \frac{1}{2}\left(D_{xav}^2 + \frac{b}{\sqrt{1 - ax}}\right)^{\frac{1}{2}} \tag{4.60}$$

$$r_x = \frac{1}{2}\left(D_{xav}^2 - \frac{b'}{\sqrt{1 - ax}}\right)^{\frac{1}{2}} \tag{4.61}$$

由中心流线方程引入

$$c = D_{3av} - 2R \tag{4.62}$$

$$c' = D_{Lav} - 2R \tag{4.63}$$

当考虑 $L_d/2$ 两侧中心流线方程表达的不同时，可得如下四个造型计算公式：

$$R_x = \frac{1}{2}\left(\left\{c + 2R\cos\left[\arcsin\left(\frac{X}{R}\right)\right]\right\}^2 + \frac{b}{\sqrt{1 - ax}}\right)^{\frac{1}{2}}, \quad x \leqslant \frac{L_d}{2} \tag{4.64}$$

$$R_x = \frac{1}{2}\left(\left\{c' - 2R\cos\left[\arcsin\left(\frac{L_d - X}{R}\right)\right]\right\}^2 + \frac{b}{\sqrt{1 - ax}}\right)^{\frac{1}{2}}, \quad x > \frac{L_d}{2} \tag{4.65}$$

$$r_x = \frac{1}{2}\left(\left\{c + 2R\cos\left[\arcsin\left(\frac{X}{R}\right)\right]\right\}^2 - \frac{b'}{\sqrt{1 - ax}}\right)^{\frac{1}{2}}, \quad x \leqslant \frac{L_d}{2} \tag{4.66}$$

$$r_x = \frac{1}{2}\left(\left\{\left\{c' - 2R\cos\left[\arcsin\left(\frac{L_d - X}{R}\right)\right]\right\}\right\}^2 - \frac{b'}{\sqrt{1 - ax}}\right)^{\frac{1}{2}}, \quad x > \frac{L_d}{2} \quad (4.67)$$

（4）X 截面型面局部张角 α_{ox} 及 α_{ix} 的计算。

式（4.64）~式（4.67）对 X 求微分可得如下局部张角计算公式：

$$\tan\alpha_{ox} = \left(\left\{\left\{c + 2R\cos\left[\arcsin\left(\frac{X}{R}\right)\right]\right\}\right\}^2 + \frac{b}{\sqrt{1 - ax}}\right)^{-\frac{1}{2}}$$
$$\times\left(\frac{ab}{8}(1 - ax)^{-\frac{3}{2}} - \frac{X}{\sqrt{R^2 - X^2}}\left\{c + 2R\cos\left[\arcsin\left(\frac{X}{R}\right)\right]\right\}\right), \quad x \leqslant \frac{L_d}{2}$$
$$(4.68)$$

$$\tan\alpha_{ox} = \left(\left\{\left\{c' - 2R\cos\left[\arcsin\left(\frac{L_d - X}{R}\right)\right]\right\}\right\}^2 + \frac{b}{\sqrt{1 - ax}}\right)^{-\frac{1}{2}}$$
$$\times\left(\frac{ab}{8}(1 - ax)^{-\frac{3}{2}} - \frac{L_d - X}{\sqrt{R^2 - (L_d - X)^2}}\left\{c' - 2R\cos\left[\arcsin\left(\frac{L_d - X}{R}\right)\right]\right\}\right),$$
$$x > \frac{L_d}{2}$$
$$(4.69)$$

$$\tan\alpha_{ix} = \left(\left\{c + 2R\cos\left[\arcsin\left(\frac{X}{R}\right)\right]\right\}^2 - \frac{b'}{\sqrt{1 - ax}}\right)^{-\frac{1}{2}}$$
$$\times\left(-\frac{X}{\sqrt{R^2 - X^2}}\left\{c + 2R\cos\left[\arcsin\left(\frac{X}{R}\right)\right]\right\} - \frac{ab'}{8}(1 - ax)^{-\frac{3}{2}}\right), \quad x \leqslant \frac{L_d}{2}$$
$$(4.70)$$

$$\tan\alpha_{ix} = \left(\left\{c' - 2R\cos\left[\arcsin\left(\frac{L_d - X}{R}\right)\right]\right\}^2 - \frac{b'}{\sqrt{1 - ax}}\right)^{-\frac{1}{2}}$$
$$\times\left(\frac{-(L_d - X)}{\sqrt{R^2 - (L_d - X)^2}}\left\{c' - 2R\cos\left[\arcsin\left(\frac{L_d - X}{R}\right)\right]\right\} - \frac{ab'}{8}(1 - ax)^{-\frac{3}{2}}\right),$$
$$x > \frac{L_d}{2}$$
$$(4.71)$$

（5）求中心流线在 X 截面的局部倾角。

$$\tan \alpha_{xav} = \frac{X}{\sqrt{1 - \left(\dfrac{X}{R}\right)^2}} \frac{1}{R}, \quad x \leqslant \frac{L_d}{2} \tag{4.72}$$

$$\tan \alpha_{xav} = \frac{L_d - X}{\sqrt{1 - \left(\dfrac{L_d - X}{R}\right)^2}} \frac{1}{R}, \quad x > \frac{L_d}{2} \tag{4.73}$$

4.5.2　等速度梯度型面设计

1）$h_1 = 0$ 的情况

（1）面积变化规律。

$$A_x = \frac{A_3}{1 - \left(1 - \dfrac{A_3}{A_d}\right) \dfrac{X}{L_d}}, \quad 1 - \frac{A_3}{A_d} \bigg/ L_d = a \tag{4.74}$$

（2）造型坐标计算，引入常数 b、b'，定义同前。

$$R_x = \frac{1}{2}\left(D_{3av} + \frac{b}{1 - ax}\right)^{\frac{1}{2}} \tag{4.75}$$

$$r_x = \frac{1}{2}\left(D_{3av} - \frac{b'}{1 - ax}\right)^{\frac{1}{2}} \tag{4.76}$$

（3）求 X 截面壁面张角 α_{ox}、α_{ix}。

$$\tan \alpha_{ox} = \frac{ab}{4}\left(D_{3av}^2 + \frac{b}{1 - ax}\right)^{-\frac{1}{2}} (1 - ax)^{-2} \tag{4.77}$$

$$\tan \alpha_{ix} = \frac{ab'}{4}\left(D_{3av}^2 - \frac{b'}{1 - ax}\right)^{-\frac{1}{2}} (1 - ax)^{-2} \tag{4.78}$$

2）$h_1 \neq 0$ 的情况

设中心流线方程由外切双圆弧构成。

（1）型面坐标方程。

$$R_x = \frac{1}{2}\left[\left(D_{3av} - 2R\left\{1 - \cos\left[\arcsin\left(\frac{X}{R}\right)\right]\right\}\right)^2 + \frac{b}{1 - ax}\right]^{\frac{1}{2}}, \quad x \leqslant \frac{L_d}{2} \tag{4.79}$$

$$R_x = \frac{1}{2}\left[\left(D_{\mathrm{Lav}} + 2R\left\{1 - \cos\left[\arcsin\left(\frac{L_d - X}{R}\right)\right]\right\}\right)^2 + \frac{b}{1 - ax}\right]^{\frac{1}{2}}, \quad x > \frac{L_d}{2}$$

(4.80)

$$r_x = \frac{1}{2}\left[\left(D_{3\mathrm{av}} - 2R\left\{1 - \cos\left[\arcsin\left(\frac{X}{R}\right)\right]\right\}\right)^2 - \frac{b'}{1 - ax}\right]^{\frac{1}{2}}, \quad x \leqslant \frac{L_d}{2}$$

(4.81)

$$r_x = \frac{1}{2}\left[\left(D_{\mathrm{Lav}} + 2R\left\{1 - \cos\left[\arcsin\left(\frac{L_d - X}{R}\right)\right]\right\}\right)^2 - \frac{b'}{1 - ax}\right]^{\frac{1}{2}}, \quad x > \frac{L_d}{2}$$

(4.82)

（2）求上、下壁面局部张角 α_{ox}、α_{ix}。

式(4.79)~式(4.82)分别对 X 微分得

$$\tan\alpha_{ox} = \left(\left\{c + 2R\cos\left[\arcsin\left(\frac{X}{R}\right)^2\right]\right\} + \frac{b}{1 - ax}\right)^{-\frac{1}{2}}$$
$$\times \left(\frac{ab}{4}(1 - ax)^{-2} - \left\{c + 2R\cos\left[\arcsin\left(\frac{X}{R}\right)\right]\right\}\frac{X}{\sqrt{R^2 - X^2}}\right), \quad X \leqslant \frac{L_d}{2}$$

(4.83)

$$\tan\alpha_{ox} = \left(\left\{c' - 2R\cos\left[\arcsin\left(\frac{L_d - X}{R}\right)^2\right]\right\} + \frac{b}{1 - ax}\right)^{-\frac{1}{2}}$$
$$\times \left(\frac{ab}{4}(1 - ax)^{-2} - \left\{c' - 2R\cos\left[\arcsin\left(\frac{L_d - X}{R}\right)\right]\right\}\frac{L_d - X}{\sqrt{R^2 - (L_d - X)^2}}\right),$$
$$X > \frac{L_d}{2}$$

(4.84)

$$\tan\alpha_{ix} = \left(\left\{c + 2R\cos\left[\arcsin\left(\frac{X}{R}\right)^2\right]\right\} - \frac{b'}{1 - ax}\right)^{-\frac{1}{2}}$$
$$\times \left(\left\{c + 2R\cos\left[\arcsin\left(\frac{X}{R}\right)\right]\right\}\frac{-X}{\sqrt{R^2 - X^2}} - \frac{ab'}{4}(1 - ax)^{-2}\right), \quad X \leqslant \frac{L_d}{2}$$

(4.85)

$$\tan \alpha_{\mathrm{ix}} = \left(\left\{ c' - 2R\cos\left[\arcsin\left(\frac{L_{\mathrm{d}} - X}{R} \right)^2 \right] \right\} - \frac{b'}{1 - ax} \right)^{-\frac{1}{2}}$$

$$\times \left(\left\{ c - 2R\cos\left[\arcsin\left(\frac{L_{\mathrm{d}} - X}{R} \right) \right] \right\} \frac{-(L_{\mathrm{d}} - X)}{\sqrt{R^2 - (L_{\mathrm{d}} - X)^2}} - \frac{ab'}{4}(1 - ax)^{-2} \right),$$

$$X > \frac{L_{\mathrm{d}}}{2}$$

$$(4.86)$$

4.5.3 阻塞面积修正

有些扩压器通过若干径向支板对内外壁进行传力,或对空气系统管路起包容作用,以减小压力损失。

双圆弧支板阻塞面积修正包括如下几个方面。

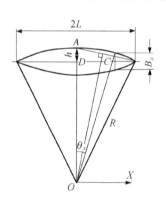

（1）双圆弧半径 R 计算。

根据结构强度要求确定支板数 n、宽度 $2L$、最大厚度 $2h$,由图 4.23 的几何参数可得双弧形半径 $R = \dfrac{L^2 + h^2}{2h}$。

（2）求 X 截面支板厚度 B_x。

$$B_x = 2[h - R(1 - \cos\theta_x)] \qquad (4.87)$$

$$\theta_x = \arcsin\left(\frac{X}{R} \right) \qquad (4.88)$$

图 4.23 双圆弧支板几何关系 在 $0 \sim \arcsin\left(\dfrac{L}{R} \right)$ 范围内取值

（3）型面坐标计算(考虑支板阻塞面积修正的扩压器)。

$$R_x = \frac{\dfrac{nB_x}{\pi} + \left[\left(D_{\mathrm{Lav}} - \dfrac{B_x n}{\pi} \right)^2 + \dfrac{4m_{\mathrm{K}}}{1 + m_{\mathrm{K}}} \dfrac{A_x}{\pi} \right]^{\frac{1}{2}}}{2} \qquad (4.89)$$

$$r_x = \frac{\dfrac{nB_x}{\pi} + \left[\left(D_{\mathrm{Lav}} - \dfrac{B_x n}{\pi} \right)^2 - \dfrac{4A_x}{(1 + m_{\mathrm{K}})\pi} \right]^{\frac{1}{2}}}{2}, \quad n \text{ 为支板数} \quad (4.90)$$

除上述常用双圆弧支板外,采用标准翼型方法也可获得较好的气动性能。

4.5.4　边界层修正

（1）进口初始边界层位移厚度 δ_1^* 的计算。

当压气机出口给出边界层厚度 δ_1 时,有

$$\delta_1^* = \frac{1}{8}\delta_1 \tag{4.91}$$

（2）边界层初始形状因子 H_1 的计算：

$$H_1 = \frac{1}{1 - 0.55\left(\dfrac{V_1\delta_1}{P_1 H_1}\right)^{\frac{1}{n}}}, \quad n = 12 \tag{4.92}$$

式（4.92）可通过迭代法求出 H_1。

（3）初始截面边界层动量厚度 δ_1^{**} 的计算：

$$\delta_1^{**} = \delta_1^* / H_1 \tag{4.93}$$

（4）对于下一个截面边界层动量厚度,可引用边界层动量积分方程推演化简得

$$\delta_{i+1}^{**} = \left[(\delta_i^{**})^{\frac{7}{6}}\left(\frac{V_i}{V_{i+1}}\right)^{\frac{25}{6}}\left(\frac{\rho_i}{\rho_{i+1}}\right)^{\frac{7}{6}} + \frac{0.007\,6 V_i^{\frac{1}{6}}}{V_{i+1}^{\frac{25}{6}}\rho_i^{\frac{7}{6}}}\int_{x_i}^{x_{i+1}}\rho^{\frac{7}{6}}V^4\mathrm{d}x' \right]^{\frac{6}{7}} \tag{4.94}$$

式中： x' ——沿壁面积分 $(\mathrm{d}x' = \mathrm{d}x/\cos\alpha_i)$；

α_i ——该截面壁面局部张角；

V——气体运动黏度。

（5）下一个截面边界层形状因子 H_{i+1} 的计算：

$$H_{i+1} = H_i + 70(H_i - 1.05)\frac{\mathrm{d}\delta^*}{\mathrm{d}x} \tag{4.95}$$

$$\delta_{i+1}^* = H_{i+1}\delta_{i+1}^{**} \tag{4.96}$$

（6）对壁面的修正。

外壁：

$$R_i' = R_i + \delta_i^* \tag{4.97}$$

内壁：

$$r_i' = r_i + \delta_i^* \tag{4.98}$$

（7）扩压器的造型及边界层修正算例。

表 4.1 给出了 Spey 燃烧室扩压器造型计算的型面坐标、边界层修正值和考虑

支板阻塞的实测型面值,按等压力梯度造型计算,结果与实际型面符合良好,初始边界层位移厚度 δ^* 沿程在 $0.5 \sim 2$ mm 变化,计算结果基本合理。

表 4.1　Spey 燃烧室扩压器边界层及型面局部张角计算结果

变量	单位	说　明	位置 1	位置 2	位置 3	位置 4	位置 5	位置 6	位置 7
X	mm	轴向位置	0	20	50	95	115	135	155
R	cm	理想外型面	26.130	26.216	26.340	26.651	26.958	27.561	29.119
r	cm	理想内型面	22.999	22.883	22.606	21.899	21.399	20.597	18.548
α_{ox}	rad	外壁局部张角	0.046	0.042	0.043 3	0.108 9	0.205	0.409	0.963
α_{lx}	rad	内壁局部张角	-0.046	-0.041	-0.040 5	-0.111 8	-0.224	-0.473	-1.108
δ_{ox}^*	mm	外壁位移厚度	0.553	0.609	0.716	0.915	1.027	1.182	1.496
δ_{ix}^*	mm	内壁位移厚度	0.556	0.632	0.766	1.037	1.202	1.451	2.042
A_x	cm^2	理想流通面积	490.222	522.740	586.499	749.848	884.59	1 135.724	1 583.004
A_f	cm^2	边界层堵塞后面积	472.960	503.611	563.752	720.035	850.321	1 089.991	1 481.377
$\sigma = \dfrac{A_f}{A_x}$	—	堵塞系数	0.965	0.963	0.961	0.960	0.961	0.960	0.936

4.5.5　扩压器出口转接

为简化结构,一般采用圆弧转接,只需求出转接圆弧的半径和圆心即可。当已知外套直径 D_c、内套直径 d_c 和扩压器出口外径 D_d、内径 d_d 以及出口上下壁面张角 β_0、β_i 时,由图 4.24 几何关系可得以下公式。

上弧:

$$\begin{cases} R_0 = \dfrac{h_0}{1 - \cos\beta_0} \\ L_0 = R_0 \sin\beta_0 \end{cases} \quad (4.99)$$

下弧:

$$\begin{cases} R_i = \dfrac{h_i}{1 - \cos\beta_i} \\ L_i = R_i \sin\beta_i \end{cases} \quad (4.100)$$

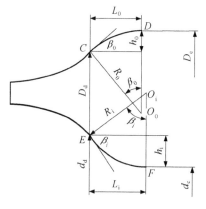

图 4.24　扩压器出口至内外套的圆弧转接

式中：$h_0 = \dfrac{1}{2}(D_c - D_d)$，$h_i = \dfrac{1}{2}(d_d - d_c)$。

1）等压梯度造型规律出口壁面张角计算

当 $h_1 = 0$ 时，有

$$\tan \beta_0 = \frac{1}{8}ab \cdot \frac{1}{\left(D_{Lav}^2 + \dfrac{b}{\sqrt{1 - aL_d}}\right)^{\frac{1}{2}}} \cdot \frac{1}{(1 - aL_d)^{\frac{3}{2}}} \qquad (4.101)$$

$$\tan \beta_i = \frac{-1}{8}ab' \cdot \frac{1}{\left(D_{Lav}^2 - \dfrac{b'}{\sqrt{1 - aL_d}}\right)^{\frac{1}{2}}} \cdot \frac{1}{(1 - aL_d)^{\frac{3}{2}}} \qquad (4.102)$$

当 $h_1 \neq 0$ 时，有

$$\tan \beta_0 = \left[(c' - 2R)^2 + \frac{b}{\sqrt{1 - aL_d}}\right]^{-\frac{1}{2}} \left[\frac{ab}{8}(1 - aL_d)^{-\frac{3}{2}}\right] \qquad (4.103)$$

$$\tan \beta_i = \left[(c' - 2R)^2 + \frac{b'}{\sqrt{1 - aL_d}}\right]^{-\frac{1}{2}} \left[-\frac{ab'}{8}(1 - aL_d)^{-\frac{3}{2}}\right] \qquad (4.104)$$

2）等速度梯度造型规律出口壁面张角计算

当 $h_1 = 0$ 时，有

$$\tan \beta_0 = \frac{ab}{4}\left(D_{Lav}^2 + \frac{b}{1 - aL_d}\right)^{-\frac{1}{2}} (1 - aL_d)^{-2} \qquad (4.105)$$

$$\tan \beta_i = \frac{ab'}{4}\left(D_{Lav}^2 - \frac{b'}{1 - aL_d}\right)^{-\frac{1}{2}} (1 - aL_d)^{-2} \qquad (4.106)$$

当 $h_1 \neq 0$ 时，有

$$\tan \beta_0 = \left[(c' - 2R)^2 + \frac{b}{1 - aL_d}\right]^{-\frac{1}{2}} \left[\frac{ab}{4}(1 - aL_d)^{-2}\right] \qquad (4.107)$$

$$\tan \beta_i = \left[(c' - 2R)^2 - \frac{b'}{1 - aL_d}\right]^{-\frac{1}{2}} \left[\frac{ab'}{4}(1 - aL_d)^{-2}\right] \qquad (4.108)$$

4.6　突扩扩压器设计

突扩扩压器结构简单,长度短,性能良好,对进口气流畸变不敏感。突扩扩压器结构简图如图4.25所示,其由前置扩压器和突扩段组成,二者性能互相联系。压力升大部分发生在前置扩压器内,而损失则主要取决于突扩段。

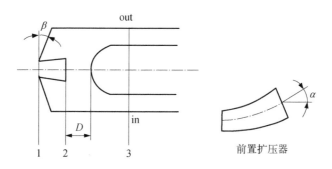

图 4.25　突扩扩压器结构简图

前置扩压器经过精心设计,可以避免流动分离。但是如果压气机出口马赫数高,则需要在前置扩压器内有较高的面积比。在前置扩压器末端,马赫数较低,恢复了较大比例的动压头,流动将进入突扩段。在突扩段,流动分为三股,外部流和内部流分别流入燃烧室内外环通道,中心流流入燃烧室头部区域。在目前的燃烧室中,三股流动几乎均匀分布。对于需要更高温升的发动机,燃烧室通常需要更多的气流进入头部。

突扩扩压器压力损失发生在突扩段,如果动压头速度不高,通常压力损失是可以接受的。自由流扩散发生在燃烧室整流罩前,整流罩对这种流动产生了皮托管效应,在燃烧室头部前面的区域产生了非常高的压力恢复和较低的压力损失。在燃烧室头部的高曲率整流罩形成了通过燃烧室头部旋流器的高速气流,促进了燃料和空气的快速混合,达到了燃烧室内部高燃烧效率和温度均匀分布的目的。

4.6.1　突扩扩压器设计流程

以二元突扩扩压器(图4.25)为例,其基本设计流程如图4.26所示[2]。

首先根据主燃烧室部件的总长度初步确定扩压器的整体长度。根据高压压气机出口通道尺寸和扩张比的要求初步确定前置扩压器的进出口面积,根据扩压器整体长度和前置扩压器进出口面积,确定前置扩压器长度和扩张角,并可计算出前置扩压器的总压恢复系数、静压恢复系数、流阻系数和扩压器效率等。扩压器的压力损失由摩擦损失及扩张损失两部分组成。摩擦损失取决于流体的雷诺数、黏性、流速、沿程距离等。扩张损失取决于扩压器的扩张比和扩张角。扩张角增加,扩张损失增大,摩擦损失减小。二者的合成存在一个最佳扩张角,这个最佳扩张角只适用于扩张比不大的前置扩压器设计。

在某些情况下,如果前置扩压器长度已由燃烧室总体设计给定,那么继续进行前置扩压器型面的设计,按照已有的扩压器壁面造型方法,一般可选用等压力梯度、等面积扩张率、等边界层增厚率等方法进行造型。为了与主燃烧室进口位置配合,一般前置扩压器中心线还需要倾斜一定的角度。

在进行突扩段的设计之前,需要确认火焰筒高度比(火焰筒高度与扩压器进口高度之比)是否在合理范围内,并结合火焰筒设计参数进行调整,完成调整后,根据火焰筒高度尺寸和机匣完成突扩段设计。在突扩段角区,流动以低速回流区涡团形式进行,这种低

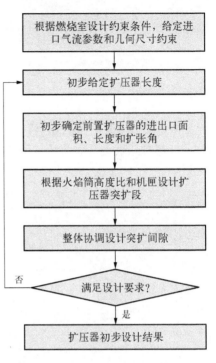

图 4.26　突扩扩压器基本设计流程

动量的回流区与前置扩压器出口的高速气流混合,将产生动量混合损失。由于不同燃烧室突扩段的设计不同,几何构造很复杂,所以这部分损失很难准确预计,建议直接采用试验和数值模拟方式进行研究。最后进行前置扩压器、突扩段和火焰筒的整体协调,重点设计突扩间隙的尺寸。突扩间隙对扩压器的流动稳定性和性能的影响非常显著。过大或者过小的突扩间隙均可以对扩压器的性能造成影响,因此需要根据给定的前置扩压器尺寸、突扩段结构和火焰筒尺寸完成最佳突扩间隙的确定。

由此,二元突扩扩压器计算设计流程结束,可以得到扩压器的初步设计结果。整个设计过程中主要的输入和输出参数如下。

1) 输入参数
(1) 进口气动参数;
(2) 进口几何参数;
(3) 进口边界层参数(有效因子和边界层厚度);
(4) 进口速度分布;
(5) 扩压器总压恢复系数和效率。

2) 输出参数
(1) 扩压器长度或扩张角;

（2）扩压器型面；

（3）出口气动参数；

（4）沿程参数；

（5）扩压器性能。

4.6.2　前置扩压器设计

环形扩压器设计可直接从图 4.27 中读取数据。

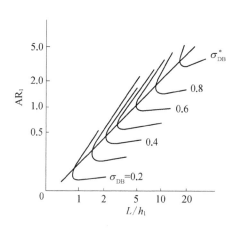

图 4.27　环形扩压器相关参数

为设计具有最佳静压恢复 $\sigma_{S,DB}^{*}$ 的环形扩压器，可利用关于气动力和单位长度上静压升的 G 参数设计方法[5]。

$$G = Dh\frac{d\sigma_{S,DB}}{dx} \qquad (4.109)$$

将理想静压升 $\sigma_{S,DBi} = 1 - \dfrac{1}{AR^2}$ 代入式（4.109）可得

$$G = 2Dh\,AR^{-3}\frac{dAR}{dx} \qquad (4.110)$$

图 4.28 给出由于火焰筒的存在使前置扩压器出口流动状态改变的影响。其中虚线为无火焰筒堵塞（AR = 1.42）的情况。从图中可以看出，AR 的影响不大。图 4.29 为环形扩压器进出口堵塞关系。

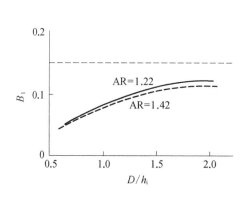

图 4.28　火焰筒对扩压器的影响

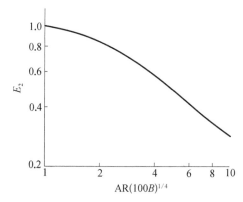

图 4.29　环形扩压器进出口堵塞关系

对于某一已知几何尺寸的环形扩压器，其进出口堵塞和最大恢复 $\sigma_{S,DB}^{*}$ 的相关公式为

$$\sigma_{S, DB}^* = \frac{1}{E_1^2}\left[1 - \left(\frac{E_1}{E_2}\right)^2 \frac{1}{AR^2}\right] \qquad (4.111)$$

将式(4.111)代入式(4.110)中,得

$$G^* = 2Dh \frac{1}{E_2^2} AR^{-3} \frac{dAR}{dx} \qquad (4.112)$$

根据试验数据整理出的适合前置扩压器的 G^* 和 E_2 的表达式分别为

$$G^* = E_2^2(0.985AR^{1.93} - 1)^{-0.5} \qquad (4.113)$$

$$E_2 = 1 - 0.183(D/h_1)^{0.408}B_1^{0.315} \qquad (4.114)$$

式中:$B_1 = 1 - E_1$。

取 $D/h_1 = 1.5 \sim 2.0$,考虑到火焰筒堵塞对整个前置扩压器的影响,则进口当量有效因数可写为

$$E_{11} = 1 - \frac{a}{E_2^b AR^c} \qquad (4.115)$$

进口当量有效因数常数见表4.2。

表 4.2　进口当量有效因数常数

有 效 因 数	a	b	c
$E_2 \leqslant 0.825$	0.044 8	6.728	4
$E_2 > 0.825$	0.012 3	14.035	4

前置扩压器阻力系数为

$$\xi_{DB1-2} = \sigma_{S, DBi} - \sigma_{S, DB1-2}^* \qquad (4.116)$$

4.6.3　突扩段设计

突扩段几何形状对静压恢复和总压损失的影响归纳如下。

(1)静压恢复 $\sigma_{S, DB}$ 随突扩间隙 D/h_1 和突扩角 β 的变化不大,虽存在一段最佳值,但随着偏离最佳值,$\sigma_{S, DB}$ 缓慢降低。

(2)$\sigma_{S, DB1-2}/\sigma_{S, DB1-3}$ 基本为常数。

(3)阻力系数 ξ_{DB} 在 $\beta = 10° \sim 20°$ 时最佳。当突扩壁位于前置扩压器出口时,损失系数较大。ξ_{DB} 在 $D/h = 1.5 \sim 2.0$ 处存在一个最佳值,偏离最佳值,$\xi_{S, DB1-3}$ 有较大的增加。

(4)只要突扩间隙不取得太小,不会使火焰筒头部静压降低过多。

（5）分流比对静压升和阻力系数的影响不大。

（6）只要前置扩压器无分离，AR 和突扩间隙不选得过大，就能保证负的静压恢复系数变化，即 $\left[\left(\dfrac{\partial \sigma_{S,DB}}{\partial m}\right)_{in} + \left(\dfrac{\partial \sigma_{S,DB}}{\partial m}\right)_{out}\right] < 0$，不会造成气流不稳定。

从上述结果可得

$$\sigma_{S,DB1-2}/\sigma_{S,DB1-3} = 0.75 \sim 0.8 \tag{4.117}$$

$$\xi_{S,DB1-3} = 0.783\,4\tan^{0.16}\beta\sigma_{S,DB1-3}^{-0.53}[0.3(D/h_1)^2 - 0.97D/h_1 + 0.967] \tag{4.118}$$

4.6.4　计算步骤

已知前置扩压器长度，求其面积比和几何尺寸，步骤如下。

（1）已知 B_1、D_1、d_1、L、D。

（2）求前置扩压器出口截面有效因数：

$$E_2 = 1 - 0.813(D/h_1)^{0.408}B_1^{0.315} \tag{4.119}$$

（3）设 AR_0 初值。

（4）求设计参数：

$$G^* = E_2^2(0.985AR_0^{1.93} - 1)^{-0.5} \tag{4.120}$$

（5）求进口当量有效因数：

$$E_{11} = 1 - 0.012\,3/(E_2^{14.035}AR_0^4),\ E_2 > 0.825 \tag{4.121}$$

$$E_{11} = 1 - 0.004\,48/(E_2^{6.728}AR_0^4),\ E_2 \leqslant 0.825 \tag{4.122}$$

（6）
$$Dh = D_1 - d_1 \tag{4.123}$$

（7）
$$S = L/K_1 \tag{4.124}$$

式中：K_1——前置扩压器分段数。

（8）在每个单元长度上，有

$$\sigma_{S,DBS}^* = \frac{SG^*}{Dh} \tag{4.125}$$

（9）每个单元长度前后的面积比为

$$\frac{A_{i+1}}{A_i} = \left[\left(\frac{E_{i+1}}{E_i}\right)^2(1 - \sigma_{S,DBS}^*E_i^2)\right]^{-0.5} \tag{4.126}$$

（10）当扩压器中心线不倾斜时，有

$$D_{i+1} = \sqrt{D_{av}^2 + (D_i^2 - D_{av}^2)\frac{A_{i+1}}{A_i}} \tag{4.127}$$

$$d_{i+1} = \sqrt{D_{av}^2 - (D_{av}^2 - d_i^2)\,\dfrac{A_{i+1}}{A_i}} \qquad (4.128)$$

当扩压器中心线倾斜时,面积应取垂直于中心线的面积。

(11) 当计算的面积比和初值之差大于收敛值时,重复步骤(3)以下步骤,直至收敛。

$$(12) \qquad \sigma_{S,\,DB1\text{-}2} = \frac{1}{E_1^2}\left[1 - \frac{E_1^2}{E_2^2}\left(\frac{1}{AR^2}\right)\right] \qquad (4.129)$$

$$(13) \qquad \xi_{DB1\text{-}2} = \sigma_{S,\,DBi} - \sigma_{S,\,DB1\text{-}2} \qquad (4.130)$$

$$(14) \qquad \sigma_{S,\,DB1\text{-}3} = \sigma_{S,\,DB1\text{-}2}/A \qquad (4.131)$$

$$(15) \quad \xi_{DB1\text{-}3} = 0.783\,4\tan^{0.16}\beta\sigma_{S,\,DB1\text{-}3}^{-0.53}\left[0.3(D/h_1)^2 - 0.97D/h_1 + 0.967\right],$$
$$10° \leqslant \beta \leqslant 50° \qquad (4.132)$$

$$\xi_{DB1\text{-}3} = 0.666\sigma_{S,\,DB1\text{-}3}^{-0.53}\left[0.3(D/h_1)^2 - 0.97D/h_1 + 0.967\right], \quad \beta < 10° \quad (4.133)$$

$$\xi_{DB1\text{-}3} = 0.952\sigma_{S,\,DB1\text{-}3}^{-0.53}\left[0.3(D/h_1)^2 - 0.97D/h_1 + 0.967\right], \quad \beta > 50° \quad (4.134)$$

当已知前置扩压器面积比而求其长度时,要先设一前置扩压器长度进行迭代。当计算直壁扩压器时,可不用分段,总面积比可写成 $AR = \dfrac{1 + LG^*}{2Dh}$。在已知长度后,设置 AR_0 初值并进行迭代。在突扩扩压器计算完成后,应全面协调尺寸和性能,如 β、D/h 的选取等。

4.7　多通道扩压器设计

多通道扩压器是一个先进的扩压器概念,其特点是短长度和低总压损失。多通道扩压器是在气动扩压器的基础上发展起来的,目的是在特定长度下实现更大的扩张比,更多地降低流速,提高静压。多通道扩压器中的分流支板构成的通道主要起到两个作用:一是每个通道都是一个小型的气动扩压器,与整个扩压器相比,这些小型气动扩压器的扩张角小于原扩压器的扩张角,这样有利于保证每个通道中气流不分离,工作稳定,可以在扩压器长度不变的前提下得到更大的扩张比;二是可以初步引导气流流向火焰筒头部和内、外环道。

双通道扩压器与双环腔燃烧室如图 4.30 所示[6]。这个方案中使用了一个环形分离器来减少所需的长度,以获得所需的扩压器面积比,并为燃烧室头部提供足够的动能气流。分流器将气流分成两个面积比相当的通道,且每个通道都不存在气流分离。在这种设计中,每个前置扩压器通道分别为主燃级和预燃级燃烧室提供相应的空气流量。在前置扩压器的末端,外部通道和内部通道内的流体被压进燃烧室外部和内部壳体结构之间形成的固定通道内。这些固定通道足够长,能够在流体进入冷却孔和掺混孔之前提供相当大的静压恢复,突扩面积比也较小。这种双通道扩压器结构具有大面积比的前置扩压器和较低的总压损失,因此总压损失很小。

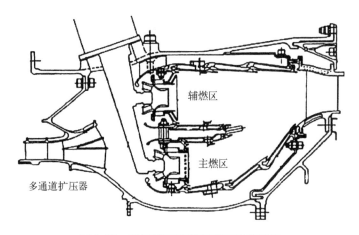

图 4.30　双通道扩压器与双环腔燃烧室

目前,GP7200、GEnx 及 F136 发动机燃烧室均已采用 3 通道扩压器。3 通道扩压器可以看作短突扩压器的发展,前置扩压段内设两个分流楔板是其主要的结构特征。该类扩压器不仅降低了结构强度,减小了突扩损失,使减速效果变得更加明显,而且可以有效减少前置扩压器的流动分离。图 4.31 为二元 3 通道扩压器结构剖面图[7],主要参数入口、间隙、内部、中部和外部尺寸分别由 L_e、L_c、L_i、L_m、L_o 表示。在设计过程中,内部、中部、外部通道的高度要分别根据流入内环、火焰筒头部、外环的空气比例来确定。随着马赫数的增加,前置扩压器的总压损失与进口马赫数的平方成正比,随着面积比的增大,总压损失对马赫数的敏感性降低,总压损失会减小。

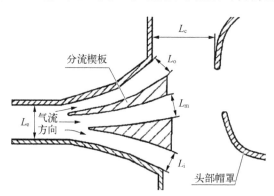

图 4.31　二元 3 通道扩压器结构剖面图

图 4.32 为双通道扩压器结构示意图[8]，双通道扩压器的主要结构特征是在前置扩压段内设有一个楔形分流环，将原本单通道扩压流路分成两个并行的扩压通道，有助于前置扩压器长度的缩短和气流转折角的减小。

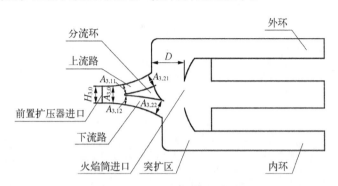

图 4.32　双通道扩压器结构示意图

在保证前置扩压器长度一定时，前置扩压器平均扩压面积比过大和过小都会对扩压器的压力损失产生不利影响，平均扩压面积比过小，不利于前置扩压器充分扩压，反之，则会导致气流不稳定，存在最佳前置扩压器平均扩压面积比，使扩压器压力损失最小。

突扩间隙对扩压器压力损失的影响明显，当突扩间隙较小时，前置扩压器出口气流转折剧烈，压力损失较大；反之，则会导致前置扩压器出口气流分离，存在最佳的突扩间隙，使扩压器压力损失最小。

分流环处于中间位置方案气流进入火焰筒转折角较小，压力损失最小，当分流环处在过于偏上和偏下位置时，都会引起压力损失的增加。

参考文献

[1]　何小民,张净玉,李建中.航空发动机燃烧室原理[M].北京：北京航空航天大学出版社,2013.

[2]　《航空发动机设计手册》编委会.航空发动机设计手册：第9册　主燃烧室[M].北京：航空工业出版社,2000.

[3]　Lefebvre A H. Gas turbine combustion[M]. Boca Raton：CRC Press, 2010.

[4]　Klein A. Characteristics of combustor diffusers[J]. Progress in Aerospace Sciences, 1995(31)：171 - 271.

[5]　胡正义.突扩扩压器设计计算方法[J].燃气涡轮试验与研究,1988(3)：49 - 54.

[6]　Walker A D. Experimental and computational study of hybrid diffusers for gas turbine combustors[D]. Loughborough：Loughborough University, 2002.

[7]　赵鹏,张玉光,张宝华.PIV 技术在 3 通道扩压器试验中的应用[J].航空发动机,2018,44(3)：76 - 80.

[8]　徐宝龙,程明,万斌,等.双通道扩压器结构参数对性能影响的模拟研究[C].成都：中国航空学会,2016.

第5章
旋流器设计

5.1 概　　述

本章首先介绍旋流器的使用背景和功用;然后从旋流器的流量系数和旋流强度两个方面介绍旋流器的设计方法以及设计流程。

5.2 旋流器介绍

高压空气从压气机进入燃烧室后,经过燃烧室进口处扩压器的减速后,空气的速度仍远大于火焰的传播速度,不能稳定燃烧,只有在火焰筒头部形成回流区才能满足着火条件以及足够的化学反应停留时间,才能使得燃烧室进行稳定充分的燃烧。

主燃烧室通常通过旋流器产生火焰筒内的回流区,主要是旋流器后高速旋转的空气中心会产生低压区造成头部的回流区,相比钝体等其他方式产生的回流区,该方式空气的湍流度高,可以加强燃料和空气的掺混,并且多级旋流器之间可以相互配合产生较强的气流剪切作用,可产生较为稳定运动的涡核,以实现对可靠着火、稳定燃烧以及燃烧强度等的有效控制,图5.1为一种典型双级旋流器的空气进

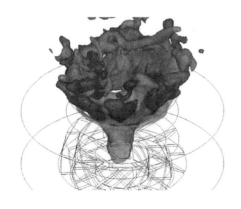

图 5.1　PVC 与燃油相互作用等值面图(红色为 PVC 悬臂结构,蓝色为燃油分布)

动涡核(precession vortex core，PVC)与燃油相互作用等值面图[1]。

　　燃气涡轮发动机燃烧室中旋流器的基本类型分为轴向旋流器、径向旋流器以及斜切孔式旋流器,图 5.2 为三种旋流器类型的结构示意图,这三种旋流器各有优缺点,具体选择哪种要根据每个旋流器的流量大小、设计者的经验及以前的成功应用情况而定。现代燃烧室随着温升的不断提高,旋流器往往采用这三种旋流器之间相互组合的形式,如双级轴向旋流器、轴向和径向组合旋流器、斜切径向双级旋流器(CFM56)、三级轴向旋流器等。

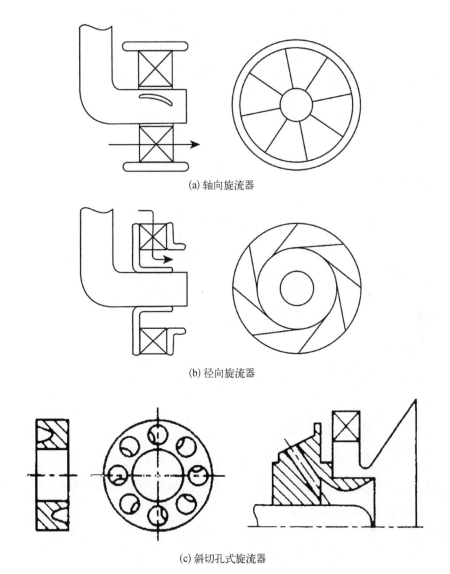

(a) 轴向旋流器

(b) 径向旋流器

(c) 斜切孔式旋流器

图 5.2　不同类型旋流器结构示意图

目前,在各种类型的燃烧室中广泛采用了空气旋流器,该旋流器中又存在直叶片和曲叶片的差异,本节只讨论直叶片的设计,原因如下:

从空气动力学来说,曲叶片比直叶片(同样转角)的压力损失小。直叶片在负压面一定有气流分离,这样来看似乎曲叶片比直叶片要好。但通过加工同样旋流角的直叶片和曲叶片的旋流器预混模型进行燃烧试验,试验结果表明,其他参数的影响远远超过了曲叶片或直叶片的影响。所以,从燃烧性能来看,采用直叶片还是曲叶片关系不大。在空气旋流器叶片的选择上,主要取决于加工:如果是曲叶片,必须是铸造,并且需要更进一步的加工、抛光;如果是直叶片,可以铸造,也可以机械加工,利用数控铣,在数控铣之后一般不再抛光[2]。

5.3 旋流器设计要求

旋流器的作用是维持火焰稳定,因此对其要求是保证燃烧室在任何工作点都能实现火焰稳定的目的。

对旋流器而言,维持火焰稳定的主要参数是旋流强度,另外还与旋流器下游旋流区的形态和大小有关。

5.4 旋流器设计参数

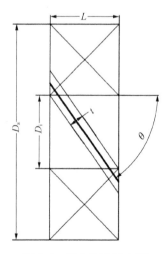

图 5.3　轴向旋流器主要
设计参数

旋流器作为主燃烧室内设计最大的零组件之一,其设计方法仍不完善,目前的设计主要源自 Lefevbre 的理论分析和试验验证,需要经验与理论相结合。图 5.3 为轴向旋流器主要设计参数,其中有:

(1) 叶片安装角 θ;

(2) 旋流器流通面积 A_s;

(3) 内、外径 D_i、D_s;

(4) 叶片厚度 t;

(5) 叶片数目 n;

(6) 叶片长度 L。

5.5 旋流器设计流程

轴向旋流器的设计流程如图 5.4 所示。

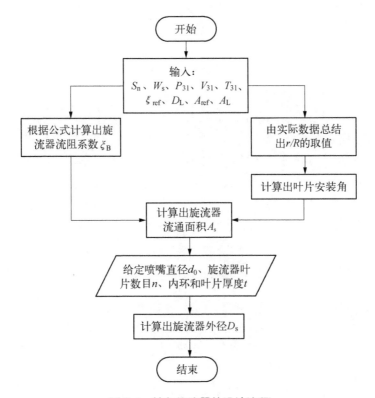

图 5.4 轴向旋流器的设计流程

在设计时,轴向旋流器需要输入以下已知参数[3]:

(1) 根据原准机确定的旋流器应满足的旋流数 S_n;

(2) 给出通过旋流器的无量纲流量 $S_n W_s$;

(3) 给定扩压器 S_n、W_s、P_{31}、V_{31}、T_{31}、ξ_{ref}、D_L、A_{ref}、A_L;

(4) 给定燃烧室总流阻系数;

(5) 火焰筒直径;

(6) 燃烧室最大截面面积;

(7) 火焰筒截面面积。

5.6 旋流器设计方法

1）旋流强度

通常用旋流数 S_n 来表征旋流强度，最早 Keir 和 Fraser 将其定义为

$$S_n = \frac{T}{G\sqrt{D^2 - d^2}} \tag{5.1}$$

式中：T——气流通过旋流器后切向力矩；

$\quad\quad G$——气流通过旋流器后轴向推力；

$\quad\quad D$——旋流器外径；

$\quad\quad d$——旋流器轮毂直径（径向旋流器）。

后来 Beer 和 Chigier[4] 将旋流数定义为

$$S_n = \frac{2G_m}{DG_t} \tag{5.2}$$

式中：G_m ——切向动量的轴向通量；

$\quad\quad G_t$ ——轴向推力。

针对无轮毂的旋流器，G_m 和 G_t 的表达式如下：

$$G_m = \int_0^{D/2} 2\pi r (Wr)\rho U \mathrm{d}r \tag{5.3}$$

$$G_t = \int_0^{D/2} 2\pi r \rho U^2 \mathrm{d}r + \int_0^{D/2} 2\pi r \rho \mathrm{d}r \tag{5.4}$$

式中：U——轴向速度；

$\quad\quad W$——切向速度。

若要通过上述公式计算旋流数，则要通过非常复杂的手段测出精确的旋流器出口速度的径向分布和轴向分布，这在初始设计旋流器时基本是不可能实现的。

旋流数 S_n 的值越大，代表旋流器的旋流强度越大，其表达式的物理意义是切向力矩和轴向推力的比值，所以 S_n 越大，切向流动强度越大，意味着周向旋流强度越大，造成旋流器下游流场内外压差越大，更容易形成回流区。试验表明，当 $S_n <$ 0.4 时，不会产生回流区，流线扩张少，基本上形成的是射流火焰，称为弱旋流。当 $0.4 < S_n < 0.6$ 时，为从没有回流区到形成回流区的过渡，旋流器下游流场的流线已开始明显弯曲，但仍不能产生稳定的回流区。当 $S_n > 0.6$ 时，形成稳定的回流区，称为强旋流。

根据燃烧室对流场回流稳定火焰的具体需求选取合适的 S_n，例如，民机燃烧室的一般用副模燃烧区来稳定燃烧室的燃烧，所以副模燃烧区 $S_n > 0.6$，而低排放又要求其燃烧具有尽可能短的停留时间，所以主燃级 S_n 可选取小于 0.6 的弱旋流。

2）旋流器流阻系数 ξ_s 及流量系数 C_d

旋流器的压力损失可用流阻系数来表示，其值直接影响到燃烧室的空气流量分配和压力损失，在一定程度上也可体现旋流强度的大小：

$$\xi_s = \frac{\xi_{ref}}{W_s^2}\left(\frac{A_L}{A_{ref}}\right)^2 \qquad (5.5)$$

C_d 为旋流器流路的综合流量系数，对于旋流角度为 $30° \sim 35°$ 的旋流器，其取值为 $0.86^{[5]}$。

3）叶片安装角 θ

由旋流数求解：

$$S_n = \frac{2}{3}\tan\theta \frac{1 - \left(\frac{r}{R}\right)_s^3}{1 - \left(\frac{r}{R}\right)_s^2} \qquad (5.6)$$

通过对一般发动机进行统计得出，$1.1 < \dfrac{1 - \left(\frac{r}{R}\right)_s^3}{1 - \left(\frac{r}{R}\right)_s^2} < 1.35$，且该比值对

S_n 的影响较小，初始设计时只需考虑 θ 对 S_n 的影响即可，故 $\dfrac{1 - \left(\frac{r}{R}\right)_s^3}{1 - \left(\frac{r}{R}\right)_s^2}$ 取 1.1

和 1.35 的中值即可，进而求出叶片安装角 θ。

4）旋流器流通面积 A_s

$$A_s = \frac{A_L}{\sqrt{\dfrac{\xi_s}{1.3} + 1}\mu_s\cos\theta} \qquad (5.7)$$

5）旋流器外径 D_s

给定喷嘴直径 d_0，根据结构强度确定叶片最小壁厚 t，参考原准机给定叶片数 n，可用式（5.8）确定 D_s：

$$D_s^2 - \frac{2}{\pi}ntD_s - C = 0 \qquad (5.8)$$

式中：

$$C = \frac{4}{\pi}\frac{A_s}{\cos\theta} - \frac{2}{\pi}\tan(d_0 + 2t) + (d_0 + 2t)^2 \qquad (5.9)$$

6）叶片长度 L

根据不透光准则，旋流器叶片长度 L 可由式（5.10）获得：

$$L = \frac{\pi D}{N\tan\theta} \qquad (5.10)$$

5.7 旋流器设计准则和经验规律

在有关旋流空气动力学的研究中，很早就意识到需要有一个参数来表征其旋流强度。最早提出旋流数概念的是 Keir 和 Fraser，他们对旋流数的定义为式（5.1）。而 Beer 和 Chigier 给出的旋流数定义为式（5.2）。

1. 旋流数设计准则

在旋流数小于 0.4 时，不会产生回流，称为弱旋流；当旋流数大于 0.6 时，称为强旋流。

研究表明，旋流强度是影响回流区尺寸和强度的关键因素之一，进而燃烧室内的火焰稳定也与旋流强度息息相关，旋流太弱，火焰会很长，不利于火焰稳定，增强旋流强度，火焰长度缩短，燃烧室油气混合得到改善，并改善了火焰稳定边界，但当 $S_n > 0.5$ 时，继续增大旋流强度，对火焰长度基本没有影响，反而不利于火焰稳定。因此，旋流数的选取应在一个合理范围内，不能太弱，否则难以形成较好的回流，不利于火焰稳定；也不能太强，强旋流会促进回火且容易产生振荡燃烧问题。

2. 旋流器长度设计准则

旋流器设计中一个很重要的准则是不透光准则，即式（5.10），一般用其确定旋流器长度。

参考文献

[1] 李逸飞.双级旋流燃烧室流动与燃烧室特性的数值研究[D].西安：西北工业大学,2018.

［2］　金如山,索建秦.先进燃气轮机燃烧室［M］.北京：航空工业出版社,2016.

［3］　《航空发动机设计手册》编委会.航空发动机设计手册［M］.北京：航空工业出版社,2000.

［4］　Beer J M, Chigier N A. Combustion aerodynamics［M］. London：Applied Science Publishers,1972.

［5］　Knight H A, Walker R B. The component pressure losses in combustion chambers［R］. England：Aeronautical Research Council Reports and Memoranda 2987, 1957.

第6章
燃油喷射系统设计

6.1 概　　述

　　燃油喷射系统是燃烧室中的重要组成部分,负责燃烧室中的燃油供应、喷射和雾化,其性能直接决定了燃烧室的主要性能。

　　燃烧室中的燃油喷射系统主要包括燃油喷嘴和活门。燃油喷嘴负责将供入燃烧室的燃油雾化,目前燃烧室比较常用的燃油喷嘴有离心式压力雾化喷嘴、直射式喷嘴和空气雾化喷嘴等。活门负责在两路(燃烧室一般有主、副两个油路)燃油中进行切换以及控制燃油分配比例。

6.2 燃油喷射系统设计要求

　　1) 结构和数量要求

　　喷嘴是燃烧室的关键部件,其结构尺寸需要满足安装要求,同时还要考虑重量要求。由于喷嘴伸入机匣内的主流道中,其对高速气流的扰动和损失不能太大,所以喷嘴轮廓尺寸也有限制要求。

　　喷嘴数量是一个重要参数,在设计燃烧室总体方案时,要根据燃油总流量、火焰筒头部间距、燃油系统供油压力限制等诸多因素选择合适的喷嘴数量。常见的发动机喷嘴数量为 16~30 个。

　　喷嘴重量也是燃烧室设计时需要注意的一个问题,特别是现代发动机燃油喷嘴功能复杂、尺寸轮廓较大,再加上喷嘴数量较多,因此控制单个喷嘴重量也是非常重要的。

　　2) 流量特性要求

　　喷嘴的主要功能是将燃油喷入燃烧室火焰筒雾化,其流量特性是一项重要指标。在燃烧室和燃油系统进行迭代设计时,根据发动机最大工作状态的燃油流量、燃油分级点及比例分配、喷嘴自身的活门和流路设计方案来选择合适的流量特性。图 6.1 是一个典型的喷嘴流量特性要求示意图,从图中可以看出,该喷嘴流量特性曲线呈现了“分段”特点,这是由于常见发动机小状态燃油流量和大状态燃油流量跨度太大,只采用一个油路的喷嘴供油压差限制不能满足燃油流量要求,所以需要采用至少两个油路,称为副油路(小状态下工作)和主油路(大状态下工作)。一般常用流量数来表示流量特性,流量数指的是流量除以喷嘴压差的 0.5 次方,单位为 kg/(h·MPa)$^{0.5}$,流量数反映的是喷嘴流通能力的大小。

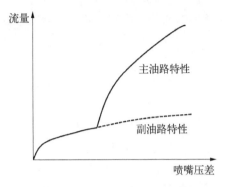

图 6.1　喷嘴流量特性要求示意图

3) 雾化特性要求

喷嘴还有一项重要的功能是提供满足雾化品质要求的液雾,常用液滴雾化平均直径及其分布来表示。

对于平均直径,其实是用一个假想的尺寸均一的液雾代替原来的液雾,能反映原来液雾的某个特征。航空发动机燃烧室液雾燃烧关心的是液滴的蒸发及其混合过程,蒸发过程的快慢取决于液滴和空气接触面积的大小,因此航空发动机燃烧室常用总表面积相等的原则定义假想液雾,最常见的是索特平均直径(Sauter mean diameter,SMD)。其定义如下:

$$\text{SMD} = \frac{\sum n_i D_i^3}{\sum n_i D_i^2} \qquad (6.1)$$

式中: n_i——直径为 D_i 的液滴的数量。

当现代航空发动机燃烧室在大状态下工作时,来流空气温度和压力都很高,在气动力作用下喷雾的雾化品质很好。点火状态液雾的平均直径大小主要取决于喷嘴设计,点火状态喷嘴雾化粒径一般要求 SMD 不大于 150 μm,其可通过常温常压条件下的油雾场试验测量获得。

4) 强度和寿命要求

喷嘴的强度和寿命要求与发动机其他零部件基本一致,要考虑在飞行剖面中各种工况条件下的载荷,如温度梯度、振动、燃气接触面的换热等。一般民机喷嘴寿命要达到 5 000 次循环(折合为 10 000 h)以上才能不影响正常的航线运行;军机喷嘴寿命一般要求在 3 000 h 以上。

需要指出的是,如果喷嘴设计成 LRU 件,那么其寿命要求可以根据运营维护策略来制定。

6.3　燃油喷射系统设计输入

1) 单个喷射系统的燃油流量和工作压力

在设计燃烧室总体方案时,会进行油气分配设计,如果燃油控制系统采用了复杂的燃油分配策略,则需要迭代设计,最终确定燃烧室单个喷射系统在发动机不同工作状态下的燃油流量分配。

工作压力主要考虑的是燃油系统中燃油泵的供油能力,常见的燃油泵出口压力是9~13 MPa,考虑燃油系统沿程的压力损失之后,喷嘴进口可用压力一般为7.5~11 MPa。如果燃油喷射系统自身还设计了活门,则要预留足够的压力损失给活门元件。

2）喷嘴进口燃油温度

燃油系统设计结果决定了发动机飞行剖面中所有条件下的喷嘴进口燃油温度,燃烧室关心的是最大进口燃油温度对喷嘴热防护设计的影响,不同的发动机,其温度范围差异较大,本书建议的参考范围为70~100℃。

3）喷嘴环境参数

喷嘴工作于发动机核心气流中,其环境参数主要包括发动机所有工作状态下燃烧室进口气流温度、压力和喷嘴截面的流动速度;短舱内气流的温度、压力和流速;喷嘴在火焰筒内面向燃气侧的燃气温度、压力和流速等。

除了气动参数,喷嘴一般通过安装座固定在机匣上,还有机械振动载荷作用在喷嘴法兰边上。

4）燃油总管和分管的接口

喷嘴需要装配到燃油总管组件的分管上,接头需要保证能够与进油管进行装配。图6.2为典型的喷嘴接头配合尺寸要求示例,这是一个球锥配合,喷嘴接头为球面,与74°锥面的部位贴合之后实现供油密封功能,图中还给出了需要用螺母拧紧的配合部位尺寸。

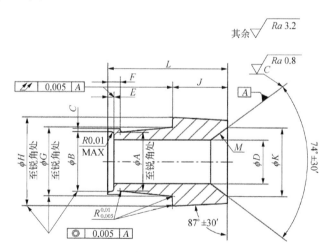

图6.2　喷嘴接头配合尺寸要求示例

5）其他配合位置的接口尺寸

喷嘴安装相关的其他配合位置的接口尺寸包括喷嘴法兰上的螺栓孔、法兰厚度和轮廓限制等,有时候发动机的一些外部附件支架会借用喷嘴安装座,这时会出现不同喷嘴的螺栓长度要求不一样的情况。

6.4　常用喷嘴

液体雾化的基本机理以及描述雾化特性的基本参数可参考文献[1]和[2]。本书主要介绍目前航空发动机燃烧室常用的几种喷嘴。

航空发动机燃烧室对燃油喷嘴的功能和要求如下[3]:

(1) 在宽广的流量范围内提供良好的雾化;

(2) 快速响应燃油流量变化;

(3) 对流动不稳定性不敏感;

(4) 耗能少;

(5) 可以缩放设计,提供设计的灵活性;

(6) 成本低、重量轻、易于维护和拆装;

(7) 对制造和安装过程中的轻微损伤不敏感;

(8) 燃油受到污染和喷嘴表面积碳时不易堵塞;

(9) 不易结焦;

(10) 均匀的径向和周向液雾分布。

目前,在航空发动机主燃烧室中常用的喷嘴有离心喷嘴、空气雾化喷嘴、甩油盘、蒸发管和直射式喷嘴,如图 6.3 所示。

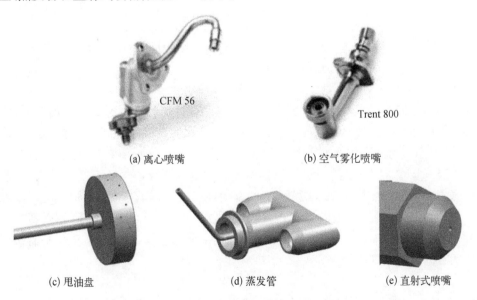

(a) 离心喷嘴　　(b) 空气雾化喷嘴

(c) 甩油盘　　(d) 蒸发管　　(e) 直射式喷嘴

图 6.3　航空燃气轮机燃烧室中的各种喷嘴

20 世纪 60 年代以前,航空发动机主燃烧室以离心喷嘴为主。由于冒烟问题和出口温度分布系数难以调节,此后出现了空气雾化喷嘴,目前离心喷嘴仍在航空发动机主燃烧室上广泛应用。甩油盘主要是由法国透博梅卡(Turbomeca)公司发展的,至 20 世纪 80 年代,新研制的机种已经极少采用甩油盘。蒸发管喷嘴主要是由英国罗罗公司研制的,直射式喷嘴多用在航空发动机贫油预混预蒸发(lean premixed pre-evaporation,LPP)燃烧室预混段及 LDI 燃烧室。

6.4.1 离心喷嘴

离心喷嘴属于压力雾化喷嘴的一种。其基本工作原理是:增大燃油的离心速度,燃油喷出后具有轴向速度和切向速度两个分量,形成液膜,液膜失稳后进行雾化。

离心喷嘴主要有两种结构:一种是单油路离心喷嘴;另一种是双油路离心喷嘴。双油路离心喷嘴相比于单油路离心喷嘴扩大了工作范围,如图 6.4 所示。

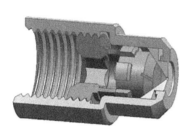 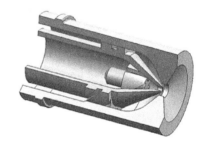

(a) 单油路离心喷嘴　　　　　　　　　　(b) 双油路离心喷嘴

图 6.4　离心喷嘴结构

进入离心喷嘴的燃油做切向运动,由于离心运动建立了空心涡,所以在喷嘴出口旋转的燃油同时具有轴向速度和切向速度,形成空心油膜,油膜失稳形成液雾,如图 6.5 所示。

压力不同会导致液雾形态不同(图 6.6),由图可见,随着燃油压力的增大,喷嘴喷雾的形态发生变化。当压力非常小时,是油滴状态,压力再增大一些,是"扭曲铅笔"状态。这两个状态由于燃油黏性和表面张力,切向速度并没有起很大作用。压力进一步增大,切向速度的作用开始显现,但是由于离心力还不是足够大,在表面张力和燃油黏性作用下,油膜继续收缩,形成类似"洋葱头"的形状。进一步增大压力,开始得到比较粗的雾化。通常,喷嘴压力降大于 0.4 MPa,即可得到一个雾化充分发展的喷雾。从工程实用角度来看,前面的过程时间很短,重点是后面形成的充分发展喷雾的状态。

离心喷嘴的设计过程是一个纯粹的流体力学计算过程。在离心喷嘴设计过程中,在给定喷嘴压力降情况下,要求一定的燃油流量、喷雾锥角和雾化颗粒细度。

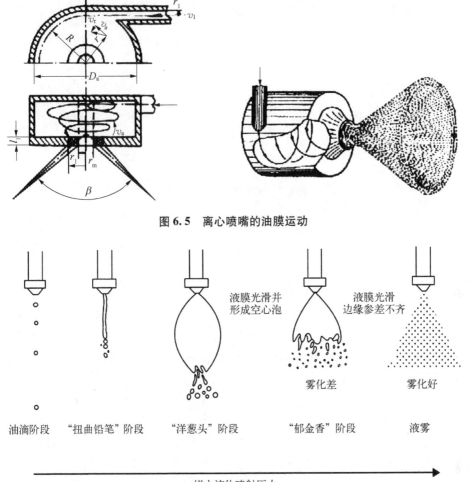

图 6.5　离心喷嘴的油膜运动

图 6.6　燃油喷雾的各种形态[2]

其主要设计过程和方法请参考文献[3]。

1. 燃油流量和喷嘴压力降之间的关系

设通过离心喷嘴出口的截面面积为 A_n 的液体流量为 $\dot{m}_1$,如图 6.7 所示,则通过喷嘴的燃油流量如下:

$$\dot{m}_1 = C_d \rho_1 A_n v \qquad (6.2)$$

式中: C_d ——考虑了通过离心喷嘴流动时各种损失的流量系数;

ρ_1 ——燃油密度;

v ——通过喷嘴在一定压力降 ΔP_1 情况下能够达到的理论喷射速度,该喷射速度由式(6.3)计算:

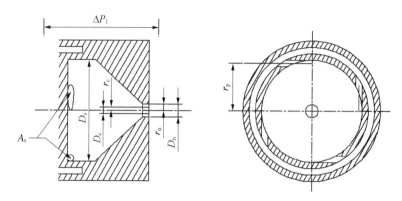

图 6.7　喷嘴几何结构示意图

$$v = \sqrt{\frac{2\Delta P_1}{\rho_1}} \tag{6.3}$$

则从式(6.2)和式(6.3)可以建立燃油流量 $\dot{m}_1$ 与喷嘴压力降 ΔP_1 之间的关系,如下:

$$\dot{m}_1 = C_d A_n \sqrt{2\rho_1 \Delta P_1} \tag{6.4}$$

式(6.4)中,可以稍加变形得到流量数的定义:

$$F_n = \frac{\dot{m}_1}{\sqrt{\Delta P_1}} = C_d A_n \sqrt{2\rho_1} \tag{6.5}$$

流量数是一个表达喷嘴特性广泛使用的参数,仅与喷嘴的几何结构和通过的流体有关,与喷嘴的工况无关,因此流量数给定了某种用途下的喷嘴尺寸,单位是 $kg/(h \cdot MPa^{0.5})$。

从前面的叙述可见,在喷嘴的设计中,核心是确定在离心喷嘴几何结构一定的情况下的流量系数。若流量系数确定,则喷嘴的结构就确定。

2. 离心喷嘴的流量系数[3]

要确定离心喷嘴的流量系数,首先要明确离心喷嘴的结构和离心喷嘴内部的燃油流动。离心喷嘴燃油流动和出口喷雾锥角如图 6.8 所示,燃油通过在一定半径处开的孔或是槽时具有一定的切向速度,进入喷嘴锥形旋流室,在旋流室中燃油高速旋转,通过喷口喷出。在燃油通过整个喷嘴旋流室的流动过程中是一个复合运动,有切向速度、轴向速度和径向速度。在离心喷嘴出口,有一小段平直段,燃油在此处的运动可以视为一个切向运动加轴向运动的复合运动,如图 6.8 所示。对于理想无黏流体,在没有外力矩的情况下,切向动量矩守恒,则切向速度可以表达为

$$v_t r = \text{constan}\, t \tag{6.6}$$

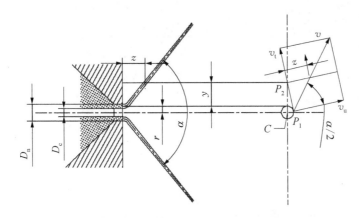

图 6.8 离心喷嘴燃油流动和出口喷雾锥角

另外,在离心喷嘴出口处使用伯努利(Bernoulli)方程,如下所示:

$$\frac{\Delta P_1}{\rho_1} = \frac{v_u^2}{2} + \frac{v_t^2}{2} + \frac{\Delta p}{\rho_1} \tag{6.7}$$

式中: Δp ——离心喷嘴上游燃油静压与喷嘴背压之差。

从式(6.6)可以看出,如果 $r \to 0$,则 $v_t \to \infty$,从物理上这是不可能实现的。由于旋转速度增大,从式(6.7)可见,意味着燃油的静压下降。对于燃油,压力下降后,沸腾温度随之下降,则中心的燃油开始蒸发,蒸发后形成一个空心涡,该空心涡的直径为 D_c,其中充满了燃油蒸汽与空气的混合物,并且该空心涡的表面静压与离心喷嘴的背压相等,才能维持平衡。

根据上述分析,可以建立离心喷嘴流量系数与喷嘴几何结构之间的关系。

由式(6.4)可以得到离心喷嘴流量系数的表达式为

$$C_d = \frac{\dot{m}_1}{A_n \sqrt{2\rho_1 \Delta P_1}} \tag{6.8}$$

式(6.8)中,核心是建立 ΔP_1 在离心喷嘴工作时与流量 $\dot{m}_1$ 之间的关系,可以由上述分析结合伯努利方程及连续方程建立关系。

在空心涡的表面上,燃油静压与离心喷嘴的背压相等,式(6.7)可以简化为

$$\Delta P_1 = \frac{\rho_1 v_{u,c}^2}{2} + \frac{\rho_1 v_{t,c}^2}{2} \tag{6.9}$$

式(6.9)中,确定轴向速度及切向速度,即可得到压力降与流量的关系。假设通过离心喷嘴喷口处的轴向速度分布是均匀的,则离心喷嘴喷口处的轴向速度由连续方程可得

$$v_u = \frac{\dot{m}_1}{\rho_1(A_n - A_c)} \tag{6.10}$$

由于燃油运动的无黏假设，并且在整个离心喷嘴中的燃油运动不受任何外力作用，根据动量矩守恒得

$$v_{t,c} = \frac{v_s r_s}{r_c} = \frac{\dot{m}_1}{\rho_1 A_s} \frac{r_s}{r_c} \tag{6.11}$$

将式(6.10)及式(6.11)代入式(6.9)中，建立了压力降与流量之间的关系：

$$\Delta P_1 = \frac{\rho_1}{2} \left\{ \left(\frac{\dot{m}_1}{\rho_1 A_s} \frac{r_s}{r_c} \right)^2 + \left[\frac{\dot{m}_1}{\rho_1(A_n - A_c)} \right]^2 \right\} \tag{6.12}$$

将式(6.12)代入式(6.8)中，可以得到离心喷嘴流量系数与结构之间的关系：

$$\frac{1}{C_d^2} = \left(\frac{A_n r_s}{A_s r_c} \right)^2 + \left(\frac{A_n}{A_n - A_c} \right)^2 \tag{6.13}$$

采用一些比参数简化式(6.13)，设喷口处燃油流动面积与喷口的面积比为 X：

$$X = \frac{A_c}{A_n} \tag{6.14}$$

设离心喷嘴的几何特性参数为 K：

$$K = \frac{A_s}{\pi r_s r_n} = \frac{4A_s}{\pi D_s D_n} \tag{6.15}$$

流量系数的表达式可以简化为

$$\frac{1}{C_d^2} = \frac{1}{K^2 X^2} + \frac{1}{(1 - X)^2} \tag{6.16}$$

但是，在式(6.16)中，尚有一个问题并未得到解决，即空心涡的尺寸并不知道，需要引入假设，这个假设就是著名的最大流量原理。

最大流量原理是指在离心喷嘴压力降一定的条件下，喷嘴通过的燃油流量最大。根据高等数学中求极值的原理，令 $\dfrac{d(1/C_d^2)}{dX} = 0$，从式(6.16)中可以得到

$$2K^2 X^2 = (1 - X)^3 \tag{6.17}$$

最终可以得到流量系数的表达关系为

$$C_d = \sqrt{\frac{(1-X)^3}{1+X}} \qquad (6.18)$$

因为面积比 X 是喷嘴设计特性参数 K 的函数,上述关系式的实质就是表达了无黏理想流动条件下离心喷嘴流量系数与一定几何结构的关系。图 6.9 给出了离心喷嘴流量系数理论值与实验值对比(K' 为喷嘴几何参数)。可见,理论分析从定性上符合,差一个修正系数,这个修正系数从实验得到的结果是 1.17。黏性的作用会减小轴向速度和切向速度,综合下来,切向速度减小更多一些,所以实际流量系数会变大。

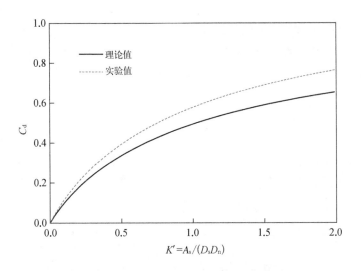

图 6.9　离心喷嘴流量系数理论值与实验值对比

3. 离心喷嘴的喷雾锥角[3]

离心喷嘴的喷雾锥角是燃烧室设计的另一个重要问题。正是喷嘴出口处切向速度分量的存在,使得喷雾有了一定的锥角。喷雾锥角与运动速度的关系参见图 6.8。

与分析流量系数相似,需要建立喷雾锥角与离心喷嘴几何结构的关系,为此需要分析在离心喷嘴喷口半径为 r 时截面的燃油流动特性。

若忽略燃油离开离心喷嘴喷口的转折,则喷雾锥角可以表达成一个几何关系:

$$\tan\frac{\alpha}{2} = \frac{y}{z} \qquad (6.19)$$

从离心喷嘴的下游往上看,图 6.8 的右边是一个展开的视图,当喷雾轨道在 P_1 点运动时,在喷嘴中心剖面的交点是 P_2,可以建立几何关系如下:

$$(P_1 P_2)^2 = (P_2 C)^2 - (P_1 C)^2 \tag{6.20}$$

引入变量 y 和 r_n，则有

$$P_1 P_2 = \sqrt{(y + r_n)^2 - r_n^2} = \sqrt{y^2 + 2 y r_n} \tag{6.21}$$

由于离心喷嘴 r_n 非常小，式(6.21)可以简化为 $P_1 P_2 \approx y$，从图 6.8 右边视图可见:

$$\tan \frac{\alpha}{2} = \frac{y}{z} \approx \frac{P_1 P_2}{z} = \frac{v_t}{v_u} \tag{6.22}$$

简单地讲，离心喷嘴的喷雾锥角近似为离心喷嘴出口处切向速度与轴向速度的比值。为了建立喷雾锥角与几何结构的关系，需要把速度项转换一下。

结合图 6.8 和式(6.22)，喷雾锥角可以写成如下表达式:

$$\sin \frac{\alpha}{2} = \frac{v_t}{v} \tag{6.23}$$

由于在离心喷嘴出口处的切向速度是一个变化的值，采用质量平均方法定义喷雾锥角，可以写出如下表达式:

$$\bar{v}_t = \frac{1}{\dot{m}_1} \int_{r_c}^{r_n} v_t(r) \, \mathrm{d}\dot{m}_1 \tag{6.24}$$

由于动量矩守恒，式(6.24)积分就变得容易，其结果如下所示:

$$\bar{v}_t = \frac{2\pi \dot{m}_1}{\rho_1 A_s} \frac{r_s(r_n - r_c)}{A_n - A_c} \tag{6.25}$$

离心喷嘴喷口的速度见式(6.3)，则喷雾锥角的关系式如下:

$$\sin \frac{\alpha}{2} = \frac{v_t}{v} = 2\pi C_d \frac{r_s A_n (r_n - r_c)}{A_s (A_n - A_c)} \tag{6.26}$$

在此利用 X 和 K 的表达式，则式(6.26)可以简化为

$$\sin \frac{\alpha}{2} = \frac{2 C_d}{K(1 + \sqrt{X})} \tag{6.27}$$

利用上述关系式计算的喷雾锥角随 K' 的变化曲线见图 6.10。与实验值相比，无黏理论预估值要大一些，原因是黏性对运动造成了影响。

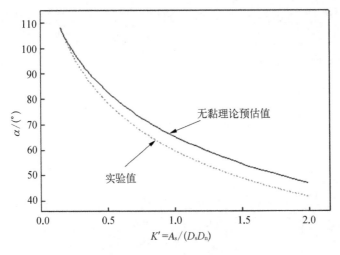

图 6.10　离心喷嘴喷雾锥角

在常压下离心喷嘴的喷雾锥角接近一个常数,但是当环境压力增大时,离心喷嘴的喷雾锥角随着环境压力的增大会迅速减小[3],如图 6.11 所示。当发动机工作在大状态下时,喷雾锥角减小会导致两个不利的结果: 一是冒烟大量增加;二是出口温度分布恶化。

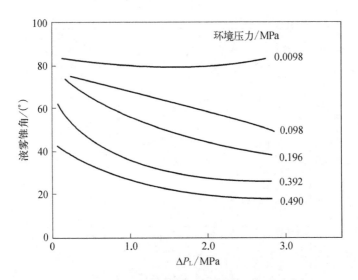

图 6.11　离心喷嘴喷雾锥角随压差的变化规律[3]

4. 离心喷嘴的雾化

离心喷嘴的喷口是环形的,燃油在喷嘴内做旋转运动,导致喷口在喷嘴出口处形成锥形油膜后失稳破碎形成锥形空心液雾。尽管离心喷嘴的结构很简单,但是其中的各种物理过程很复杂。影响雾化的主要因素：一是燃油的物理性质，如表面张力和黏性系数；二是燃油的工况，如燃油流量和燃油压力。若表面张力大、黏性系数大，则雾化变差、SMD 增加；在同样燃油压力降下，喷嘴流量增大，SMD 随之增加，如图 6.12~图 6.14 所示[4]。

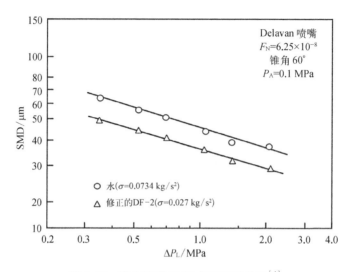

图 6.12   离心喷嘴 SMD 与压差的关系[4]

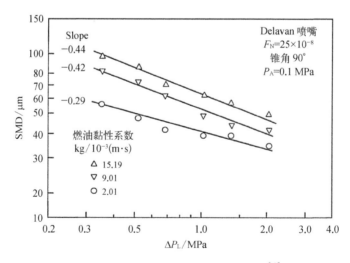

图 6.13   离心喷嘴 SMD 与压差的关系[4]

在过去的多年间，大量的试验研究结果和理论分析表明，离心喷嘴平均直径可用如下经验关系式表示：

$$\text{SMD} = \text{constan } t \times \sigma^a \mu_1^b \dot{m}_1^c \Delta P_1^{-d} \qquad (6.28)$$

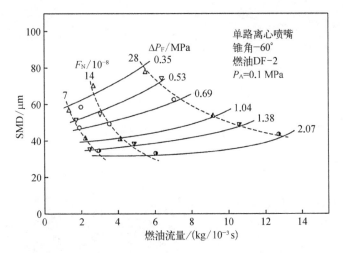

图 6.14　离心喷嘴 SMD 与工况和喷嘴流量的关系[4]

离心喷嘴的喷雾都是喷到空气中,因此有些经验关系式还考虑了空气的影响。下面是两个经验关系式,Jasuja 给出的经验关系式如下:

$$SMD = 4.4\sigma^{0.6}\mu_1^{0.16}\dot{m}_1^{0.22}\Delta P_1^{-0.43} \tag{6.29}$$

Lefebvre 给出的经验关系式如下:

$$SMD = 2.25\sigma^{0.25}\mu_1^{0.25}\dot{m}_1^{0.25}\Delta P_1^{-0.5}\rho_a^{-0.25} \tag{6.30}$$

式中:μ_1——液体黏性系数;

　　　$\dot{m}_1$——液体流量;

　　　ΔP_1——喷嘴压降;

　　　ρ_a——空气密度。

不同研究者给出的经验关系式大同小异,式(6.30)在空间分布上要更合理。但是在使用时要特别注意:一是上述经验关系式的单位;二是上述经验关系式的适用参数和工况范围;三是上述经验关系式的离心喷嘴结构。

5. 双油路离心喷嘴

双油路离心喷嘴流量变化范围如图 6.15 所示,其燃油流量变化范围近 20倍[5]。双油路离心喷嘴的两层油雾不应相互干扰,避免因主油路油雾喷射后使副油路的雾化变差[6],如图 6.16 所示。

6. 设计流程

离心喷嘴设计是根据设计点工况要求的压力、流量、喷雾锥角以及雾化质量等确定喷嘴类型,计算确定喷嘴的主要几何尺寸。由于雾化质量与喷嘴压降和流量有关,设计时在压力、流量和雾化质量中选择两项和喷雾锥角作为设计要求[7]。

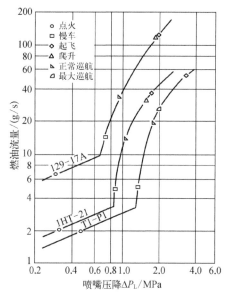

图 6.15 双油路离心喷嘴流量变化范围[5]

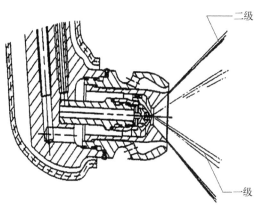

图 6.16 双油路喷嘴的两层油雾[6]

在离心喷嘴的结构要素中,旋流槽和喷口尺寸对喷嘴性能起到了决定性作用,喷嘴设计计算的主要目的是确定旋流槽的大小、倾斜角及喷口直径。在喷嘴设计计算前,根据燃烧室结构设计安排,绘制喷嘴总体结构图。在允许的轮廓尺寸范围内,对喷嘴内部结构进行进一步设计。根据工艺可行性,确定喷嘴结构尺寸。根据结构设计和计算确定的喷嘴尺寸验算喷嘴性能是否满足设计要求,必要时进行修改和验算,直至满足要求,确定切向槽和喷口设计尺寸,然后进行喷嘴生产图设计。

喷嘴初次试制完成后,进行流量和喷雾角调试,调试性能满足设计要求后,根据实际测试的切向槽和喷口尺寸修正原设计尺寸,确定喷嘴最终设计。离心喷嘴设计流程如图 6.17 所示。

6.4.2 直射式喷嘴

美国通用电气公司的 TAPS 燃烧室的主燃级燃油喷嘴(图 6.18)采用直射式喷嘴形式,通过直射式喷嘴将航空燃油喷入预混段通道中,并实现燃油/空气的快速混合。

1. 流量系数

直射式喷嘴采用简单圆孔结构形式,对于直射式喷嘴,喷嘴孔的流量系数是其关键参数之一。

$$\dot{m}_{\mathrm{L}} = C_{\mathrm{D}} A_{\mathrm{O}} \sqrt{2\rho_{\mathrm{L}} \Delta P_{\mathrm{L}}} \qquad (6.31)$$

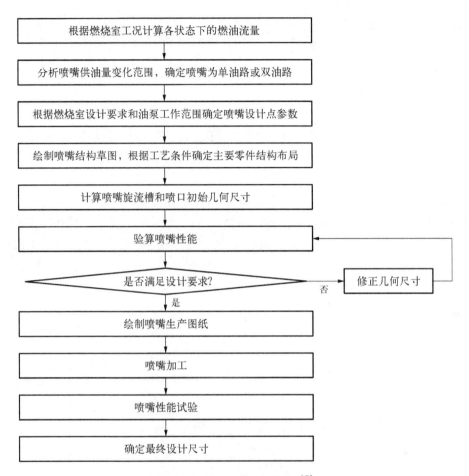

根据燃烧室工况计算各状态下的燃油流量

分析喷嘴供油量变化范围，确定喷嘴为单油路或双油路

根据燃烧室设计要求和油泵工作范围确定喷嘴设计点参数

绘制喷嘴结构草图，根据工艺条件确定主要零件结构布局

计算喷嘴旋流槽和喷口初始几何尺寸

验算喷嘴性能

是否满足设计要求？　　　　否　　修正几何尺寸

是

绘制喷嘴生产图纸

喷嘴加工

喷嘴性能试验

确定最终设计尺寸

图 6.17　离心喷嘴设计流程[7]

图 6.18　美国通用电气公司 TAPS 燃烧室的主燃级燃油喷嘴

式中：$\dot{m}_L$ ——燃油质量流量；

   C_D ——喷嘴孔流量系数；

   A_O ——喷嘴孔几何面积；

   ρ_L ——燃油密度；

   ΔP_L ——喷嘴压力降。

已有研究发现,对直射式喷嘴孔流量系数有重要影响的参数包括雷诺数、喷嘴孔长径比、喷嘴压力降、环境气体压力、收敛段结构以及气穴现象。

通常而言,喷嘴孔流量系数随着雷诺数的增大而增大,当雷诺数达到 10 000 左右时,流量系数值最大,此后随着雷诺数的继续增加,流量系数基本维持不变。当喷嘴孔长径比较小时,流量系数随雷诺数的变化规律会有所差异,如图 6.19 中喷嘴孔长径比为 0.5 时的曲线。雷诺数、喷嘴孔长径比、喷嘴压力降以及收敛段结构等参数对流量系数的影响本质上都是对喷嘴内部流动状态产生影响,进而导致直射式喷嘴孔流量系数的变化(图 6.20)。

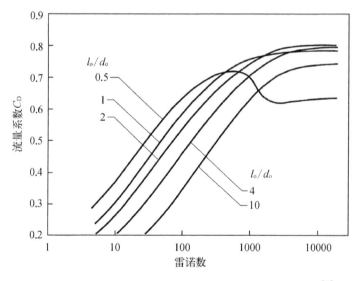

图 6.19　雷诺数和长径比对直射式喷嘴孔流量系数的影响[1]

Asihmin 等[8]给出了无气穴现象时直射式喷嘴孔流量系数的经验公式,适用于长径比为 2~5,雷诺数范围为 100~150 000,如下所示：

$$C_D = \left[1.23 + \frac{58\left(\dfrac{l_o}{d_o}\right)}{Re} \right]^{-1} \quad (6.32)$$

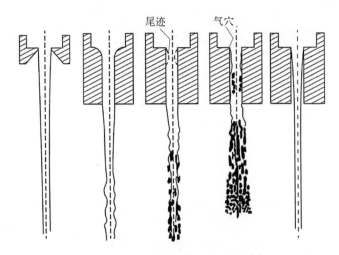

尾迹　　气穴

图 6.20　喷嘴内部不同流动状态[1]

2. 直射式喷嘴射流喷入横向气流

在航空发动机燃烧室实际应用中,燃料多是通过直射式喷嘴横向喷入气流中。燃油射流在横向气流中的液雾破碎、穿透轨迹、液雾散布等是直射式喷嘴设计时需要重点考虑的参数。

当液体射流横向喷入气流时,液体射流和气流发生相互作用。射流液柱可能出现表面破碎,这时会有较小的液滴从液柱表面剥离。在气动力作用下,液柱发生弯曲和变形,液柱变形导致迎风面积增大,使得液柱向下游的弯曲加剧。随着液柱上波的进一步发展,液柱失稳并破碎,从而形成液絮(ligaments)以及液滴(droplets)。这些液絮及液滴会在气动力作用下发生二次破碎,最终在下游流场中形成液雾(spray)。

横向液体射流的初始破碎模式与气流韦伯数及射流动量通量比有关,因而根据射流动量通量比以及气流韦伯数可以绘出横向液体射流的初始破碎模式图(图6.21)。当气流韦伯数较小,气动力作用小于液体表面张力时,液体射流的破碎主要由毛细力作用造成,该模式下的液柱破碎是加强毛细破碎(enhanced capillary breakup, ECB)。加强毛细破碎模式发生在气流韦伯数很小的范围内,在 Yoshiro 对水的研究中气流韦伯数小于 10[9]。

当气流韦伯数增大到一定程度时,气动力作用在横向液体射流破碎中占主导作用。随着气流韦伯数的继续增大,液体射流的破碎模式从柱状破碎(column breakup)模式向剪切破碎(shear breakup)模式转变。

图 6.22 中列出了横向液体射流三种破碎模式的试验照片。图 6.22(a)是在气流韦伯数为 26,射流动量通量比为 38.4 工况下的试验结果,在该工况下射流液柱发生袋式破碎(bag breakup)。图 6.22(c)是高韦伯数条件下的试验图像,该工

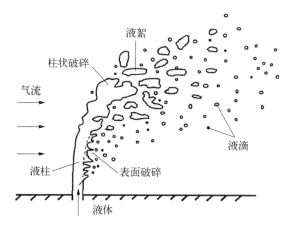

图 6.21   初始破碎过程示意图[10]

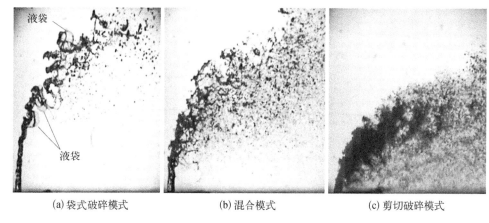

(a) 袋式破碎模式   (b) 混合模式   (c) 剪切破碎模式

图 6.22   射流液柱的破碎模式

况下气流韦伯数为 730,射流动量通量比为 24.5,在该工况下液柱发生剪切破碎(shear breakup)。

以典型的民用航空发动机工况参数为例,当燃烧室进口压力为 2.5~4.5 MPa,进口温度为 800~900 K,燃烧室主燃级喷嘴预混段中的气流速度为 60~90 m/s,喷嘴孔径为 0.4~0.5 mm 时,不同工况下预混通道中的气流韦伯数的大致范围为 300~3 000。燃烧室预混段中的液体射流破碎属于高韦伯数下的剪切破碎。

3. 液雾轨迹

在预混段中,燃油液雾的穿透深度和浓度中心轨迹是预混段中液雾混合特性的重要参数。预混段出口处的油气分布与液雾的穿透深度和浓度中心轨迹是密切相关的,而预混段出口的油气分布又会影响燃烧室的污染物生成及燃烧性能。因此,在预混段设计时,应当对液雾的穿透深度和浓度中心轨迹进行控制,改善预混段出口油气分布的均匀性,同时防止燃油穿透到预混段壁面,造成回火。

液雾轨迹的经验公式分为三种形式:幂函数型、对数型和指数型。而经验公式中的参数包括动量比、无量纲流向距离以及气流韦伯数等。国内外学者对液雾轨迹开展了广泛研究,表 6.1 中列出了不同学者得到的液雾轨迹经验公式,包括液雾外缘、中心以及内缘轨迹。

表 6.1　液雾轨迹经验公式

作　者	经　验　公　式	T_a/K	P_a/MPa
Wu 等[10]	$\dfrac{y}{d_{\max}} = 1.37\left(q\dfrac{x}{d}\right)^{0.5}$	常温	0.14
Wu 等[11]	$\dfrac{y}{d_{\max}} = 4.3\left(q\dfrac{x}{d}\right)^{0.33}$	常温	0.16
Stenzler 等[12]	$\dfrac{y}{d_{\max}} = 2.898q^{0.43}\dfrac{x}{d}^{0.384}We^{-0.11}\left(\dfrac{\mu}{\mu_{H_2O}}\right)^{-0.108}$	573	0.1
Raffaele 等[13]	$\dfrac{y}{d_{\max}} = 2.28q^{0.422}\dfrac{x}{d}^{0.367}We^{-0.015}\left(\dfrac{\mu}{\mu_{a,300K}}\right)^{0.186}$	600	2.0
Hwang 等[14]	$\dfrac{y}{d_{\max}} = 3.792q^{0.475}\dfrac{x}{d}^{0.195}We^{-0.069}$	473~553	0.13~0.58
Gopala 等[15]	$\dfrac{y}{d_{\max}} = 0.9066q^{0.4824}We^{0.0517}\ln\left(1 + 1.8855\dfrac{x}{d}\right)$	300	0.5
Wang 等[16]	$\dfrac{y}{d} = We_c^{-0.05}q^{0.5}\left[1.46\ln\left(\dfrac{x}{d}\right) + 1.5\right]$	常温	0.1
Chen 等[17]	$\dfrac{y}{d_{\max}} = 9.91q^{0.44}\left[1 - e^{\left(\frac{-x/d}{13.1}\right)}\right]\left[1 + 1.67e^{\left(\frac{-x/d}{4.77}\right)}\right]\left[1 + 1.06e^{\left(\frac{-x/d}{0.86}\right)}\right]$	298	0.1~0.2
Masuda 等[18]	$\dfrac{y}{d} = 15.0 \cdot q^{0.50}\left(\dfrac{x}{d}\right)^{0.33}We^{-0.41}\left(\dfrac{\mu_L}{\mu_{H_2O}}\right)^{-0.027}$	350~475	0.38~0.65
Madjid 等[19]	$\dfrac{y}{d} = 1.627 \cdot q^{0.47}\left(\dfrac{x}{d}\right)^{0.46}\left(\dfrac{\mu_L}{\mu_{H_2O}}\right)^{0.079}$	294	0.1
Bellofiore 等[20]	$\dfrac{y}{d_{\max}} = 0.909q^{0.476}Re_G^{0.135}We^{-0.128}\dfrac{x}{d}^{0.35}$	300~600	1.0~2.0
Amighi 等[21]	$\dfrac{y}{d} = 0.167\left(\dfrac{x}{d}\right)^{0.37}q^{0.31}Re_{ch}^{0.11}Re_j^{0.15}$	298,473,573	0.2,0.38,0.52

续　表

作　者	经　验　公　式	T_a/K	P_a/MPa
Tambe 等[22]	$\dfrac{y}{d}_{\text{max}} = 1.55q^{0.53}\ln\left(1 + 1.66\dfrac{x}{d}\right)$	常温	1.3
Leong 等[23]	$\dfrac{y}{d}_{\text{max}} = 6.13q_2^{0.430}\left(\dfrac{x}{d}\right)^{0.230}\left(\dfrac{P}{P_0}\right)^{-0.336}$	常温	0.1,0.3,0.5
Lakhamraju 等[24]	$\dfrac{y}{d}_{\text{max}} = 1.844q^{0.456}\ln\left(1 + 1.324\dfrac{x}{d}\right)\left(\dfrac{T_a}{T_{\text{amb}}}\right)^{-0.117}$	477	0.1
Li 等[25]	$\dfrac{y}{d}_{\text{max}} = 1.44q^{0.4356}\ln\left(1 + 1.06\dfrac{x}{d}\right)We^{0.01147}\left(\dfrac{T}{T_0}\right)^{0.295}$	298~660	1.0~2.0
Xue 等[26]	$\dfrac{y}{d} = 1.05q^{0.44}\ln\left(1 + 1.14\dfrac{x}{d}\right)$	290~680	1.0~2.2
Jin 等[27]	$\dfrac{y}{d} = 3.060 \cdot q^{0.436} \cdot \left(\dfrac{x}{d}\right)^{0.445} \cdot \left(\dfrac{L_h}{d}\right)^{-0.175}$	293,500	0.1~0.51

表 6.1 中 T 表示温度；P 表示压力；y 表示穿透高度方向坐标；x 表示沿流向方向坐标；q 表示动量比；q_2 表示液雾动量比；d 表示喷孔直径；μ 表示动力黏性系数，We 表示韦伯数；Re 表示雷诺数；下标"a"表示空气；下标"c"为单词 crossflow 首字母；下标"j"为单词 jet 首字母；下标"L"表示液体；下标"0"表示选取的基准；下标"G"为单词 gas 首字母；下标"amb"为 ambient 的缩写；下标"ch"表示通道水力直径；下标"max"表示穿透距离最大值[16]。

4. 雾化质量和液雾散布

除液雾轨迹外，液雾的空间散布也是预混段中油气混合的重要特征，如液雾浓度分布、液雾 SMD 分布等，如图 6.23 所示。这些特征同样对预混段内液雾混合特性有重要影响。

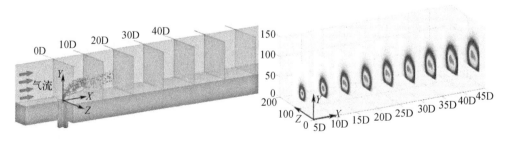

图 6.23　液雾空间散布 PLIF 数据

直射式喷嘴在横向气流中的雾化质量可以通过 SMD 经验公式[28]进行预估：

$$\frac{SMD}{D_0} = 1.015 \times 10^{19} Re_g^{-3.5998} Re_f^{-1.8094} We^{2.2474} \left(\frac{x}{D_0}\right)^{-0.6867} \left(\frac{y}{D_0}\right)^{1.9718}$$

$$(6.33)$$

式中：D_0——喷油孔直径；

下标 g——气流；

下标 f——燃油。

以喷油孔中心为原点，x 为气流速度方向坐标，y 为喷油速度方向坐标。雷诺数 $Re = \frac{\rho U L}{\mu}$，$U$ 为特征速度，L 为特征长度，μ 为动力黏性系数。韦伯数 $We = \frac{\rho U^2 D}{\sigma}$，特征长度 D 取喷油孔直径，σ 为油-气界面表面张力，U 为气流速度。

液雾空间散布可以通过液雾的散布面积 A、液雾宽度 W 以及液雾高度 H 进行评估，这三个参数主要由动量比 q 及流向距离 x/D 决定，可以采用以下公式进行计算：

$$W/d = 1.8035(x/d)^{0.2823} \cdot q^{0.1542} \qquad (6.34)$$

$$H/d = 1.2151(x/d)^{0.3441} \cdot q^{0.2727} \qquad (6.35)$$

$$A/A_j = 3.1966(x/d)^{0.6054} \cdot q^{0.4083} \qquad (6.36)$$

直射式喷嘴设计流程如图 6.24 所示，首先以整个 LTO 循环工况的燃烧室气动热力学参数作为输入，计算各个状态下燃烧室的燃油流量。根据燃烧室燃油分级规律确定直射式喷嘴燃油流量，根据燃油类型确定燃油物理性质参数。另外，对喷嘴结构进行初步设计，确定直射式喷嘴孔径、长径比以及喷孔数目。为避免喷嘴孔堵塞，建议喷嘴孔径不小于 0.5 mm。通过燃油流量、燃油物理性质参数以及喷嘴结构参数，对各个工况状态下喷嘴雷诺数进行计算，根据雷诺数和喷嘴结构参数，计算直射式喷嘴孔流量系数以及喷嘴流量数 F_N。

此外，还需要根据燃油流量、燃油物理性质参数、喷嘴结构参数以及预混空气参数计算燃油射流动量通量比和气动韦伯数。然后，根据燃油和空气物理性质参数、喷嘴结构参数、射流动量通量比和气动韦伯数对直射式喷嘴液雾轨迹、SMD 以及液雾散布进行计算。

根据初步设计得到的喷嘴流量数对喷嘴燃油压进行校核，应不能超过供油压力限制，如果不符合要求，重新进行直射式喷嘴结构设计，通过增加喷嘴孔径或数目降低供油压力，调整喷嘴参数后进行迭代计算。同时，还要对直射式喷嘴燃油轨

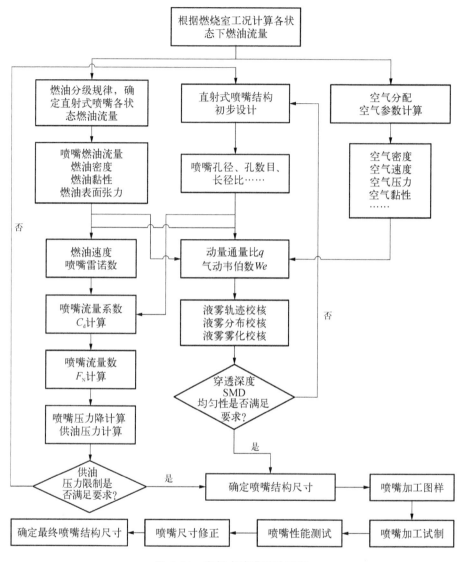

图 6.24 直射式喷嘴设计流程

迹、SMD 和空间散布均匀性进行校核,若不满足设计要求,则调整喷嘴结构尺寸后进行迭代计算。通过设计迭代直至直射式喷嘴供油压力、液雾穿透深度、SMD 以及空间散布等均满足要求,确定直射式喷嘴结构尺寸。

直射式喷嘴设计计算结束后,完成喷嘴加工图样,进行喷嘴加工试制。喷嘴完成试制后,需要在静止大气环境条件下开展喷嘴性能测试,测试包括喷嘴流量数和直射式喷孔流量均匀性。根据测试结果对直射式喷嘴结构尺寸进行最后的调整修改,如有必要还需进行加工试制和性能测试,直至满足喷嘴设计要求。

6.4.3　空气雾化喷嘴

考虑到离心喷嘴在大状态下喷雾锥角会发生很大变化,20 世纪 60 年代,新研发的燃烧室大部分采用了空气雾化喷嘴。空气雾化喷嘴与离心喷嘴的最大不同之处是,燃油的雾化不是依靠压力产生油膜失稳的,而是依靠喷嘴的空气速度剪切雾化油膜。空气雾化喷嘴有两种典型的结构:一种是美国通用电气公司使用的旋流杯空气雾化喷嘴;另一种是美国 P&W 公司的内部预膜空气雾化喷嘴[29,30],见图 6.25。

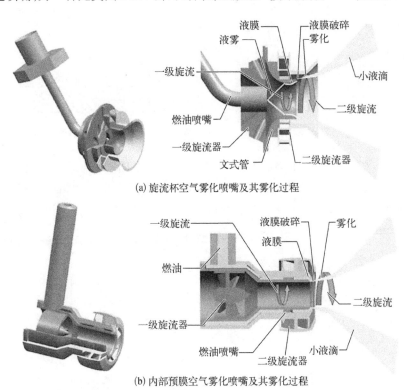

(a) 旋流杯空气雾化喷嘴及其雾化过程

(b) 内部预膜空气雾化喷嘴及其雾化过程

图 6.25　空气雾化喷嘴的典型结构及雾化过程

在旋流杯空气雾化喷嘴中,燃油从中心的离心喷嘴中喷出,冲击到文氏管上,形成一个薄的油膜,在文氏管出口边缘上,油膜破碎成条,然后迅速进入内外旋向相反的两股旋流的剪切层中雾化。剪切层中,破碎成条的油膜被进一步雾化,形成油雾。

在内部预膜空气雾化喷嘴中,燃油进入一个通道通过一定的旋流产生装置展成油膜,在通道出口处,油膜在内外两层旋流的剪切作用下破碎成油膜,形成油雾。

两种空气雾化喷嘴的不同之处在于油膜的形成方式,而其共同之处是通过相对较高流速的空气雾化燃油,雾化的物理本质是相同的。图 6.26 是空气雾化喷嘴喷雾的分布[31]。

影响空气雾化喷嘴雾化特性的因素包括液体的黏性、表面张力、密度,空气的温度、压力、密度以及气液比。Rizkalla 等[32]对一个预膜式空气雾化喷嘴的雾化特性进行了大量研究,其喷嘴结构如图 6.27 所示。

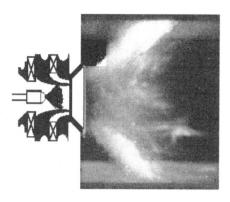

图 6.26   空气雾化喷嘴喷雾的分布[31]

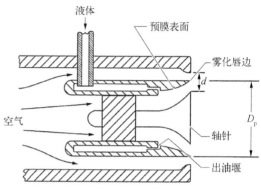

图 6.27   预膜式空气雾化喷嘴结构[32]

图 6.28 是保证空气压力、温度和速度不变,在不同液体流量下,表面张力对 SMD 的影响规律,其结果表明表面张力对 SMD 影响较小;同时 SMD 随着液体流量的增加而增加。图 6.28 中也给出了不同空气流速下 SMD 随气液比的变化情况。

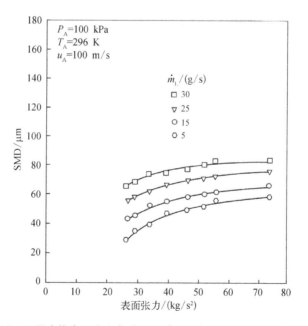

图 6.28   不同液体表面张力条件下预膜式空气雾化喷嘴 SMD 差异[32]

气液比对预膜式空气雾化喷嘴雾化粒径的影响如图 6.29 中所示。当气液比小于 2 时,SMD 随着气液比的增加急剧减小,但是当气液比为 4~5 时,SMD 几乎不

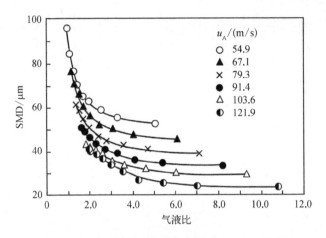

图 6.29　气液比对预膜式空气雾化喷嘴 SMD 的影响

变,这时候加入更多的空气量对空气雾化喷嘴的雾化没有太多改善。

Rizkalla 等[32]总结了上述影响因素对 SMD 的影响,提出了预膜式空气雾化喷嘴粒径的通用经验关系式:

$$\frac{\mathrm{SMD}}{L_\mathrm{c}} = \left(1 + \frac{1}{\mathrm{ALR}}\right)(AWe^{-0.5} + BOh^{0.5}) \tag{6.37}$$

式中: $We = \dfrac{\rho_\mathrm{a} u_\mathrm{a}^2 D_\mathrm{p}}{\sigma}$;

$Oh = \dfrac{\mu_1^2}{\sigma \rho_1 D_\mathrm{p}}$;

A、B——常数,由喷嘴设计决定;

L_c——对于预膜式空气雾化喷嘴,表示液膜的初始厚度;

ALR——气液比。

式(6.37)中第一项由空气的黏性和密度控制,第二项由液体的黏性控制。

在实际的空气雾化喷嘴中,由于不同的设计特征和内部流动,所以出现了不同的 SMD 方程。Rizkalla 等[32]针对其预膜式空气雾化喷嘴,在通用经验关系式的基础上,提出了 SMD 的经验关系式:

$$\begin{aligned}
\mathrm{SMD} = {} & 3.33 \times 10^{-3} \frac{(\sigma \rho_1 D_\mathrm{p})^{0.5}}{\rho_\mathrm{a} u_\mathrm{a}} \left(1 + \frac{1}{\mathrm{ALR}}\right) \\
& + 13.0 \times 10^{-3} \left(\frac{\mu_1^2}{\sigma \rho_1}\right)^{0.425} D_\mathrm{p}^{0.575} \left(1 + \frac{1}{\mathrm{ALR}}\right)^2
\end{aligned} \tag{6.38}$$

式(6.38)对低黏性流体来说,如水和煤油,第一项占主导地位,SMD 随着液体的表面张力、密度、特征尺寸的增加而增加,随着空气的密度、流速以及气液比的增加而减小;对高黏性流体来说,第二项占主导地位,通常 SMD 受空气速度、密度的影响很小。采用式(6.38)的预估值与试验值进行对比,结果如图 6.30 所示,式(6.38)的预估值精度很高,大部分的预估值与试验值偏差在 5%以内,只有极少部分的预估值与试验值偏差达到 12%。

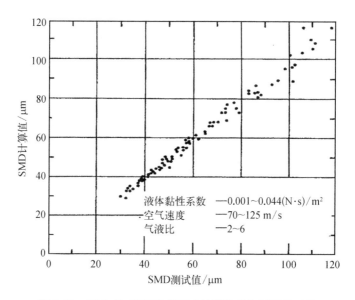

图 6.30   Rizkalla 等经验关系式的预估值与试验值对比

目前,在主燃烧室中常用的空气雾化喷嘴形式包括旋流杯空气雾化喷嘴和预膜式空气雾化喷嘴。空气雾化喷嘴类型不同,对其要求也不同,因而设计方法也应不同,但是空气雾化喷嘴设计的基本原则是相同的。

合格的空气雾化喷嘴设计应当包含以下特征:燃油应当先形成厚度均匀且尽量薄的液膜;液膜厚度越小,相同条件下雾化质量越好,因而实际设计中,空气雾化唇口处的直径尺寸应选择允许的最大值;液膜双侧接触气流的雾化效果好于液膜单侧接触气流;与液膜接触的气流速度越高,雾化质量越好,因而实际设计中需要保证空气流道中总压损失尽量小,而空气雾化唇口处总压损失最大。图 6.31 中列出的是空气雾化喷嘴的设计流程。

6.4.4   甩油盘

甩油盘喷嘴的工作原理是燃油以较低的压力沿中空的主轴输送,并通过主轴上的开孔沿径向向外喷出。喷油孔的数量为 9~18、直径为 2.0~3.2 mm。喷油孔可以在同一平面上呈单排排列,也有将其安排为双排排列的形式。喷油孔不会完

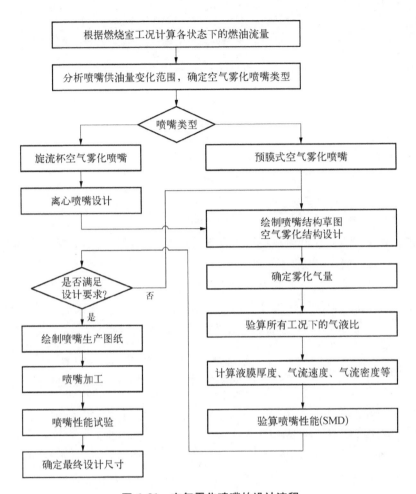

图 6.31 空气雾化喷嘴的设计流程

全投入工作,其供油能力比实际需求的流量大得多,设计得比较大,以避免堵塞。但是,喷油孔需要精密的加工处理,因为经验表明,不同喷油孔之间流量的均匀性高度依赖其尺寸精度及表面加工质量。显然,如果某个喷油孔供油比其他孔多,在排出的燃气中会产生旋转的"热点",冲击到涡轮叶片上,将对其造成灾难性的后果。发动机主轴内的燃油流路对流量均匀性的影响十分明显,特别是靠近喷孔附近的区域。对于双排孔的结构,正确分配两排孔的流量是非常重要的,因此轴的油路内部结构是非常重要的[2]。

甩油盘设计一般包括确定结构形式、确定最大外径 R、确定主要结构尺寸(直径、数量和倾角 α)、选材、验证计算、试验验证等步骤。

1)确定结构形式

首先根据发动机总体限定的结构尺寸和性能相关要求,选取合适的甩油盘结构类型。

2）确定最大外径 R

根据发动机最高转速确定甩油盘的最大外经 R，其计算公式为

$$R = \frac{K}{\omega} \sqrt{\frac{\Delta P_f}{\rho}} \qquad (6.39)$$

式中：K——速度系数，取值为 0.95；

　　　ΔP_f——当量压差，一般取值为 10~30 MPa；

　　　ω——甩油盘角速度，$\omega = 2\pi n/60$，n 为发动机转速。

3）确定主要结构尺寸（直径、数量和倾角 α）

对于甩油盘喷油孔直径、数量，可根据总体要求的燃油流量并结合有关强度准则来确定。其主要遵循的原则有：

（1）喷油孔的数量一般在 8~18 个，直径范围在 $\phi 0.8$~$\phi 3.2$ mm；

（2）为了使出口温度场更加均匀，通常将甩油盘喷油孔的数量适当增多；

（3）喷油孔可以单排排列，也可以双排排列，供油量较小时取单排，供油量较大时取双排。

对于倾角 α，一般遵循的原则有：

（1）喷射油道垂直于发动机轴线单排孔的倾角 α 一般小于 20°；

（2）当确定倾角 α 时，应考虑甩油盘的宽度、火焰筒前部涡流板上开孔的空间角以及回流区对壁温的影响等因素。

在设计时，应考虑采取措施控制燃油流量分配的均匀性，包括严格规定喷油孔的加工精度；严格检查各喷油孔的流量不均匀性；合理设计甩油盘上燃油预分结构，对侧向供油方式必须采取预分配。

4）选材

一般根据发动机的用途、使用环境、工作转速、工作温度以及制造的工艺特点等进行选材。例如，对于在海水盐雾环境下使用的发动机，在选材时应考虑耐腐蚀性；对于弹用发动机的甩油盘，应考虑低成本、短寿命等特殊要求，尽量采用一般材料和已验证过的工艺。

5）验证计算

设计完成后，应对甩油盘性能参数和强度、寿命等进行验证计算，以确保符合发动机总体要求。性能参数主要为雾化粒度 SMD 等，推荐 SMD 计算公式为

$$\text{SMD} = \frac{118\,867}{n\pi R} \qquad (6.40)$$

一般来说，在发动机各种工作状态下，甩油盘的 SMD 均应在 60 μm 以下。

6）试验验证

开展甩油盘性能试验,包括流量特性、雾化性能、分布不均匀度等,以验证性能是否满足设计要求,否则重复前述的设计步骤。

6.5　喷嘴热防护

6.5.1　概述

对航空发动机燃油热氧化稳定性的关注最早始于 20 世纪 50 年代,热氧化不稳定现象首次发生于美国第一架高压比的喷气式发动机(J-57 发动机)中[33]。J-57 发动机使用了双管路供油系统,即含有主、副油路。在临界状态下,发动机主要依靠主油路运作,副油路流量比例很小。当时面临的问题是,当燃油流过进气歧管时,暴露在压气机高温来流下。燃油受高温支配形成油路堵塞和燃烧室喷嘴的不可溶物质,同时,喷嘴喷出的燃油会变性,导致火焰筒中不稳定的热释放,并造成涡轮部件承受剧烈的机械形变。J-57 发动机的问题通过重新设计进气歧管而得到缓解。这样的不稳定现象还出现在其他型号发动机的测试中,多项报告显示,在模拟高空环境试验和将燃油用于散热装置的发动机时,这种情况更加严峻。

典型的航空发动机燃烧室结构示意图如图 6.32 所示[34],主要包括前置扩压器、火焰筒、喷嘴、机匣等部件。燃油喷嘴是航空煤油雾化进入燃烧室燃烧之前流过的最后部件,传统燃油喷嘴大体由喷油杆和喷嘴头部两部分组成。其中,喷油杆位于燃烧室前置扩压器后,起连接燃油总管与喷嘴头部的作用;喷嘴头部则位于火焰筒头部,起雾化燃油的作用,其结构精密,技术要求较高。当航空发动机工作时,喷油杆主要受到扩压器出口气流的对流加热;而喷嘴头部则不仅受到来流空气的

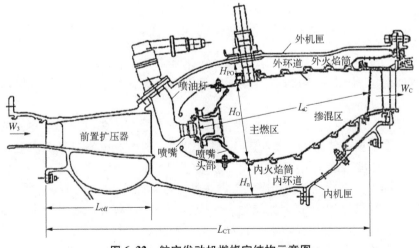

图 6.32　航空发动机燃烧室结构示意图

对流加热,同时受到火焰筒内燃气向后的辐射以及火焰筒壁面的辐射换热。

　　先进航空发动机对燃烧室的要求是高温升、宽稳定裕度以及低排放。针对这个发展趋势,国内外在研和已经服役的燃烧室广泛采用分区燃烧技术,即将燃烧室分为几个燃烧区,通过调控不同燃烧区的油气比调节各个燃烧区的温度分布,通常可大致分为径向、轴向以及径/轴向混合分级分区模式。为实现组织分区燃烧,势必采用更为复杂的供油系统。

　　其中,最典型的代表是美国通用电气公司研发的 TAPS 燃烧室,采用贫油预混预蒸发的分区燃烧技术,图 6.33 为 TAPS 燃烧室头部油气组织示意图[35]。其燃烧室头部总体结构与常规单环腔燃烧室类似,处于燃烧室头部的燃油喷嘴采用中心分级、多点喷射式喷嘴,值班级喷口多采用离心喷嘴,主燃级喷口多采用多点直射式喷嘴。要实现如此复杂的供油方案,喷嘴内部油路势必呈现多油路、长油道、复杂内流构型以及多喷口等特点。

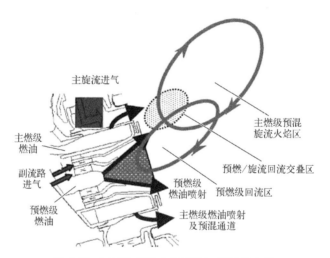

图 6.33　TAPS 燃烧室头部油气组织示意图

　　此外,分区燃烧技术往往需要配合多级旋流器燃烧组织,火焰筒头部结构也更复杂,旋流器与喷嘴一体化设计、整体加工成为趋势。这也使得燃烧室供油系统(喷嘴)的外部换热特性更为复杂。

　　另外,随着航空发动机性能不断完善提高,高性能航空发动机要求更高的燃烧室出口温度和更高的压比。随着压气机压比的提高,压气机出口气流温度也随之升高(表 6.2)。推重比 10 一级的航空发动机主燃烧室进口气流温度 T_{t4} 已达到844~921 K,而一些先进的涡扇发动机燃烧室进口总温 T_{t3} 更是达到了 950 K。

　　此外,随着机载电子仪器发热量不断增大、温度升高,为保证电子设备运行时的稳定性,在飞机设计中要求温度控制系统具有更大的制冷能力。在现今以燃气涡轮为动力的飞机中,燃油通常作为重要冷源冷却飞机的其他工作系统,如作为润

表 6.2　军用航空发动机关键参数变化表

参　　数	年　　代					
	1940	1950	1960	1970	1980	1990~
循环压比	3	5	10	19	30	30~40
燃烧室进口温度	413	486	603	735	844	844~921
涡轮前燃气温度	1 100	1 150	1 260	1 400	1 700	1 800~2 000
推重比	3	3.5	4.5	6	8	>10

滑剂和航电系统的冷却剂。这使得燃油在进入燃烧室前的温度已高达 373~413 K,预期新一代航空发动机的燃烧室进口油温将高达 423 K。

航空煤油是一种吸热性碳氢燃料,由各种不同种类的碳氢化合物组成,由 C_5~C_{16} 等多种链烃、环烷以及芳香族化合物组成,其具体的成分因原产地、厂家以及年份等不同而有所变化。

燃油结焦是一系列复杂的化学反应和物理过程,依照机理可分为热氧化结焦和热裂解结焦两种形式。国外针对 Jet-A 和 JP-8 系列航空煤油开展了大量研究[36-41],图 6.34 为燃油结焦随温度变化的示意图[38],图中实线 a 的燃油初始状态为溶解氧饱和状态(溶解氧浓度为 70 ppm①),虚线 b 的燃油初始状态为脱氧状态(溶解氧浓度<5 ppm)。研究显示当燃油温度升高至 420~450 K 时,燃油中的溶解氧与燃油中的组分发生反应生成自由基产物,即结焦前体,继而引发一系列自由基链式反应最终生成焦体沉积物,其结焦形式主要通过热氧化反应生成,故称为热氧化结焦或自氧化结焦。

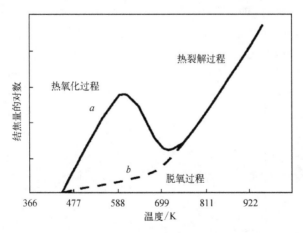

图 6.34　燃油结焦随温度变化的示意图[38]

---

①　1 ppm = 10^{-6}。

热氧化结焦过程中溶解氧浓度对结焦沉积物形成的速度影响较大,随着温度的升高,热氧化反应速率加快,温度达到 550~644 K 时热氧化反应速率达到峰值[36,37],溶解氧消耗完后,热氧化反应逐渐结束。

随着燃油温度继续升高到 700~755 K[38,42],结焦的反应机理开始逐渐向热裂解反应阶段转变,此时的燃油会经历一个热氧化和热裂解并存的过渡状态。在热裂解反应(或催化裂解反应)和物理聚合的作用下,化学键断裂,裂解成更小的烷烃和部分氢元素,生成结焦沉积物,这种结焦形式称为热裂解结焦。

综上所述,航空发动机主燃烧室喷嘴内部结焦抑制问题,主要是控制喷嘴流道内的燃油热氧化结焦。因此,有效控制燃油在喷嘴流道内的热氧化结焦沉积,是保证高性能发动机燃烧室高效、稳定和长时间工作的关键技术之一。

6.5.2 喷嘴热氧化结焦的危害

燃油在喷嘴内部发生热氧化结焦后,一部分油焦会扩散沉积附着在油路表面,使流通面积减小,改变喷嘴的雾化特性,降低喷嘴的喷雾质量,严重时甚至会堵塞喷嘴,影响火焰筒内的燃烧组织,造成火焰筒烧蚀、燃烧室熄火等情况。火焰筒内燃烧组织的异常情况会改变火焰筒出口温度场分布,进而影响涡轮叶片的正常工作。此外,结焦沉积物还会与燃油管路的金属表面发生渗碳反应,对燃油管路造成一定的腐蚀作用,降低其机械性能[43~45]。

已有研究表明,过高的燃油温度会使供油系统部件的寿命降低 2000~4000 h,其对燃油质量及喷嘴的寿命有较大影响[46]。以 T700 航空发动机为例[42],燃油喷嘴在壁面温度从 450 K 升高至 480 K 后,其喷嘴使用寿命从 1000 h 锐减至 20 h,因此对发动机起动性能造成极大影响。图 6.35 是工作介质为 JP-5、JP-8、Jet A 和 Jet A-1 时油道壁面温度对燃油喷嘴寿命的影响[42],可见燃油喷嘴的寿命随壁面温度的升高直线下降,壁面温度从 422 K 升高到 505 K,喷嘴寿命从 10000 h 下降到不足 100 h。

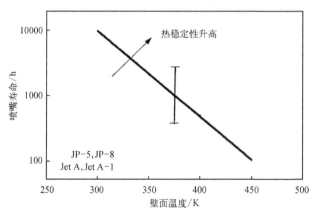

图 6.35　壁面温度对燃油喷嘴寿命的影响[42]

6.5.3 燃油结焦机理

温度是决定碳氢燃料结焦反应过程的重要影响因素,不同反应温度下燃油的反应类型和生成的产物有很大差别,图 6.36 为燃油结焦形成示意图[40]。燃油在流动状态下,当温度达到 423 K 时,结焦前体开始生成,当温度在 423~700 K 时,燃油主要发生热氧化结焦反应;随着温度进一步升高,热氧化结焦达到一个速率峰值后逐渐向热裂解反应阶段转变。当温度升高至 755 K 时,热裂解结焦占主导地位,该状态下结焦沉积量会大量增多。两类过程具体的反应机理如图 6.36 所示。

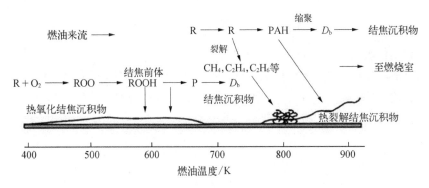

图 6.36 燃油结焦形成示意图

1. 热氧化结焦

影响航空煤油等碳氢燃料热稳定性的根本因素是燃料中的化学成分[47]。其中烷烃和环烷烃等饱和烃的性质相对稳定,以环二烯烃、共轭二烯烃和带不饱和侧链的多环芳香烃为主的不饱和烃的性质最为活跃,是诱发热氧化反应的主要因素之一[48]。热氧化结焦反应机理方面的研究[49,50]认为,烃类化合物和燃料中的溶解氧发生化学反应,从而生成烃的过氧化物、酸、醛及胶质等氧化产物。

碳氢燃料的热氧化结焦反应是一种复杂的自由基链式反应[51]。自由基链式反应机理如图 6.37 所示,分为链引发(initiation)、链传播(propagation)和链终止(termination)三个阶段。碳氢燃料发生的热氧化结焦反应机理中[52],燃油及其溶解氧生成 R· 自由基的反应是自由基链式反应的引发步骤。在自由基链式反应被引发后,R· 自由基与溶解氧反应生成烃过氧化自由基 ROO·,完成链传播并加速进行下去。烃过氧化自由基 ROO· 是一种活性中间粒子,是链式反应的分子产物,在烃类液相氧化动力学中占有非常重要的地位,自由基链式反应的反应速率主要取决于 ROO· 的活性。

航空煤油是经直接炼制和二次加工后从原油中提炼出来的,除烃类组分外,还有少量含氮、氧和硫杂原子的化合物[53],这些化合物中的硫醇、胺类或苯酚等极性组分被认为是结焦的促进剂。燃油的热氧化反应就源于烃的过氧自由基与这些化合物中极性成分的反应,在溶解氧的进一步氧化作用下,逐步形成含杂原子的不溶性大分子。进而在此基础上提出了不锈钢表面结焦反应途径理论,即当航空煤油链引发：

$$RH + O_2 \rightarrow \{RH - O_2\} \rightarrow R \cdot + HOO \cdot$$
$$ROOH \rightarrow RO \cdot + HO \cdot$$

链传播：

$$R \cdot + O_2 \rightarrow ROO \cdot$$
$$ROO \cdot + RH \rightarrow ROOH + R \cdot$$

链终止：

$$RO \cdot + RH \rightarrow ROH \rightarrow R = O \rightarrow 酸 \rightarrow 胶质$$
$$ROO \cdot + ROO \cdot \rightarrow 链终止$$

图 6.37　自由基链式反应机理[51]

流经不锈钢供油管路时,含杂原子的化合物会与不锈钢中的活性位发生作用[54]。

以硫醇的反应为例,首先在反应器表面形成金属硫化物,然后与中间产物中的苯醌或氧化形成的醌类化合物等亲电性物种发生反应,最终在不锈钢表面形成碳沉积物。图 6.38 为不锈钢表面结焦机理示意图。

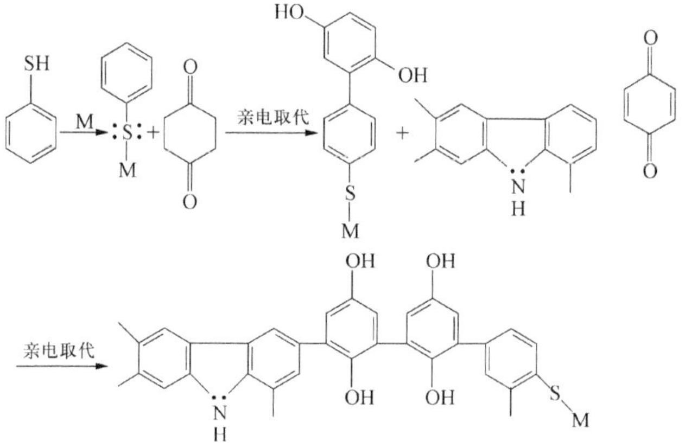

图 6.38　不锈钢表面结焦机理示意图

2. 热裂解结焦

热裂解结焦同样是一种复杂的物理化学反应,可分为两种不同形态的反应机理:一种是催化结焦机理;另一种是自由基聚合结焦机理[55]。而热裂解结焦沉积物主要来源于金属催化结焦生成的纤维状焦炭和自由基聚合结焦形成的球状或块状焦炭。

催化结焦通常发生在金属反应器结焦中,甲基环己烷在镍反应器表面的裂解过程中[56],发现了直径约为 0.1 μm 的纤维状焦炭,用透射电子显微镜(transmission electron microscopy, TEM)对纤维状焦炭进行检测,发现在纤维状焦炭的顶端有镍晶体的存在。在催化裂解反应过程中,碳氢燃料与金属表面 Fe、Cr 和 Ni 等具有催化能力的组分反应,生成金属碳化物,之后金属碳化物分解生成金属粒子和炭。沉积在金属表面的炭一般呈现棒状或者纤维状。分解出的一部分金属粒子通过结晶位迁移到焦炭表面,继续与燃料发生反应重复这一过程。因此,焦炭组分中含有一部分金属,沉积在金属表面的纤维状焦炭会使金属表面粗糙度增加,为后续焦体的反应和附着提供基体。图 6.39 为热裂解催化结焦机理示意图。

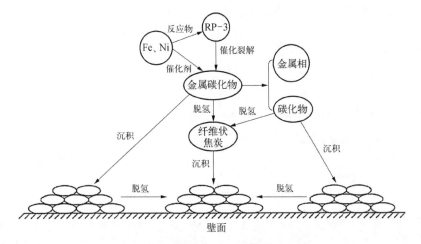

图 6.39　热裂解催化结焦机理示意图

后续的结焦反应遵循自由基聚合结焦机理。燃油中的结焦前体扩散到催化焦的表面,在高温条件下经过聚合、环化、稠环化和深度脱氢等化学反应形成结焦,就称为自由基聚合结焦[57,58]。沉积在催化焦表面的结焦一般由颗粒状的炭重叠成球状或块状焦炭,表面存在很多凹陷、裂缝、孔隙,一般呈现无定形状,也可称为无定形碳。图 6.40 为热裂解自由基聚合结焦机理示意图[59]。

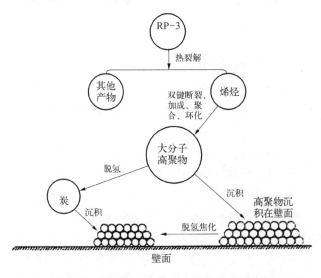

图 6.40　热裂解自由基聚合结焦机理示意图

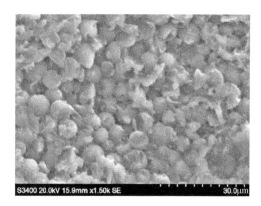

图 6.41 RP-3 油焦断面的扫描电镜图

3. 表观形貌

燃油结焦沉积产生的油焦表观形貌随油焦生成温度的升高也会产生不同的典型形貌。图 6.41 是在相对较低温度下获得的 RP-3 油焦断面的扫描电镜图[60],由图可知,该油焦具有典型的球状颗粒叠加特点。

图 6.42 是碳氢燃料在金属容器中的热裂解结焦沉积物微观形貌图[61],具有显著的丝状结构。图 6.43 是 RP-3 在某型航空发动机主燃烧室试车后堆积在文氏管上的热裂解油焦形貌图,具有明显的片状结构[60]。

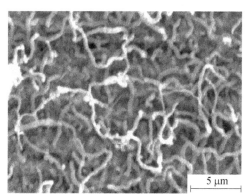

图 6.42 热裂解结焦沉积物微观形貌图

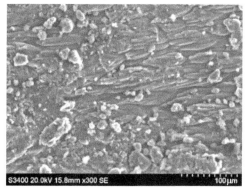

图 6.43 RP-3 热裂解油焦形貌图

6.5.4 热氧化结焦沉积的影响因素

燃油氧化结焦沉积的主要影响因素可归纳为化学反应因素和物理扩散因素两种。化学反应因素主要包括燃油成分、燃油温度、溶解氧浓度和壁面材料等。物理扩散因素主要包括燃油流态、燃油温度、壁面温度等。化学反应因素主要决定了结焦前体产生的速率;物理扩散因素不仅影响燃油流道中已经生成的结焦颗粒向壁面的扩散沉积,同时影响燃油中溶解氧和自由基产物向高温壁面的迁移,进而对两者在高温壁面区域发生进一步氧化反应并结焦沉积的过程产生影响。因此,物理扩散因素涉及的具体热力参数和影响机理更为复杂。

1. 燃油温度

针对 JP-8+100 航空煤油开展的研究显示[40],结焦量会随着燃油温度的升高先增大后减小。初始段结焦量先随温度升高而升高,在 605 K 时达到结焦量峰值,这是由于温度升高使热氧化结焦反应速率增大,而在结焦量峰值后,高温使燃油中的溶解氧被加速消耗,导致溶解氧浓度下降,同时,高温还会使结焦前体受热分解。在溶解氧浓度和结焦前体浓度下降的综合影响下,热氧化结焦速率降低。因此,总体上热氧化结焦速率随着燃油温度的升高先升高再降低。在恒定环境温度下,针对国产 RP‑3 航空煤油开展的热氧化结焦特性试验研究得出了类似的结果[62]（图6.44）。

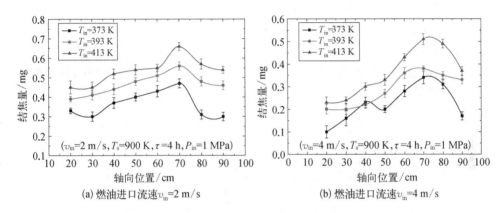

图 6.44　不同进口燃油温度下沿程结焦量分布[62]

针对火箭燃料 RP‑1 开展的结焦速率与试验管初始壁面温度关系的研究结果显示[63]：RP‑1 燃油的结焦速率随着结焦前初始壁面温度的升高而增加,到达结焦速率峰值后,继续增加结焦前初始壁面温度,结焦速率开始下降;此外,不同燃油进口流速下最大结焦速率对应的结焦前初始壁面温度也不同（图 6.45）。

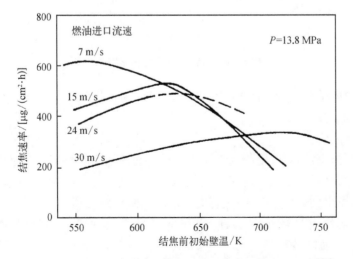

图 6.45　RP‑1 结焦速率随结焦前初始壁面温度变化曲线[63]

2. 溶解氧浓度

在热氧化结焦中,燃油中溶解的氧会直接参与生成结焦前体的反应,其浓度大小直接影响结焦化学反应速率。随着燃油中溶解氧浓度的增加,氧化反应速率显著加快,燃油结焦量明显增加。

针对 Jet - A - 1 航空煤油热稳定性开展的研究显示[39],初始状态为溶解氧饱和的航空煤油和用氮气析出法移出了超过 96% 溶解氧的航空煤油结焦特性有显著差异,结果如图 6.46 所示,加热铜块恒温为 573 K,燃油流速为 0.07 m/s,当燃油温度超过 450 K 时,燃油中的溶解氧开始迅速消耗,燃油温度超过 475 K 后燃油中的溶解氧消耗殆尽;初始状态溶解氧饱和的航空煤油,沿程结焦量呈先增大后减小的趋势;移出了超过 96% 溶解氧的航空煤油结焦量维持在一个很低的水平,并且沿程结焦量没有明显变化。

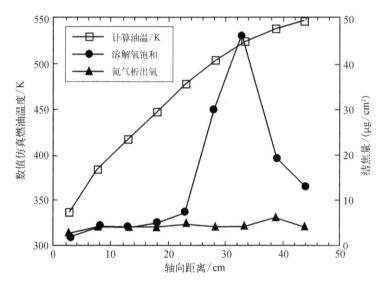

图 6.46   沿程结焦量变化示意图

此外,国内学者针对国产 RP - 3 航空煤油在常压和超临界状态下开展的研究也获得了类似的结果。

3. 壁面材料

反应器材料表面效应是指反应管表面材料的物理性质和化学性质对结焦过程的影响。壁面材料的不同会对热氧化结焦速率产生影响,金属表面对结焦反应可能产生催化作用,而对金属进行钝化处理能有效降低结焦速率。

金属对碳具有极佳的浸润性,碳在金属材料表面可以均匀完全地铺展开来[64]。当结焦前体吸附在金属材料表面时,会形成 6—π 键,使结焦前体分子活化,减弱前体分子中的 C—C 键,从而促进结焦沉积物的生成。

JP-8航空煤油在不同材质管下的结焦特性试验显示[65],不同材质管内结焦量顺序为:镍管>SS316不锈钢管>SS304不锈钢管>硅制钢管>玻璃内衬不锈钢管。

JP-8航空煤油在不同合金材料薄片上的结焦特性试验显示[66],在合金材料薄片上的结焦量顺序为:镍铬铁基固溶合金Inconel 600>镍铬合金Havar>Fecralloy合金>镍铬钼合金Hastelloy-C>MoRe合金>镍铬铁基固溶合金Inconel 718。此外,一些合金中含有少量Ti、Nb和Al等元素,它们能在合金表面形成一层保护膜,阻止结焦前体到达对结焦有催化作用的金属材料表面(如Fe、Co和Ni),起到钝化作用。

国产RP-3航空煤油在常用不锈钢油管和铜管内的流动结焦特性试验显示,结焦量的顺序为:黄铜管≫316不锈钢管>304不锈钢管>321不锈钢管[62]。Cu对热氧化反应的催化作用十分显著,三种不锈钢材料中Ni和Ti元素的含量存在一定差异,管内总结焦量处于同一量级(图6.47)。

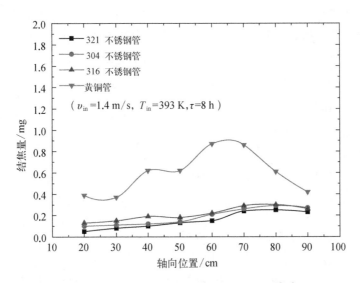

图6.47 不同材料的结焦量沿程分布曲线[62]

关于金属催化程度的影响,国内外研究结果也不尽相同。国外有研究显示,Fe、Co和Ni等元素对结焦速率的催化作用显著,而Cu、Si、Al、Ce、Nb等元素的催化活性较差,不易发生反应,或者生成稳定的碳化物,不易引发催化生焦,部分金属表面的相对活性顺序为:Ni>Ni-Cr>Fe>Cu>不锈钢。

通过对国产RP-3航空煤油在喷嘴表面的结焦沉积物进行能谱分析发现[60],结焦沉积物内存在微量的Fe、Ni和Cu。X射线衍射技术的分析显示,喷嘴表面结焦沉积物内部存在碳化铁和碳化镍等化合物,说明结焦过程中确实存在金属渗碳现象,导致金属中部分原子迁移到结焦产物中。

4. 壁面粗糙度

壁面粗糙度是反映材料表面效应的重要因素。粗糙表面更容易生成结焦,可使部分燃油形成漩涡驻留在粗糙表面的凹坑内,凹坑内燃油和主流中流动的燃油相比,驻留时间更长,温度更高,从而导致粗糙表面结焦量更大[67]。

国外针对不同粗糙度的航空发动机燃烧室喷嘴开展了结焦特性试验[68],燃料为JP-5航空煤油,管壁温度为547 K,试验时间为30 h,壁面粗糙度为0.25 μm的喷嘴相较于壁面粗糙度为3.1 μm的喷嘴,结焦量减少了26%;将壁面粗糙度继续减小到0.025 μm,在壁面温度为519 K条件下,试验时间为30 h,未发现可检测到的结焦沉积物。

5. 流体流态

通常认为燃油流速越高,管内换热系数越大,燃油带走的热量越多,同时在高温油管内的停留时间越短,越不利于结焦前体的生成和在壁面的沉积附着。国产RP-3航空煤油的试验研究显示[62](图6.48),燃油流速从1 m/s增大到4 m/s,沿程结焦量和结焦量峰值都显著下降,结焦量峰值减少为原来的1/2。

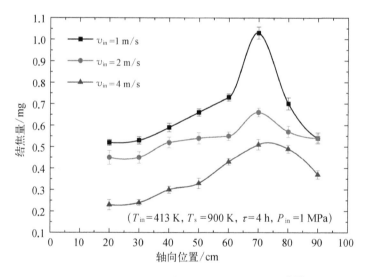

图 6.48　不同流速下结焦量的沿程分布曲线[62]

另外,在几何条件不变的情况下,流速的增加同时增大了雷诺数,提高了燃油的湍流度,也增大了焦团向壁面扩散沉积的概率,尤其是在管径较小的情况下。

图6.49是分别改变管径和流速获得的实验结果,当流量不变、管径改变时,结焦量随雷诺数的增大而显著增加;当管径不变、改变流量(流速)时,雷诺数的提高可有效降低总结焦量。可见,小管径、高雷诺数更利于焦团的扩散,从而增大在焦

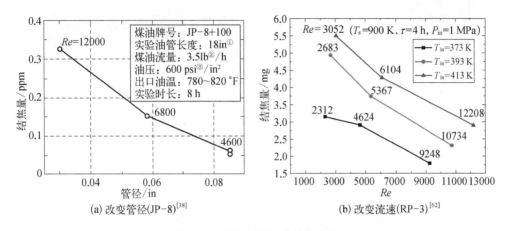

(a) 改变管径(JP-8)[38]　　　(b) 改变流速(RP-3)[62]

图 6.49　结焦量随雷诺数变化图

① 1 in=2.54 cm；② 1 lb=0.453 592 kg；③ 1 psi=6.894 76×10³ Pa

团壁面上的沉积率。

　　针对 RP-1 火箭燃料在火箭发动机冷却系统内的结焦特性试验研究显示[69]（图 6.50），当初始壁面温度低于 640 K 时，燃油结焦量随进口流速的增加而减小；当初始壁面温度高于 640 K 时，结焦量随进口流速的增加而增大。其可能的原因是，当结焦前的初始壁面温度低于 640 K 时，随着进口流速增加，物理输运作用增强，但反应速率受限于温度，无法提升，而进口流速增加导致燃油驻留时间缩短，从而导致结焦量降低；而当初始壁面温度高于 640 K 时，温度不会限制结焦反应的进行，提高进口流速使得输运作用增强，结焦量因此增大。

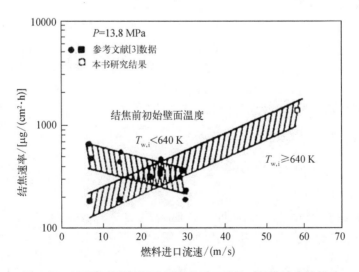

图 6.50　不同初始壁面温度下燃油进口流速对结焦速率的影响

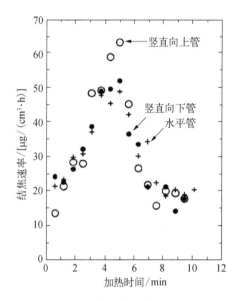

图 6.51　三种流动方式下结焦量图

该研究结果进一步提示,在提高进口流速可以有效降低壁面温度的情况下,提高进口流速可以有效抑制燃油在壁面上的结焦沉积;当壁面温度或燃油初始温度足够高,结焦前体的生成速率不受温度限制时,提高进口流速或雷诺数,反而会增强焦团的输运,增加焦团在壁面的沉积和附着。

6. 管路形位

管路的形状和摆放形式对热氧化结焦特性也存在一定的影响。图 6.51 为在不锈钢反应器中开展的竖直向上管、竖直向下管和水平管三种流动方式下的结焦量实验结果,燃油为 Jet - A 航空煤油,可见在温度为 185℃ ,流量为 0.25 mL/min 工况下,重力对结焦的影响可以忽略不计[70]。

采用 RP - 3 航空煤油,同样针对流动状态下的竖直向上管、水平管和竖直向下管开展研究的结果有所不同(图 6.52)[71]。结果显示,三种试验件布置方式下沿程结焦量均为先增加后减小的分布形式,测得的结焦总量是接近的;但结焦峰值出现的位置存在差异,从前到后依次为竖直向上管、水平管和竖直向下管(进口温度400 K,出口温度 700 K,系统压力 5 MPa)。造成这一现象的主要原因可能是重力影响了结焦前体颗粒向金属壁面的输运。还有研究显示[72],流动状态下水平管的溶解氧消耗最少,而竖直向下管的溶解氧消耗最多。

此外,油管流道形状对结焦量也存在显著影响。在恒热流条件下,弯曲区域壁面温度明显下降,流向存在明显的温度梯度,结焦量分布和正常状态下的结焦量分布存在差异[73]。针对 RP - 3 开展的三种不同结构油管壁面结焦特性试验研究显示(图 6.53)[60],螺旋管的单位面积结焦量最高,L 形管次之,而水平直管最低;同时发现,随着进口流速的增加,螺旋管的单位面积结焦量下降幅度也最大,这有可能是燃油螺旋流动时形成的壁面二次流对壁面沉积的油焦有一定的冲刷作用。

7. 燃油成分的影响

航空煤油是 $C_7 \sim C_{10}$ 大分子碳氢复杂烃类的混合物,包含链烷烃、环烷烃以及芳香烃等成百上千种组分。由于原油产地、加工工艺以及添加剂不同,不同生产国、不同型号,甚至不同批次的航空煤油的组分也不尽相同。图 6.54 为欧美国家常用的航空煤油 JP - 8 和 Jet - A,以及国产航空煤油 RP - 3 不同烃类的构成比例[74]。可见国产 RP - 3 环烷烃的体积百分数明显高于 JP - 8 航空煤油和 Jet - A

航空煤油,而芳香烃的含量较小。目前,公开的热氧化结焦资料多是国外广泛使用的 JP 系列燃油和 Jet 系列燃油,针对国内广泛使用的国产 RP - 3 航空煤油的研究相对较少。

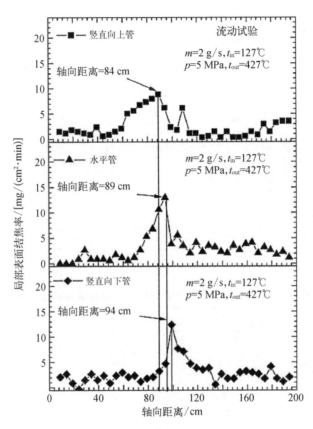

图 6.52　三种流动方式沿程结焦量图

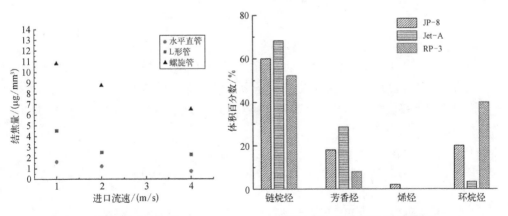

图 6.53　单位面积结焦量　　　　　图 6.54　航空煤油组分示意图

T700 发动机曾分别使用 DFM、JP-5+CU、SUNA/SUNB、JP-5 四种燃油在基本相同的工作条件下开展喷嘴结焦特性研究[39],持续工作后测得的喷嘴流量特性衰减曲线有很大的区别(图 6.55)。可见,燃油化学成分的差异对燃油结焦沉积特性产生了显著影响。

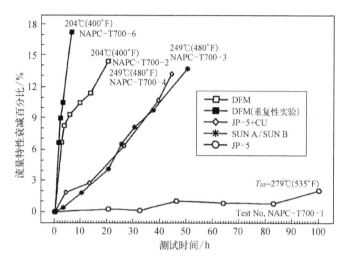

图 6.55   T700 发动机使用四种燃油的喷嘴流量特性衰减曲线(进口温度 200℃,过滤器腔体温度 374℃,燃油流量 20.4 kg/h)

6.5.5   热氧化结焦预测模型

燃油的热氧化结焦过程复杂、影响因素多,尤其是流动状态下工程结焦预测模型的建立存在一定难度。国内外学者利用化学反应动力学和换热器内化学反应污垢等理论在特定条件下尝试建立一些结焦预测模型。以下简单介绍三类较有代表性的结焦预测模型。

1. 结焦预测模型一

式(6.41)是一个实用的工程燃料的结焦预测模型[75],主要考虑了温度和氧气聚集等因素的影响。针对恒定壁面温度的情况,假设结焦过程遵循四大主要机理:① 燃油主流一阶热氧化反应生成自由基产物;② 一阶壁面反应;③ 自由基产物从主流向壁面迁移过程;④ 自由基产物在壁面黏滞。根据上述四大主要机理,得出如下结焦预测模型表达式:

$$D_R = \left[C_1 \left(1 - \frac{[O_2]}{[O_2]_0} \right)^m + C_2 \left(1 - \frac{[O_2]}{[O_2]_0} \right)^\alpha \left(\frac{[O_2]}{[O_2]_0} \right)^\beta \times [O_2]_0^{\alpha+\beta-m} \cdot \exp\left(-\frac{5\,000}{T_w} \right) \right]$$

$$\cdot [O_2]_0^m \cdot \exp\left(-\frac{T_w - T_b}{166} \right) Re^n \tag{6.41}$$

式中：D_R ——结焦量；

$[O_2]$——溶解氧浓度；

$[O_2]_0$——燃油初始状态溶解氧浓度；

T_w ——壁面温度；

T_b ——主流温度；

Re——雷诺数；

C_1、C_2、α 和 β ——定值常数。

溶解氧浓度比值计算遵循式（6.42），其中活化能 E 和前置系数 A 可由试验测得：

$$\frac{[O_2]_{\text{final}}}{[O_2]_o} = \exp\left[-\int_{T_{fo}}^{T} A \cdot \exp\left(-\frac{E}{RT_b}\right) \times \psi_2 \cdot \frac{\mathrm{d}T}{a \cdot (T_w - T_b)} \right] \quad (6.42)$$

式中：

$$a = \frac{NuK_f}{\dot{m}_f C_{pf}} \cdot \pi \cdot U_b \quad (6.43)$$

式中：K_f ——燃油导热系数。

$$\ln \psi_2 = 0.12 \cdot \frac{E}{R} \cdot \left| \left(\frac{1}{T_b} - \frac{1}{T_w} \right) \right| \quad (6.44)$$

利用上述结焦预测模型计算燃油 Jet-A 的结焦量，图 6.56 为结焦预测模型预测结果与试验结果对比图。可见，模型预测模型的沿程结焦量变化趋势、最大结焦

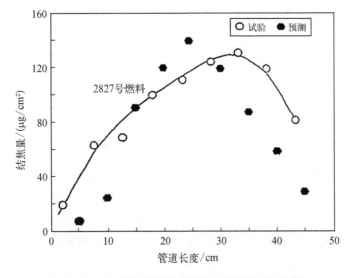

图 6.56 结焦预测模型预测结果与试验结果对比图

位置以及最大结焦量都与试验数据吻合较好。

2. 结焦预测模型二

结焦预测模型二是一个整体化学模型及 2 阶、3 阶及 9 阶整体化学模型[76]，并且提出了改进的 9 阶整体化学模型。整体化学模型做了较大的简化使结焦过程的物理与化学结构变得模糊，所以在模拟预测混合燃料的氧化速率和结焦速率时不是很适用。改进的 9 阶整体化学模型在对混合燃料结焦现象定量预测能得到正确的结果，该模型中考虑了硫化物对整个反应过程的影响，改进的 9 阶整体化学模型不仅提高了氧气耗散和表面结焦预测结果的正确性，而且增加了过氧化氢物和大块不溶物的定性预测。

9 阶整体化学模型分为 6 阶主流反应模型和 3 阶壁面反应模型，本书认为 6 阶主流反应模型可以代表碳氢的热稳定性质，具体反应式如式(6.45a)~式(6.45f)所示。

6 阶主流反应模型：

$$O_2 + Fuel \rightarrow ROOH \tag{6.45a}$$

$$ROOH + Fuel \rightarrow Solubles \tag{6.45b}$$

$$ROOH + F_s \rightarrow P \tag{6.45c}$$

$$P + Fuel \rightarrow Solubles \tag{6.45d}$$

$$ROOH + F_s \rightarrow D_{bulk} \tag{6.45e}$$

$$D_{bulk} + Fuel \rightarrow 2D_{bulk} \tag{6.45f}$$

3 阶壁面反应模型：

$$\begin{aligned} O_2 + F &\rightarrow P \\ P &\rightarrow Deposits \\ D_{bulk} &\rightarrow Deposits \end{aligned} \tag{6.46}$$

式中：ROOH——氢过氧化物；

Solubles——可溶物；

F_s——燃油中的硫成分；

P——自由基产物；

D_{bulk}——燃油主流中生成的结焦物；

Deposits——壁面结焦沉积物。

9 阶整体化学模型对混合燃料(POSF2827 和 POSF2747)结焦特性的预测与试验数据并不吻合，主要是因为模型中 F_s 对 6 阶主流反应模型的影响。在实际结焦过程中，硫影响结焦链式反应的传递和终止过程，改进的 9 阶整体化学模型考虑了 F_s 对所有步骤的影响，因此速率表达式变为

$$
\begin{cases}
k_{5a} = \left[\dfrac{1}{F_s}\right]^{0.4} A_{5a} \mathrm{e}^{\left(-\frac{E_{5a}}{RT}\right)} \\[3mm]
k_{5b} = \left[F_s\right]^{0.4} \left[\mathrm{ROOH}\right] A_{5b} \mathrm{e}^{\left(-\frac{E_{5b}}{RT}\right)} \\[3mm]
k_{5c} = \left[F_s\right]\left[\mathrm{ROOH}\right] A_{5c} \mathrm{e}^{\left(-\frac{E_{5c}}{RT}\right)} \\[3mm]
k_{5d} = \left(\dfrac{\left[O_2\right]_{in} - \left[O_2\right]}{\left[O_2\right]_{in}}\right) \left[P\right] A_{5d} \mathrm{e}^{\left(-\frac{E_{5d}}{RT}\right)} \\[3mm]
k_{5e} = \left[F_s\right]\left[\mathrm{ROOH}\right] A_{5e} \mathrm{e}^{\left(-\frac{E_{5e}}{RT}\right)} \\[3mm]
k_{5f} = \left[D_{bulk}\right]^{0.4} A_{5f} \mathrm{e}^{\left(-\frac{E_{5f}}{RT}\right)}
\end{cases}
\tag{6.47}
$$

图 6.57 为改进的 9 阶整体化学模型预测数据和试验数据对比图,改进的 9 阶整体化学模型的预测数据无论是结焦速率、溶解氧消耗速率还是不溶物浓度变化都与试验数据吻合较好。

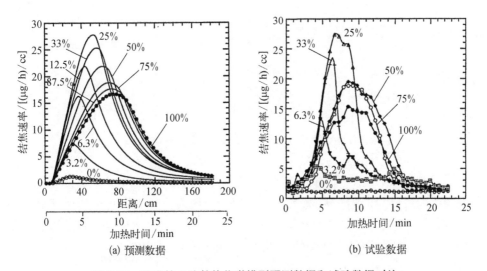

(a) 预测数据　　　　　　　　　　(b) 试验数据

图 6.57　改进的 9 阶整体化学模型预测数据和试验数据对比

3. 结焦预测模型三

上述结焦预测模型都是以溶解氧和过氧化合物等的浓度为基础进行研究的,试验中浓度的测量较为复杂,运用以上模型预测燃油结焦难度较大。因此,一些学者以换热器化学反应污垢模型为基础开展了对燃油结焦模型的研究[77],假设在结焦的形成过程中,结焦沉积物一方面会沉淀到传热通道表面,从而增大热阻;另一方面也存在结焦沉积物被流体冲刷和磨蚀的过程,使结焦热阻减小,观测到的结焦量随时间变

化则是这两个过程的叠加效果,从而得出结焦预测模型,具体的表达式如下:

$$\frac{\mathrm{d}m_\mathrm{f}}{\mathrm{d}t} = \dot{m}_\mathrm{d} - \dot{m}_\mathrm{r} \tag{6.48}$$

$$\frac{\mathrm{d}R_\mathrm{f}}{\mathrm{d}t} = \frac{\dot{m}_\mathrm{d} - \dot{m}_\mathrm{r}}{\rho_\mathrm{f}\lambda_\mathrm{f}} = \Phi_\mathrm{d} - \Phi_\mathrm{r} \tag{6.49}$$

$$R_\mathrm{f}^* = \frac{K_1 K_2}{K_6} \frac{C_\mathrm{pb}\exp[-E/(RT_\mathrm{s})]}{V^{2-\alpha}} \tag{6.50}$$

$$R_\mathrm{f} = R_\mathrm{f}^*[1 - \exp(-K_6 V^{2-\alpha}t)] = R_\mathrm{f}^*[1 - \exp(-Bt)] \tag{6.51}$$

式中: m_f ——结焦物质量;

t ——时间;

$\dot{m}_\mathrm{d}$ ——结焦物质的沉积率,即单位时间的沉积量;

$\dot{m}_\mathrm{r}$ ——结焦物质的磨蚀率,即单位时间内被流体冲击磨蚀掉的沉积量;

R_f ——热阻表示的结焦量;

ρ_f ——结焦物质密度;

λ_f ——结焦物质导热系数;

Φ_d ——以热阻表示的结焦沉积率;

Φ_r ——以热阻表示的结焦磨蚀率;

R_f^* ——极限热阻;

$K_1 \sim K_6$ ——前置系数;

C_pb ——主流中的结焦前体浓度, C_pb 为常数,单位为 $\mathrm{kg/m^3}$;

V ——主流中煤油的速度。

随着结焦量的增加,管道内表面热阻增加,传热系数减小,壁面温度升高。其影响随时间可分为起始传热增强区、过渡区、传热损伤区和稳定区四个区域。因此,可通过壁面温度增加量预测结焦量[78]。实际工程应用中,由于流道形状的复杂性,要获得通用且有足够预测精度的结焦预测模型仍是困难的。

6.5.6　喷嘴热防护方法

从 20 世纪 50 年代开始,国外针对喷嘴热防护问题的研究主要集中在燃油热氧化机理、影响因素以及预测模型等方面,有关喷嘴热防护技术和设计方法等的公开文献较少。另外,随着技术进步早期航空发动机主燃烧室喷嘴面临的热环境参数和结构形式(取决于燃烧组织形式)与目前的高性能燃烧室都有很大的差异。

关于燃油热氧化结焦的控制方法,主要有以下两条途径。

一是从热氧化结焦的化学反应机理入手,进行燃料精制、燃料脱氧、加入添加剂以及系统表面改性等处理,从而减少结焦化学反应的发生,或是提高燃油的热稳定性温度。

二是在分析热氧化结焦影响因素的基础上,针对供油系统构造,外部采用隔热措施,减少高温气流对油路的对流换热;内部合理设置油路结构以及改变油路物理状态等方法,达到降低燃油温升、减少结焦前体扩散沉积概率、有效抑制燃油在流道内热氧化结焦的目的。现阶段,这类方法从长期运行的角度来看,成本相对较低,抑制效果稳定而显著。

1. 隔热层

空气作为一种导热系数小、安全性高且廉价的材料,是优选的隔热材料。因此,利用空气形成空气隔热屏是供油系统热防护中最基本和最常用的形式。F100-200 发动机和 V2500 发动机燃油喷嘴的喷油杆都采取了空气隔热措施(图 6.58)。

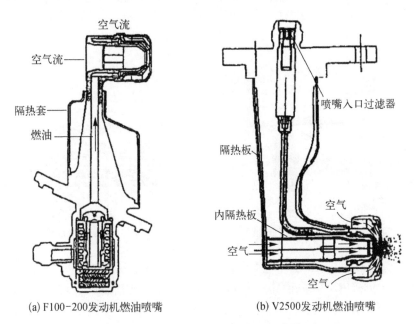

(a) F100-200发动机燃油喷嘴   (b) V2500发动机燃油喷嘴

图 6.58 采用空气隔热屏的喷嘴[79]

空气隔热层设计的关键在于空气层厚度。国内针对空气隔热层设计开展的热风洞试验研究显示(图 6.59)[80],随着空气隔热层厚度的增加,油路壁面温度呈下降趋势;当燃油流速小于 1 m/s 时,隔热层厚度从 0.5 mm 增加到 1.5 mm,壁面温度随空气隔热层厚度的增加显著降低;当燃油流速大于 5 m/s 时,壁温随隔热层厚度增加的降低幅度显著减小。因此,当小状态或燃油流量较低时,增加空气隔热层厚度是非常直接有效的热防护措施。为使空气隔热层发挥有效的隔热作用,建议工程设计中的空气层厚度尽可能不低于 1 mm。

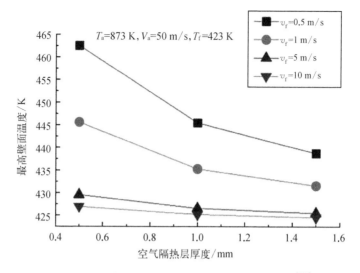

图 6.59　油管壁面温度随空气隔热层厚度变化图[80]

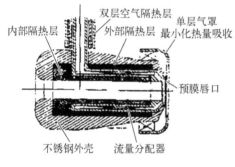

图 6.60　陶瓷空气雾化喷嘴

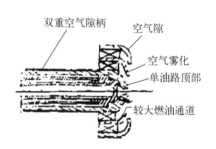

图 6.61　单油路空气雾化喷嘴

　　除空气隔热层以外,还可以使用其他材料设计隔热层。图 6.60 和图 6.61 是 2 个布置了空气隔热层的单油路空气雾化喷嘴[81],区别在于前者增加了陶瓷隔热层,与完全无热防护的空气雾化喷嘴在 F125 - GA - 100 加力燃烧室中进行了高温对比试验,结果显示:增加了陶瓷隔热层的空气雾化喷嘴的最高湿壁温度远低于单油路空气雾化喷嘴(图 6.62)。F404 发动机喷嘴通过增加空气隔热层厚度、减小燃油管路流通面积及加入陶瓷隔热层等方式,也获得了喷嘴内燃油湿壁温度降低 110 K 以上的效果(图 6.63)。

　　2. 燃油互冷

　　"油冷"技术的主要思路就是燃油互冷,即利用多油路喷嘴中温度较低的"冷油"冷却温度较高的"热油",以期实现各油路燃油出口温度均不超过临界值的目标,设计的基准是原始喷嘴各油路的相对温升。完成"油冷"的基本方案就是主、副油路在喷嘴内部的"伴流",尽可能增大主、副油路之间的接触面积,提高换热强度[82]。

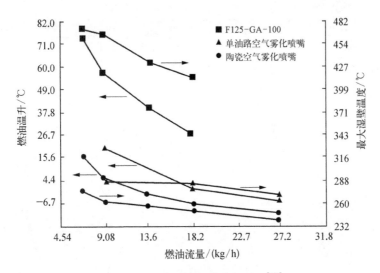

图 6.62　三种喷嘴隔热效果对比[81]

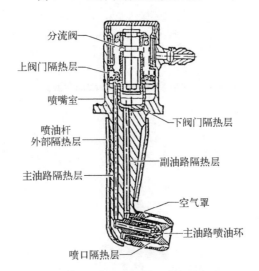

图 6.63　F404 发动机燃油喷嘴[68]

难点在于需要兼顾不同飞行状态下的供油规律,必要时可将一路油路拆分成多路,充分利用多路燃油的冷沉,设计多路并行的油路,使高低温油路充分换热,达到降低高温升油路壁温和出口油温、减小热氧化结焦量的目的。

此外,油路的形状和结构设计要充分考虑总体设计允许的最大流动损失,同时避免采用更易结焦的油路形式。综上所述,"油冷"的关键是油路布局,需要在喷嘴外形设计完成的情况下,兼顾多重约束条件,在既定的有限结构内完成内部油路的设计,设计中需要不断迭代改进方案。

公开的典型案例是美国通用电气公司的 TAPS 燃烧室喷嘴的热防护结构设

计,并衍生出许多结构布局方案[83]。TAPS燃烧室采用的是预燃级和主燃级双油路供油模式,燃油喷嘴的内部结构非常复杂,整个外部采用了空气隔热屏、喷嘴内部采用了主、副油路互冷等热防护方法降低燃油温度,预防燃油热氧化结焦(图6.64)。

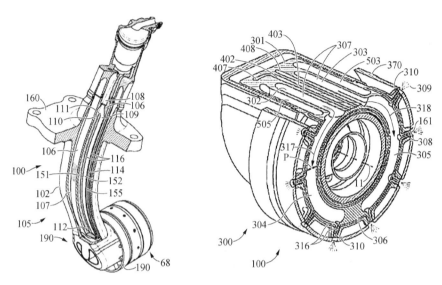

图 6.64　TAPS 燃烧室油冷结构剖面图[84]

注:图中数字表示各种流体的流路序号

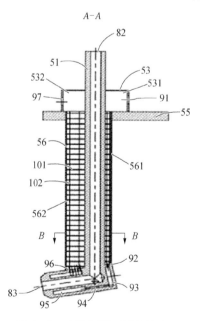

图 6.65　喷油杆"气冷"结构布局

注:图中数字表示各种流体的流路序号

3. 引气冷却

除"油冷"措施以外,压气机入口前或发动机外涵的气流温度较低,也可以利用这部分空气通过引气冷却燃油管路,达到降低燃油进口温度的效果,可以称为"气冷",以区别于"油冷"方式。

图6.65是中国航发商发提出的一种气冷喷油杆的结构,将热防护管环绕在喷油杆外侧,中间形成的夹层空间内布置了横向、纵向肋片的换热器结构,在热防护管两侧设置进气口、排气口,引外涵气流冷却喷油杆。"气冷"技术最大的难点在于引气布局困难,以及对发动机总体性能存在一定的影响,因此国外对于该措施的运用较少。

4. 燃油添加剂

除了对喷嘴进行结构设计,还可以通过提高

航空煤油的热稳定性、抑制煤油的氧化结焦实现喷嘴的热防护。

美国空军曾开展过 JP－8+100 项目[42,85]，旨在使传统航空煤油 JP－8/JP－5 的热安定极限温度从原有的 422~435 K 提高到 477~491 K，一系列提高煤油热安定性、抑制煤油结焦的方法应运而生。最终，美国 JP－8 煤油在加入复合添加剂后，热安定极限温度达到了 491 K，JP－8+100 煤油正在被很多国家的军用飞机和民用飞机使用。此外，通过燃油精制，美国 JP－7 及 JP－TS 煤油的热安定极限也大大提高，分别高达 569 K 和 491 K[86,87]。这两种高度精制燃料的热安定性均优于含有添加剂的 JP－8 煤油，然而其成本是普通航空煤油的 3 倍，因此从经济角度来看，这两种煤油的应用较少。

针对不同的用途，燃料添加剂主要包括供氢剂、引发剂、结冰抑制剂、抗氧剂、清净分散剂和金属减活剂。在航空燃料系统内最主要的是供氢剂、抗氧剂、清净分散剂和金属减活剂。这些单元添加剂以及由其组合而成的混合添加剂，通过改变自由基反应历程抑制或中止自由基的生成与增长，提高燃料的热安定性，从而提高航空燃料使用的极限温度。

研究显示，添加剂的使用浓度和温度对结焦抑制效果有严格限制。对于部分添加剂，超过一定浓度反而会生成更多的自由基聚合，甚至产生大量可溶性胶质，阻碍燃油的流通[88,89]。在使用过氧化氢分解物抑制燃料氧化时[90]，需要在一定的温度范围内才能分解产生大量自由基抑制结焦；包含硫化合物的添加剂随着温度的升高和停留时间的延长，其抑制结焦的效果变差，同时还会生成金属硫化物，使金属的抗腐蚀能力下降[91]。

6.5.7　喷嘴热防护设计要求

喷嘴热防护设计的目的是预防燃油在喷嘴内部流道内的热氧化结焦沉积，进而避免对喷嘴的流量特性以及雾化特性的改变。因此，喷嘴热防护设计要求是，保证在一定工作时长范围内，燃烧室内的供油特性稳定。

对喷嘴工作特性而言，维持燃烧稳定的主要参数是流量特性，通常要求喷嘴在设计规定的工作时长内，喷嘴流量特性衰减率不大于 5%，或者遵循部件总体设计要求。

6.5.8　喷嘴热防护设计参数

作为一项相对较新的工程设计项目，喷嘴热防护的设计方法和设计流程还不是很完善，涉及的设计参数主要包括出口燃油温度、油路的湿壁温度、燃油压力损失。通常要求出口燃油温度不高于热氧化结焦起始温度（参考值为 423 K），湿壁温度低于热氧化结焦临界湿壁温度（参考值为 465~480 K），允许的最大燃油压力损失参考供油系统总体设计要求。

喷嘴热防护设计涉及的输入参数较多,主要包括燃烧室扩压器出口截面的气动热力学参数(气流温度、压力、流速/马赫数)、喷嘴外轮廓结构、满足供油规律的初始油路布局。以上参数需包括设计点、最大热负荷状态、最小气动负荷状态、慢车状态等关键设计状态。

6.5.9 喷嘴热防护设计流程

喷嘴热防护设计流程如图 6.66 所示。

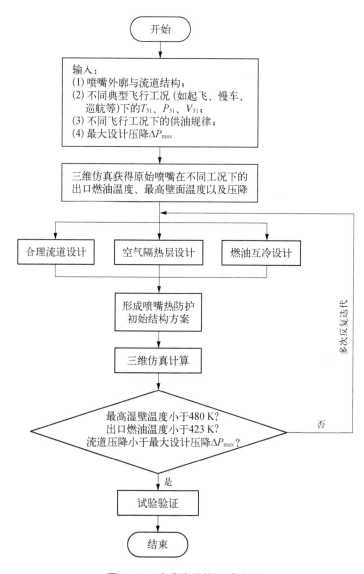

图 6.66 喷嘴热防护设计流程

喷嘴热防护设计时需要输入以下已知参数：

(1) 喷嘴外廓与流道结构(三维模型)；

(2) 不同典型飞行工况(如起飞、慢车、巡航等)下的 T_{31}、P_{31}、V_{31}；

(3) 不同飞行工况下的供油规律；

(4) 最大设计压降 ΔP_{max}。

6.6 活 门 设 计

6.6.1 平衡燃油重力活门

在燃油喷嘴中,平衡燃油重力活门起平衡发动机不同周向位置上喷嘴压差的作用。当喷嘴在低油压差工作时,由于燃油重力的作用,处于总管下方的喷嘴进出口压差比上方喷嘴略大,从而导致各喷嘴之间的流量不均匀度增大。图 6.67 为某发动机喷嘴活门及其工作原理示意图,位于总管上方的喷嘴油压和配重同时作用于压缩弹簧,打开较大的节流孔面积,而位于总管下方的喷嘴,油压需克服配重的重力,打开的节流孔面积变小,在设计过程中,通过合理配置使周向各喷嘴之间的流量保持均匀。

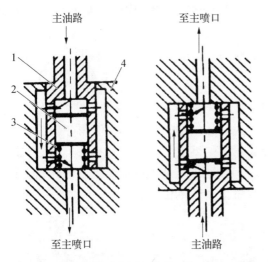

图 6.67 某发动机喷嘴活门及其工作原理示意图

1. 燃油分配器壳体；2. 配重；3. 弹簧；4. 喷嘴壳体

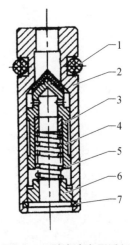

图 6.68 副油路定压活门

1. 密封圈；2. 壳体；3. 调整环；
4. 活门锥芯；5. 弹簧；6. 堵头；7. 卡圈

6.6.2 副油路定压开启活门

副油路定压开启活门只起到定压活门作用,见图 6.68,在一定压力点开启,其作用一是在起动时克服重力对周向喷嘴燃油分布不均匀性的影响;二是防止发动机停车后余油漏入燃烧室,提高工作可靠性。

6.6.3　主油路节流活门

随着发动机的发展,燃烧室工作范围逐渐变宽,供油量变化范围变宽,在油泵供油压力受限的条件下,为满足发动机宽广的供油量要求,可以在喷嘴主油路前设置活门,以代替燃油调节器上的燃油分布活门。活门中起节流作用的柱塞以及节流槽的面积随活门压差的增大而增大,在喷嘴压降变化范围不大的情况下,流量变化范围很宽,可以满足发动机工作范围广的要求。

6.7　喷 嘴 调 试

喷嘴加工完成后需开展调试试验,检验喷嘴性能是否满足设计指标要求,若喷嘴性能达不到设计指标要求,可对喷嘴性能进行适当调试以符合设计指标要求,主要从喷嘴流量和喷嘴喷雾锥角两个方面进行调试。

6.7.1　喷嘴流量调试试验

流量是喷嘴性能的重要指标,一般采用容积法测量喷油量 $q(\mathrm{ml})$,油压根据喷嘴设计参数给定,记录喷射时间 t,喷嘴流量为

$$Q = 3.6\frac{q}{t} \tag{6.52}$$

对于工厂中的出厂检测,容积法较为耗时,一般采用流量计进行检查,在流量计上直接读数即可,只在校正流量计或比较精细的测量中才使用容积法。设计单位需绘制喷嘴特性曲线,可通过计算不同的供油压力和燃烧室工作压力来计算供油量。出厂检验一般检验两个状态:仅副油路供油时副油路流量检查和主副油路同时供油时双油路流量检查,试验状态由设计单位给定。合格流量一般为一个范围,检查流量在范围内即认为合格。

对于离心式喷嘴,影响喷嘴流量的因素主要有油压、喷孔半径、喷雾锥角和喷孔长度。喷嘴加工完成后,当喷嘴流量不满足设计要求时,可通过调整喷孔半径和喷孔长度来调整喷嘴流量。

1) 油压

油压升高,则喷射速度增大,当喷雾锥角不变时,轴向速度增大,喷嘴流量增大。

2) 喷孔半径

喷孔半径与流量的关系如下:

$$Q \propto \mu r_{\mathrm{c}}^2 \sqrt{\frac{P_{\mathrm{T}} - P_3}{\gamma_{\mathrm{t}}}} \tag{6.53}$$

式中：μ ——喷嘴流量系数；

　　Q ——喷嘴流量；

　　P_{T} ——供油压力；

　　P_3 ——燃烧室工作压力；

　　γ_{t} ——燃油重度（kg/L）；

　　r_{c} ——喷孔半径。

由式（6.53）可知，增大喷孔半径 r_{c}，喷嘴流量 Q 增大，同时涡流室内轴向分速 W_{a} 减小，喷雾锥角 α 增大，喷嘴流量系数 μ 减小，但在计算中 r_{c}^2 增加幅度更大，喷嘴流量 Q 会相应增加，因此可以通过研磨喷孔增大喷孔半径 r_{c}，从而增大喷嘴流量。

3）喷雾锥角

喷雾锥角 α 增大，喷嘴流量系数 μ 下降，在油压不变的条件下喷嘴流量减小。

4）喷孔长度

增大喷孔长度与喷口半径之比 $l_{\mathrm{c}}/r_{\mathrm{c}}$，喷雾锥角 α 减小，喷嘴流量系数 μ 与喷嘴流量略有增大。

6.7.2　喷嘴喷雾锥角调试试验

喷嘴喷雾锥角也是喷嘴性能的重要指标之一，直接影响燃油在燃烧室中的分布情况和雾化质量，从而对燃烧效率及出口温度分布都有一定的影响。

喷雾锥角测量采用专门的设备，将喷嘴中心固定在原点，供油之后卡尺可移动至喷雾边缘切点，装置可将切点与雾锥中心线的距离转化为喷雾锥角，同时卡尺可周向移动以测量喷雾锥角其他位置的锥角，判断喷雾锥角是否对称。在喷射过程中，喷雾锥中心气压略有下降，形成内外压差，使喷雾锥向内压缩，因此随着距离喷口距离的增大，喷雾锥角越来越小，如果在距离喷口轴向距离较大处测量喷雾锥角，所测角度会偏小，为了与设计锥角进行对比，最好在喷孔出口处测量喷雾锥角，但是测量点过分接近喷口会影响测量准确度，增大测量误差。因此，一般出厂检验都规定在距离喷口一定距离处测量，所测喷雾锥角较理论计算角度偏小。

从离心式喷嘴工作原理来看，可通过增大喷孔出口切向分速度或降低轴向分速度增大喷雾锥角。喷雾锥角调试方法如下。

1）喷嘴几何特征关系式

$$A = \frac{R r_{\mathrm{c}}}{n r_{\mathrm{BX}}^2} \tag{6.54}$$

式中：n——进油孔数；

R——进油孔轴线与涡流室中心的距离；

r_{BX}——进油圆孔半径。

从喷嘴几何特征关系式可以看出，可通过增大 R、减小 r_{BX} 或者减小进油孔数 n 实现增大喷雾的目的。

2）喷孔半径 r_c

喷雾锥角关系式为

$$\alpha = 2\arctan\frac{W_a}{W_a'} \tag{6.55}$$

式中：W_a——涡流室内轴向分速度；

W_a'——喷孔出口处轴向分速度。

增大喷孔半径 r_c，速度 W_a' 降低，喷雾锥角 α 增大，在喷嘴调试过程中，可通过研磨增大喷孔半径 r_c 以增大喷雾锥角，增大 r_c 燃油流量也会相应增加，因此扩孔时需同时考虑喷雾锥角和燃油流量的变化。

3）喷孔长度 l_c

在喷嘴调试过程中，可通过研磨喷嘴断面减小喷孔长度，从而有效增大喷雾锥角。

参考文献

［1］ Lefebvre A H, McDonell V G. Atomization and Spray[M]. 2ed ed. Boca Raton：CRC Press, 2017.

［2］ Lefebvre A H, Ballal D R. Gas Turbine Combustion[M]. 3rd ed. Boca Raton：CRC Press, 2010.

［3］ Mellor A M. Design of Modern Turbine Combustor[M]. Pittsburgh：Academic Press, 1991.

［4］ Wang X F, Lefebvre A H. Mean drop sizes from pressure-swirl nozzles[J]. Journal of Propulsion and Power, 1987, 3(1)：11－18.

［5］ Bahr D W. Private Communication[M]. Cincinnati：General Electric Company, 1983.

［6］ Lefebvre A H. Gas Turbine Combustion[M]. 2nd ed. Philadelphia：Taylor & Francis, 1998.

［7］ 《航空发动机设计手册》编委会. 航空发动机设计手册：第9册　主燃烧室[M]. 北京：航空工业出版社, 2001.

［8］ Asihmin V I, Geller Z I, Skobel Y A. Discharge of a real fluid from cylindrical orifices[J]. Oil Industry, 1961(9)：135－172.

［9］ Yoshiro K, Teruo T. Stability of a liquid jet in air flow normal to the jet axis[J]. Journal of Chemical Engineering of Japan, 1976, 9(4)：282－286.

［10］ Wu P K, Kirkendall K A, Fuller R P, et al. Breakup processes of liquid jets in subsonic crossflows[J]. Journal of Propulsion and Power, 1997, 13(1)：64－73.

［11］ Wu P K, Kirkendall K A, Fuller R P, et al. Spray structures of liquid fuel jets atomized in subsonic crossflows[C]. Reno: 36th AIAA Aerospace Sciences Meeting and Exhibit, 1998.

[12] Stenzler J N, Lee J G, Santavicca D A. Penetration of liquid jets in a crossflow [C]. Reno: 41st Aerospace Sciences Meeting and Exhibit, 2003.

[13] Raffaele R, Alessandro B, Antonio C. Breakup and breakdown of bent kerosene jets in gas turbine conditions [J]. Proceedings of the Combustion Institute, 2007, 31(2): 2231－2238.

[14] Hwang Y S, Jin Y I. The penetration characteristics of normally injected kerosene liquid jet in high weber number flow [C]. Denver: 45th AIAA/ASME/SAE/ASEE Joint Propulsion Conference & Exhibit, 2009.

[15] Gopala Y, Zhang P, Bibik O, et al. Liquid fuel jet in crossflow-trajectory correlations based on the column breakup point[C]. Orlando: 48th AIAA Aerospace Sciences Meeting, 2010.

[16] Wang Q, Mondragon U M, Brown C T, et al. Characterization of trajectory, break point, and break point dynamics of a plain liquid jet in a crossflow[J]. Atomization and Sprays, 2011, 21(3): 203－219.

[17] Chen T H, Smith C R, Schommer D G, et al. Multi-zone behavior of transverse liquid jet in high-speed flow[C]. Reno: Proceedings of the 31st AIAA Aerospace Sciences Meeting and Exhibit, 1993.

[18] Masuda B J, McDonell V G. Penetration of a recessed distillate liquid jet into a crossflow at elevated pressure and temperature[C]. Kyoto: Proceedings of the ICLASS, 2006.

[19] Madjid B, Iyogun C O, Neil P. Role of viscosity on trajectory of liquid jets in a cross-airflow [J]. Atomization and Sprays, 2007, 17(3): 267－287.

[20] Bellofiore A, Cavaliere A, Ragucci R. Air density effect on the atomization of liquid jets in crossflow [J]. Combustion Science and Technology, 2007, 179(1－2): 319－342.

[21] Amighi A, Eslamian M, Ashgriz N. Trajectory of a liquid jet in high pressure and high temperature subsonic air crossflow[C]. Vail: Proceedings of the ICLASS, 2009.

[22] Tambe S, Jeng S M, Mongia H, et al. Liquid jets in subsonic crossflow[C]. Reno: 43rd AIAA Aerospace Sciences Meeting and Exhibit, 2005.

[23] Leong M Y, Mcdonell V G, Samuelsen A G. Mixing of an airblast-atomized fuel spray injected into a crossflow of air[R]. Cleveland: NASA/CR－2000－210467, 2000.

[24] Lakhamraju R R, Mou J S. Liquid jet breakup studies in subsonic air stream at elevated temperatures[C]. Irvine: ILASS－AMERICAS, 2005.

[25] Li L, Lin Y Z, Xue X, et al. Injection of liquid kerosene into a high-pressure subsonic air crossflow from normal temperature to elevation temperature[C]. Copenhagen: Proceedings of the ASME Turbo Expo 2012, 2012.

[26] Xue X, Gao W, Xu Q H, et al. Injection of subcritical and supercritical aviation kerosene into a high-temperature and high-pressure crossflow[C]. Vancouver: Proceedings of the ASME Turbo Expo 2004: Power for Land, Sea, and Air, 2011.

[27] Jin Y H, Goo H J, Choong-Won L. Correlations for penetration height of single and double liquid jets in cross flow under high-temperature conditions [J]. Atomization and Sprays, 2011, 21(8): 673－686.

[28] Kihm K D, Lyn G M, Son S Y. Atomization of cross sprays into convective air stream[J]. Atomization and Sprays, 1995(5): 417－433.

[29] Gogineni S, Shouse D, Frayne C, et al. Combustion air jet influence on primary zone characteristics for gas-turbine combustors [J]. Journal of Propulsion and Power, 2002, 18(2): 407-416.

[30] Sturgess G J, Shouse D T, Zelina J, et al. Emissions reduction technologies for military gas turbine engines[J]. Journal of Propulsion and Power, 2005, 21(2): 193-217.

[31] Jeng S M, Flohre N M, Mongia H. Swirl cup modeling-atomization [R]. AIAA 2004 - 137, 2004.

[32] Rizkalla A A, Lefbvre A H. The influence of air and liquid properties on airblast atomization [J]. ASME Journal of Fluids Engineering, 1975(97): 316-320.

[33] Hazlett R N. Thermal Oxidation Stability of Aviation Turbine Fuels[M]. Philadelphia: ASTM International, 1991.

[34] 黄勇. 燃烧与燃烧室[M]. 北京: 航空航天大学出版社, 2009.

[35] Mongia H C. TAPS-A 4th generation propulsion combustor technology for low emissions[C]. Dayton: AIAA/ICAS International Air and Space Symposium and Exposition: The Next 100 Y, 2003.

[36] Giovanetti A J, Szetela E J. Long term deposit formation in aviation turbine fuels at elevated temperature[J]. Journal of Propulsion and Power, 1986, 2(5): 450-456.

[37] Heneghan S F, Martel C R, Williams T F, et al. Studies of jet fuel thermal stability in a flowing system [C]. Cologne: The 37th ASME International Gas Turbine and Aeroengine Congress, 1992.

[38] Spadaccini L J, Sobel D R, Huang H. Deposit formation and mitigation in aircraft fuels[J]. Journal of Engineering for Gas Turbines & Power, 1999, 123(4): 741-746.

[39] Edwards T, Anderson S, Pearce J, et al. High temperature, thermally stable JP fuels-An overview[C]. Reno: 30th Aerospace Sciences Meeting and Exhibit, 1992.

[40] Spadaccini L J, Huang H, Spadaccini L J, et al. On-line fuel deoxygenation for coke suppression[J]. Journal of Engineering for Gas Turbines & Power, 2003, 125(3): 369-377.

[41] Jones E G, And W J B, Balster L M. Aviation fuel recirculation and surface fouling[J]. Energy & Fuels, 1997, 11(6): 1303-1308.

[42] Edwards T, Harrison B, Zabarnick S, et al. Update on the development of JP-8+100[C]. Fort Lauderdale: 40th AIAA/ASME/SAE/ASEE Joint Propulsion Conference and Exhibit, 2004.

[43] Edwards T, ZabarnicK S. Supercritical fuel deposition mechanisms [J]. Advance ACS Abstracts, 1993, 32: 3117-3122.

[44] Taylor W F, FranKenFeld J W. Deposit formation from deoxygenated hydrocarbons. 3. effects of trace nitrogen and oxygen compounds[J]. Industrial and Engineering Chemistry Research, 1978, 17(1): 86-90.

[45] Eser S. Mesophase and pyrolytic carbon formation in aircraft fuel lines[J]. Carbon, 1996, 4: 539-547.

[46] Croswell B M, Biddle T B. High temperature fuel requirements and payoffs[J]. Astm Special Technical Publication, 1991(1138): 16.

[47]　许世海,熊云,刘晓. 液体燃料的性质及应用[M]. 北京: 中国石化出版社,2010.

[48]　范启明,米镇涛. 提高航空燃料热安定性的研究进展[J]. 石化技术与应用,2002,20(4):
　　　 261 – 263.

[49]　Jones E G, Balster L M. Interaction of a synthetic hindered-phenol with natural fuel
　　　 antioxidants in the autoxidation of paraffins[J]. Energy & fuels, 2000, 14(3): 640 – 645.

[50]　Heneghan S P, Zabarnic K S. Oxidation of jet fuels and the formation of deposit[J]. Fuel,
　　　 1994, 73(73): 35 – 43.

[51]　Balster W J, Jones E G. Effects of temperature on formation of insolubles in aviation fuels[J].
　　　 Journal of Engineering for Gas Turbines & Power, 1997, 120(2): V002T06A028.

[52]　Andresen J M, Strohm J J, Song C S. Chemical interactions between linear and cyclic alkanes
　　　 during pyrolytic degradation of jet fules[J] Abstracts of Papers: American Chemical Society
　　　 Meeting, 1999, 217: U801 – U801.

[53]　薛金强,尚丙坤,丰美丽,等. 喷气燃料热氧化机理及氧化稳定添加剂的研究进展[J]. 化
　　　 学推进剂与高分子材料,2009,7(1): 17 – 23.

[54]　Beaver B, Gao L, Burgess-Clifford C, et al. On the mechanisms of formation of thermal
　　　 oxidative deposits in jet fuels[J]. Energy & Fuels, 2005, 19(4): 1574 – 1579.

[55]　KossiaKoff A, Rice F O. Thermal decomposition of hydrocarbons, resonance stabilization and
　　　 isomerization of free radicals1[J]. Journal of Analytical Toxicology, 1943, 65: 590 – 595.

[56]　Glassman I, Dryer F L, Williams F A. Fuels combustion research[J]. Fuels Combustion
　　　 Research, 1981, 61(844): 109 – 110.

[57]　WicKham D T, Engel J R, Rooney S, et al. Additives to improve fuel heat sink capacity in
　　　 air/fuel heat exchangers[J]. Journal of Propulsion & Power, 2008, 24(1): 55 – 63.

[58]　Andrésen J M, Strohm J J, Sun L, et al. Study on the formation of aromatic compounds during
　　　 thermal degradation of naphthenic jet fuels in the pyrolytic regime by NMR and HPLC[J].
　　　 American Chemical Society Division of Petroleum Chemistry Preprints, 2000, 108(1 – 3):
　　　 13 – 27.

[59]　Andrésen J M, Strohm J J, Sun L, et al. Relationship between the formation of aromatic
　　　 compounds and solid deposition during thermal degradation of jet fuels in the pyrolytic regime
　　　 [J]. Energy & Fuels, 2001, 15(3): 714 – 723.

[60]　姬鹏飞. 典型管路 RP – 3 航空煤油热氧化结焦沉积特性研究[D]. 南京: 南京航空航天
　　　 大学,2018.

[61]　朱玉红,余彩香,李子木,等. 航空燃料超临界热裂解过程中焦炭的形成[J]. 石油化工,
　　　 2006,35(12): 1151 – 1155.

[62]　骆东. RP – 3 航空煤油热氧化结焦特性试验研究[D]. 南京: 南京航空航天大学,2016.

[63]　Roback R, Szetela E J, Spadaccini L J. Deposit for-mation in hydrocarbon rocket fuels[J].
　　　 Journal of Engineering for Power, 1983(105): 59 – 65.

[64]　Lahaye J, Badie P, DucRet J. Mechanism of carbon formation during steamcracking of
　　　 hydrocarbons[J]. Carbon, 1977, 15(2): 87 – 93.

[65]　Altin O, Eser S. Analysis of solid deposits from thermal stressing of a JP – 8 fuel on different
　　　 tube surfaces in a flow reactor[J]. Industrial & Engineering Chemistry Research, 2001,
　　　 40(2): 596 – 603.

[66] Venkataraman A, Altin O, Eser S. Analysis of solid deposits from thermal stressing of n-dodecane and a JP－8 fuel on different tube surfaces in a batch reactor: Structure of jet fuels V [J]. Preprints-American Chemical Society. Division of Petroleum Chemistry, 1998, 43(3): 419－422.

[67] Zhu K, Deng H, Xu G, et al. Surface passivation effect on the static coke deposition of kerosene at supercritical pressure [J]. Journal of Beijing University of Aeronautics & Astronautics, 2012, 38(6): 745－749.

[68] Stickles R W, Dodds W J, Koblish T R, et al. Innovative high-temperature aircraft engine fuel nozzle design[J]. Journal of Engineering for Gas Turbines and Power-transactions of The Asme, 1993, 115(3): 439－446.

[69] Giovanetti A J, Spadaccini L J, Szetela E J. Deposit formation and heat-transfer characteristics of hydrocarbon rocket fuels[J]. Journal of Spacecraft Rockets, 1985, 22(5): 10－22.

[70] Jones E G, Balster W J, Post M E. Degradation of a jet a fuel in a single-pass heat exchanger [J]. Journal of Engineering for Gas Turbines & Power, 1993, 117(1): 125－131.

[71] 吴瀚,邓宏武,徐国强,等.流动方式对航空煤油 RP－3 结焦的影响[J].航空动力学报, 2011,26(6): 1341－1345.

[72] Katta V R, Jones E G, Roquemore W M. Development of global/chemistry model for jet-fuel thermal stability based on observations from static and flowing experiments[C]. Collifero: 81st AGARD Symposium on Fuels and Combustion Technology for Advanced Aircraft Engines, 1993.

[73] 裴鑫岩.航空煤油超临界换热与氧化结焦理论与实验研究[D].北京:清华大学,2016.

[74] 郑东,于维铭,钟北京.RP－3航空煤油替代燃料及其化学反应动力学模型[J].物理化学学报,2015(4): 636－642.

[75] Chin J, Rizk N, Razdan M. Engineering model for prediction of deposit rates in heate fuels [C]. San Diego: 31st Joint Propulsion Conference and Exhibit, 1995.

[76] Katta V R, Jones E G, Roquemore W M. Modeling of deposition process in liquid fuels[J]. Combustion Science and Technology, 1998, 139(1): 75－111.

[77] 崔馨元,李会雄,胡金峰,等.特种煤油在传热通道内的结焦模型研究[C].重庆: 2006 中国工程热物理学会多相流学术会议,2006.

[78] Jia Z X, Xu G Q, Wen J, et al. Experimental study of the influence of surface coke deposition on heat transfer of aviation kerosene RP－3 at supercritical pressure[C]. Houston: ASME 2012 International Mechanical Engineering CongRess and Exposition, 2012.

[79] 黄义勇.航空发动机主燃油喷嘴热防护设计技术研究[D].成都:电子科技大学,2011.

[80] 李帅.航空发动机燃油管路热防护研究[D].南京:南京航空航天大学,2014.

[81] Myers G D, Armstrong J P, White C D, et al. Development of an innovative high-temperature gas turbine fuel nozzle[J]. Journal of Engineering for Gas Turbines and Power, 1992, 2(2): 401－408.

[82] 魏小兵,江楠,曾纪成.新型纵向流油冷却器传热性能及压降的试验研究[J].压力容器, 2012,29(6): 9－13.

[83] Mongia H C. TAPS-A 4th generation propulsion combustor technology for low emissions[C]. Dayton: AIAA/ICAS International Air and Space Symposium and Exposition, 2003.

[84]　McMaster M A, Benjamin M A, Mancini B. Method of manufacturing a fuel distributor: US 2009/0256003 A1 [P], 2009.

[85]　Edwards T. Prospects for JP－8＋225, a stepping stone to JP－900 [C]. Cleveland: 34th AIAA/ASME/SAE/ASEE Joint Propulsion Conference, 1998－3532.

[86]　Jia Z X, Xu G Q, Wen J, et al. Experimental study of the influence of surface coke deposition on heat transfer of aviation kerosene RP－3 at supercritical pressure [C]. Cleveland: ASME 2012 International Mechanical Engineering CongRess and Exposition. American Society of Mechanical Engineers, 2012.

[87]　Heneghan S P, Zabarnick S, Ballal D R. JP8+100: The development of high thermal stability jet fuel [C]. Reno: 34th Aerospace Sciences Meeting and Exhibit, 1996.

[88]　朱玉红. 吸热燃料超临界热裂解过程抑焦技术研究 [D]. 天津: 天津大学, 2007.

[89]　Jones E G, Balster W J, Balster L M. Evaluation of the effectiveness of a metal deactivator and other additives in reducing insolubles in aviation fuels [J]. Journal of Engineering for Gas Turbines Power, 1997(119): 830－835.

[90]　Zabarnick S, Mick M S. Inhibition of jet fuel oxidation by addition of hydroperoxide ~ decomposing species [J]. Industrial & Engineering Chemistry Research, 1999, 38(9): 3557－3563.

[91]　Zhang F, Altin O, Eser S. Solid deposition on inconel 600 from thermal decomposition of jet fuel: Role of constituent sulfur compounds [J]. Preprints-American Chemical Society. Division of Petroleum Chemistry, 2000, 45(3): 514－517.

第7章

火焰筒设计

7.1 设 计 输 入

燃烧室各项性能指标(总压损失、燃烧效率、出口温度分布系数 OTDF、贫油熄火性能、地面及高空起动性能、火焰筒壁面温度及燃烧室首翻期寿命等)应满足发动机在不同工作状态(如起飞、爬升、降落、慢车等)下的要求[1]。

燃烧室设计需要发动机在不同飞行高度、飞行马赫数、环境温度、环境压力等条件下各工作点(标准天起飞、高温起飞、高温高原起飞、巡航、最大巡航、最大爬升、最大连线)安装状态下燃烧室的进口总温、进口总压、出口总温、进口空气总流量(包括环腔引气量)、进口物理流量(不包括环腔引气量)、内环腔引气量、外环腔引气量、出口物理流量、燃油流量、进口马赫数等参数,以及非安装状态下工作点(起飞、斜爬升、降落、慢车)的燃烧室进出口参数[1,2]。

燃烧室结构设计需要发动机总体提供燃烧室进口和出口的尺寸及限制要求[3,4],主要包括压气机出口外径 D_{3o}、压气机出口内径 D_{3i}、涡轮 I 级导向器进口外径 D_{4o}、高燃气涡轮 I 级导向器进口内径 D_{4i}、燃烧室轴向长度 L_C、燃烧室外机匣直径限制尺寸 D_{oc}、燃烧室外机匣出口直径限制尺寸 D_{oc}、燃烧室内机匣直径限制尺寸 D_{ci} 和扩压器出口至涡轮进口尺寸 L_d,如图 7.1 所示。

军用发动机燃烧室设计必须满足可靠性、维修性、测试性、保障性、安全性及环境适应性等"六性"要求。

民用发动机燃烧室设计必须满足舒适性、环保性、安全性及经济性等适航要求。

7.2 火焰筒开孔设计

7.2.1 火焰筒开孔布局

在完成流量分配后,可进行火焰筒进气孔的设计。首先可认为各排进气孔的压力损失是相等的(实际上前排的和后排的、内环的和外环的不相等),可得

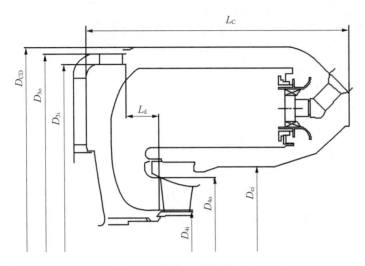

图 7.1　燃烧室的限制尺寸

$$\frac{P_{an} - P_{ft}}{q_{an}} = \frac{\Delta P_{ft}}{q_{an}} \tag{7.1}$$

式中：P_{an}——环形通道压力；

　　　P_{ft}——火焰筒内压力；

　　　q_{an}——环形通道动压头。

在第一次初步确定面积后，可以对整个燃烧室进行一次空气流动计算，按这样得出的火焰筒压力损失再来修正每排孔的面积。

进气孔类型的选择主要有两种：① 简单平圆孔；② 卷边孔。选择时首先要考虑继承性，但也有些限制：简单平圆孔制造容易，改动起来方便；但当简单平圆孔的压力损失较低时，如 $(P_{an} - P_{ft})/q_{an} < 2$，孔的流量系数偏小，特别是进气角度倾斜，穿透浅。如果环形燃烧室截面面积受限，外环、内环的面积已经减到最小，则 $(P_{an} - P_{ft})/q_{an}$ 接近 2 或小于 2，此时采用卷边孔比较好，但即使是卷边孔，$(P_{an} - P_{ft})/q_{an}$ 的值也不能小于 1.5，否则穿透不太好。

下一步就是确定孔的流量系数。孔的流量系数主要依靠试验确定，这里只概括说明以下几点：

（1）每种孔的形式不同，试验曲线是不一样的，例如，卷边孔的试验数据不能用于简单平圆孔。

（2）在同一类型孔中，影响孔流量系数的有：① 压力差，即 $(P_{an} - P_{ft})/q_{an}$；② 流量比，即进入进气孔的流量与过流的流量之比；③ 孔的面积与环形通道的面积比。在实际燃烧室中，由于流量系数随流量比变化，所以主燃孔的流量系数和掺混孔的流量系数差异较大；对于简单平圆孔，在掺混区可以是 0.58~0.60，而在主燃区可能只有 0.40~0.43。

确定了孔的流量系数之后,就可以确定某一排孔的总面积。若要确定某一排孔的数目及直径,则应考虑如下方面:

(1) $n\pi/4d_{\rm h}^2$ 必须等于上述计算出的该排孔的总面积;

(2) $d_{\rm h}$ 必须不能太小,应保证满足穿透深度的要求;

(3) 常常是内环、外环上同一排孔的数目(n)相等,并一对一排列;

(4) $nd_{\rm ho}/\pi D_{\rm o}$ 或 $nd_{\rm hi}/\pi D_{\rm i}$ 要在一定的范围内,以避免引起火焰筒内气流堵塞。

以下给出火焰筒内各排孔的典型数值及最大值:

通常内环和外环上的孔数是喷嘴数目的 2 倍,这样才能排出比较均匀的油气比。如果孔数是喷嘴数目的 1.5 倍,则人为创造出周向的不均匀性,进气和液雾不匹配。

中间孔及掺混孔和喷嘴数目不一定有对应关系,本节主要考虑穿透深度,由以下关系式近似地估计出孔径 $d_{\rm h}$:

$$\frac{d_{\rm h}}{h_{\rm f}} = \frac{0.87\,\dfrac{Y_{\rm max}}{h_{\rm f}}\,\dfrac{U_{\rm ft}}{U_{\rm an}}}{\left(\dfrac{T_{\rm ft}}{T_2}\right)C_{\rm d}^{0.5}\left(\dfrac{P_{\rm an}-P_{\rm ft}}{q_{\rm an}}\right)^{0.5}\sin\xi} \tag{7.2}$$

式中: $h_{\rm f}$ ——火焰筒高度;

$\quad\ C_{\rm d}$ ——流量系数;

$\quad\ T_{\rm ft}$ ——火焰筒内温度;

$\quad\ \xi$ ——进气角度,对于简单平圆孔,$\sin\xi = (C_{\rm d}/0.6)^{1/2}$;对于卷边孔,$\sin\xi = 0.9 \sim 0.92$,这对应于 $(P_{\rm an}-P_{\rm ft})/q_{\rm an} = 1.5 \sim 4$。

对于中间孔,建议 $Y_{\rm max} \approx \dfrac{1}{4}h_{\rm f}$;对于掺混孔,建议 $Y_{\rm max} = (0.33-0.4)h_{\rm f}$。

7.2.2 二次进气孔设计

火焰筒二次进气孔包括计入燃烧空气的主燃孔、补充燃烧的中间孔(短环燃烧室火焰筒可省略中间孔)以及进入掺混空气的掺混孔。二次进气孔的大小、形状、数量和分布,取决于燃烧的需要和涡轮前燃气温度分布的要求。为了提高抗振和抗热疲劳强度能力,二次进气孔边应抛光和加强,如加箍或翻边等。为了加大进气深度,可采用翻边孔和进气斗。为了改善受热不均匀情况,在筒壁上孔稀少而孔径大的部位或在大孔之间开若干小孔,以降低局部壁面温度。火焰筒二次进气孔的结构示意图见图 7.2。

图 7.2　火焰筒二次进气孔的结构示意图

7.2.3　冷却孔设计

燃烧室火焰筒常用的冷却结构有气膜冷却、发散冷却、Z 形环冷却以及双层壁复合冷却等,常用的热防护还有热障涂层隔热。

气膜冷却是火焰筒常用的冷却形式,通常用的气膜冷却有纯气膜冷却、对流气膜冷却、冲击气膜冷却三种形式。

纯气膜冷却适合各种压降的工作环境和火焰筒不同部位的冷却,其进气方式有总压进气[图 7.3(a)]、静压进气[图 7.3(b)]、总静压混合进气[图 7.3(c)]、介于总压进气和静压进气之间的进气[图 7.3(d)]4 种形式。纯气膜冷却可以单独用于火焰筒冷却,也可以与对流气膜冷却、冲击气膜冷却等构成复合冷却。纯气膜冷却在现役、在研发动机燃烧室中应用最多,在先进发动机燃烧室中也有一定的应用前景。

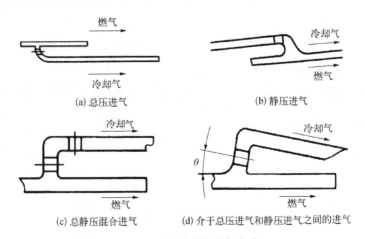

(a) 总压进气　　　　　　　　　　　(b) 静压进气

(c) 总静压混合进气　　　(d) 介于总压进气和静压进气之间的进气

图 7.3　气膜冷却进气方式

对流气膜冷却适用于火焰筒中间段和尾部的冷却,对流气膜冷却的结构示意图见图 7.4,对流气膜冷却常和冲击气膜冷却构成复合冷却。对流气膜冷却在早期发动机燃烧室中应用较多,现役和在研发动机燃烧室中应用较少。

发散冷却可用于整个火焰筒的冷却,也适合火焰筒小面积局部过热区域或不宜安排气膜缝槽的火焰筒部位的冷却,发散冷却的不同结构形式如图 7.5 所示。

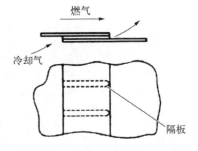

图 7.4　对流气膜冷却的结构示意图

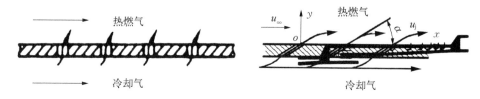

图 7.5　发散冷却的不同结构形式

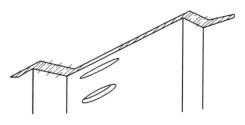

图 7.6　Z 形环冷却结构

　　发散冷却在现役、在研发动机燃烧室中的应用越来越多,在先进发动机燃烧室中已被广泛采用。

　　Z 形环冷却结构的外形与气膜冷却的结构相似,但去掉了气膜出口的舌片,Z 形环冷却结构如图 7.6 所示。Z 形环冷却在现役、在研发动机燃烧室中的应用不多,在先进发动机燃烧室中有一定的应用前景。

7.3　火焰筒结构设计

7.3.1　火焰筒头部结构

　　火焰筒头部的主要功能是提供一个稳定的燃烧区以满足燃烧性能要求。目前,绝大部分火焰筒是利用旋流器产生回流区并强化油气掺混的,从而可以稳定火焰。

　　在涡轴发动机燃烧室上主要使用双级轴径向旋流器或双级径向旋流器(图 7.7),旋流器常采用开孔结构或叶片式结构。一级旋流器与二级旋流器的连接可采用浮动结构,避免机匣与火焰筒径向膨胀差异导致的零组件损伤。

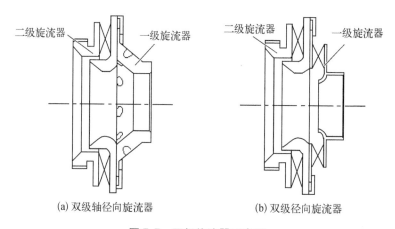

(a) 双级轴径向旋流器　　　　(b) 双级径向旋流器

图 7.7　双级旋流器示意图

旋流器在火焰筒上的安装方式主要有螺纹连接及焊接两种(图7.8)。螺纹连接方式的优点是旋流器拆装方便,缺点是螺纹长时间使用后容易烧结,导致拆卸困难。焊接方式的优点是定位准确、连接可靠,缺点是更换旋流器不方便。

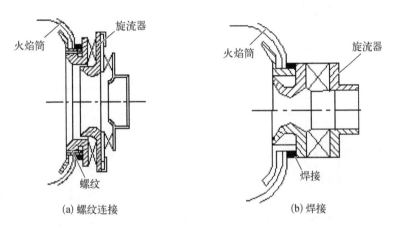

(a) 螺纹连接　　　　　　　　(b) 焊接

图7.8　旋流器安装方式示意图

开孔旋流器通常采用机械加工成型;叶片式径向旋流器结构复杂,一般采用精密铸造或激光增材制造技术(3D打印)成型。旋流器大部分采用耐热不锈钢或高温合金材料,常用的旋流器材料有 K418B、K3536 等。

7.3.2　火焰筒筒体结构

火焰筒筒体结构设计与流道设计及冷却设计密切相关,火焰筒的布局和轮廓在流道设计时已确定,冷却设计时确定壁面结构,通过多轮迭代确定最终的火焰筒筒体结构。火焰筒冷却结构有多种,包括气膜冷却、冲击+气膜冷却、发散冷却以及Z形环冷却等。

火焰筒承受的载荷主要来自火焰筒内外压差造成的压应力以及火焰筒表面壁面温度不均匀产生的热应力,因此火焰筒的壁面温度及应力水平是决定火焰筒寿命的重要因素,设计时需重点考虑。一般采用高冷效的冷却结构、在燃气侧壁面喷涂热障涂层等方式降低火焰筒壁面温度,按等壁面温度设计思路调整高低温区域冷却气量来降低火焰筒壁面温度梯度。

为了确保火焰筒在燃烧室内外机匣的一定空间位置,正确地选择火焰筒的定位和支承是非常重要的。定位一般是轴向定位,支承一般是径向支承。定位与支承的要求主要有:结构简单、可靠、装拆方便、尽可能避免由于不同膨胀而产生的热应力。

对于小型发动机中普遍采用的环形回流燃烧室,其火焰筒(不包含大弯管)应采用火焰筒前端(即头部)定位,主要优点是:火焰筒的轴向热膨胀方向与燃气流动方向一致,避免了燃油喷嘴轴向位置与火焰筒主燃孔、掺混孔之间距离的变化,典型结构如图 7.9 所示。对于弯管,如果弯管与火焰筒是一体化设计,则弯管前端随火焰筒定位,后端一般与燃气涡轮导向器一并定位;如果弯管与火焰筒不是一体化设计,则定位方式比较灵活,可以两端均定位,也可以只在一端定位,如图 7.10 所示的发动机燃烧室弯管,与火焰筒内环相接的弯管定位于燃烧室内机匣末端,与火焰筒外环相接的弯管定位于离心压气机径向扩压器后幅板。

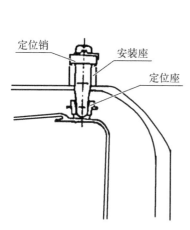

图 7.9　某回流燃烧室机匣前端径
　　　　向定位销定位

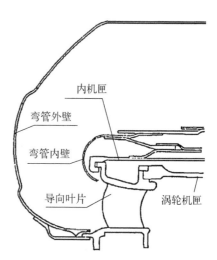

图 7.10　整体式火焰筒径向支承
　　　　　(RTM322)

通常,定位装置周向分布数与燃油喷嘴数有关,原则上为喷嘴数的 1/2。也可以少于喷嘴数的 1/2,但不能少于 4 个。

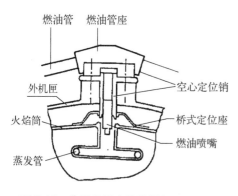

图 7.11　典型兼用定位装置(RTM322)

火焰筒定位装置结构设计,分专用和兼用两种定位装置。专用、兼用定位装置由机匣安装座、定位销(或喷嘴外壳体)、定位座组成,这些装置同时可以在定位截面起到径向支承作用。图 7.11 为典型兼用定位装置,定位装置的空心定位销中心有一圆孔,可插入燃油喷嘴,常用于带蒸发管的燃烧室。

火焰筒材料通常选用镍基或钴基高温合金,常用的材料有 GH3030、GH3044、GH3230、GH3536、GH3625、GH5188 等。随着航空发动机燃烧室进口参数的不断提高,陶瓷材料也开始应用于火焰筒。

7.4　火焰筒强度和寿命分析

在进行火焰筒强度和寿命分析时,通常采用三位构型软件(如 UG)建立计算实体模型,然后采用相关计算分析软件(如 ANSYS)进行前、后处理和有限元分析。

计算主要考虑火焰筒承受的压力载荷和温度载荷。压力载荷以面力的形式施加在火焰筒内外壁上,温度载荷以节点温度形式施加在节点上。计算中约束了火焰筒大弯管内安装边处所有节点的轴向位移和周向位移;在两切割面上施加了循环对称约束;在火焰筒外环与大弯管内壁连接处定义摩擦接触;并对火焰筒头部和火焰筒内外环、火焰筒内环和小弯管之间焊接部位节点进行等效处理。

火焰筒应满足以下条件。

屈服强度储备系数:

$$n_{0.2} = \frac{\sigma_{0.2}}{K_s K_h \sigma_{emax}} > 1.0 \tag{7.3}$$

极限强度储备系数:

$$n_b = \frac{\sigma_b}{K_s K_h \sigma_{emax}} > 1.5 \tag{7.4}$$

式中:$\sigma_{0.2}$——材料屈服强度,MPa;

σ_b——材料极限拉伸强度,MPa;

σ_{emax}——最大当量应力,MPa;

K_s——铸件系数,本次计算取 1.0;

K_h——焊接系数,通常规定熔焊、点焊和缝焊等焊接接头处拉伸和抗剪强度不低于母材技术条件下限值的 90%,即焊接系数取 1.1。

火焰筒低循环疲劳寿命可以采用通用斜率法预估,计算公式如下:

$$\Delta\varepsilon = \frac{\Delta\sigma}{E} = \left(\ln\frac{1}{1-\psi}\right)^{0.6} \cdot N_f^{-0.6} + \frac{3.5(\sigma_b - \sigma_m)}{E} \cdot N_f^{-0.12} \tag{7.5}$$

式中:$\Delta\sigma$——应力范围,MPa;

$\Delta\varepsilon$——应变范围,mm/mm;

ψ——断面收缩率,%;

σ_b——极限拉伸强度,MPa;

σ_m——平均应力,MPa;

E——弹性模量,MPa;

N_f ——低循环疲劳寿命,次。

σ_m 由以下公式求得:

当 $\sigma_{max} \leqslant \sigma_{0.2}$ 时,有

$$\sigma_m = \frac{\sigma_{max} + \sigma_{min}}{2} \tag{7.6}$$

当 $\sigma_{0.2} < \sigma_{max} \leqslant 2\sigma_{0.2}$ 时,有

$$\sigma_m = \sigma_{0.2} - \frac{\sigma_{max} - \sigma_{min}}{2} \tag{7.7}$$

当 $\sigma_{max} > 2\sigma_{0.2}$ 时,有

$$\sigma_m = 0 \tag{7.8}$$

针对各种工况计算火焰筒的低循环疲劳寿命。

参考文献

[1]　A. H. 勒菲沃,D. R. 鲍拉尔.燃气涡轮发动机燃烧[M].刘永泉,等译.北京:航空工业出版社,2016.

[2]　金如山.航空燃气轮机燃烧室[M].北京:宇航出版社,1988.

[3]　彭拾义.燃烧室结构设计[M].北京:国防工业出版社,1984.

[4]　刘长福,邓明.航空发动机结构分析[M].西安:西北工业大学出版社,2006.

第 8 章
机匣设计

8.1 概　述

　　本章概括性地介绍航空发动机主燃烧室机匣的主要结构形式、功能以及设计需求;简略地描述主燃烧室机匣的一般设计流程,总结机匣设计所需的设计输入以及设计完成后应当提供的设计输出;重点讨论机匣设计方法以及设计过程中的注意事项,并提供部分机匣设计准则和经验数据供读者参考。

　　随着技术的发展,早期在一、二代航空发动机使用的单管、环管结构的主燃烧室已逐步被布局紧凑、空间利用率高的环形燃烧室替代,因此本章主要针对目前常用的环形燃烧室机匣设计进行阐述。

8.2 部 件 介 绍

　　主燃烧室机匣是主燃烧室支撑承力及形成气流通道的一种双环形薄壁结构;它是发动机主要承力构件之一,其上所承担的载荷一般有机匣壁面压力差、气体流动带来的气动力、机匣上各安装接头载荷、涡轮机匣传导过来的轴向力和扭矩、外机匣上各个安装边由于温度梯度或材料热膨胀系数不同而产生的应力、构件自身的惯性力等。同时,主燃烧室机匣还辅助形成二股腔道冷却气流流道,其内轮廓基本由扩压器和二股腔道的气动设计结果演变而来,同时可考虑兼顾外涵流道型面以及涡轮冷却用气的流道型面。在主燃烧室机匣结构设计时,需要保持流道型面满足气动设计需求。主燃烧室机匣上还布置有多种功能性安装座,用以满足发动机或飞机的使用需求,使得主燃烧室机匣通过各类功能部件间接地与外涵机匣相连。各类安装座的设计要兼顾可靠性、密封性、维修保障性、环境适应性等,同时具备防错功能,一般由扩压器、外机匣和内机匣构成,下面分别对其进行详细说明。

8.2.1　扩压器

　　主燃烧室扩压器的基本功能为:降低压气机出口气流速度,使其气流马赫数达到燃烧组织条件,同时将压力损失控制在可接受的范围内,也就是尽可能多地恢复动压头。基于上述目的,扩压器的设计形成了两种体系,一种是使用较长的扩压器使得动压头得到最大程度的恢复,该类扩压器的流道过渡十分平缓,压力损失较低,但过长的零件长度会给航空发动机带来其他不利影响,如质量偏大、轴距过长等,常在早期设计的航空发动机主燃烧室以及地面燃气轮机中使用。另一种是突扩扩压器,该扩压器长度大幅缩短,总体质量较小,对进口空气的畸变和硬件尺寸容忍度较高,压力损失也处于可接受的范围内,在现代先进航空发动机主燃烧室中应用较多。

扩压器除承担上述基本功能外,还是发动机重要支撑和传力框架之一,根据总体传力方案的不同,传递相应的惯性力和扭矩。一般在扩压器内外壁面间设置支板结构进行连接和定位,保证内外壁之间的相对位置不随发动机工作状态而改变,同时可作为内外机匣之间传力的纽带。先进发动机偶尔会将高压压气机末级整流叶片集成到扩压器内,使扩压器流动的同时承担减速扩压和气流转向的作用,而镶嵌在内的叶片可代替支板的作用同时起到扭转气流和传力传扭的作用,因此设计难度较大,但结构紧凑,有利于缩短发动机长度,减轻发动机质量。

8.2.2　外机匣

主燃烧室外机匣是发动机重要支撑和传力框架之一,所承担的载荷一般有以下方面:

(1) 机匣壁面压力差;

(2) 气体流动带来的气动力;

(3) 机匣上各安装接头载荷;

(4) 涡轮机匣传导过来的轴向力和扭矩;

(5) 外机匣上各个安装边由于温度梯度或材料热膨胀系数不同而产生的应力;

(6) 构件自身的惯性力。

与主燃烧室其他部位相比,主燃烧室外机匣所处环境温度偏低,有利于构件强度和刚度的保持,具有较高的尺寸稳定性,是许多相关结构的定位基准。

8.2.3　内机匣

主燃烧室内机匣同样是发动机重要支撑和传力框架之一,其上所承担的载荷一般有以下方面:

(1) 机匣壁面压力差;

(2) 气体流动带来的气动力;

(3) 机匣上各安装接头载荷;

(4) 涡轮部件传导过来的轴向力和扭矩;

（5）内机匣上各个安装边由于温度梯度或材料热膨胀系数不同而产生的应力；

（6）构件自身的惯性力。

在进行主燃烧室内机匣设计时，根据总体结构设计要求，偶尔需集成涡轮叶片冷却用气的相关结构，增加了结构的复杂性。

8.3 设 计 要 求

8.3.1 接口设计要求

主燃烧室机匣设计需贯彻发动机总体结构设计确定的传力方案，其中有内传力、外传力、平行传力和混合传力等方式，不同的传力方式对应不同的连接接口。主燃烧室机匣设计应贯彻总体结构界面划分、安装边、长度及外廓限制尺寸、管路、支架等接口尺寸、重量要求等约束条件；同时还需满足主燃烧室自身的定位要求，如燃油喷嘴、点火电嘴、火焰筒等结构的定位约束。

8.3.2 气动设计要求

主燃烧室机匣主要的性能需求就是形成二股腔道冷却气流的流道，其内轮廓基本由扩压器和二股腔道的气动设计结果演变而来，同时可考虑兼顾外涵流道型面以及涡轮冷却用气的流道型面。在进行主燃烧室机匣结构设计时，要保证流道型面满足气动设计需求，确实需要根据实际情况进行调整时，则重新进行性能评价。

8.3.3 强度设计要求

主燃烧室机匣是发动机主要承力构件之一，其可靠性十分关键。承受压气机出口压力的每个发动机机匣和承受气体压力的所有发动机构件，按照相关规范规定的方法和程序进行压力试验。试验在构件的最高允许温度、两倍最大工作压力（或根据试验温度下的材料特性调整试验压力）下进行。如果试验件不发生破裂，即认为试验被满意地完成，也就是说，主燃烧室机匣强度必须按照在最高工作温度下耐受两倍最大工作压力进行设计。影响主燃烧室机匣强度的主要因素为基体材料和壁厚。部分材料对缺口极为敏感，在结构设计时应特殊对待，如增大转接圆角、避免接刀痕、表面光顺处理等。

8.3.4 刚度设计要求

主燃烧室机匣是发动机主要承力构件之一，与压气机和涡轮部件直接相连，其刚性直接影响到转静子之间的配合稳定性。若刚性设计不足，则可能影响到发动机的整机振动情况。一般来说，锥形结构刚性较强，直径较大的圆柱形结构刚性较弱，可设计周向加强筋提高其刚性。

8.3.5　成熟度设计要求

主燃烧室机匣设计应尽量选择高成熟度的结构,必要时需参考原准机或已有成熟发动机主燃烧室机匣结构。主燃烧室机匣除了轮廓需要根据流道形状进行单独设计,其余部分结构如安装边、安装座等都具有很强的通用性和可继承性,成熟发动机结构几乎可以直接加以利用。这样做具有很好的技术继承性,结构具有较高的成熟度和可靠性,可以缩短研制周期,还具有很好的指导作用,防止出现明显的设计漏洞,造成损失。

8.3.6　材料设计要求

主燃烧室机匣在选材时要注意遵循以下基本原则。

(1) 可行性原则。

材料选择必须满足构件使用要求,其物理性能、机械性能必须满足构件结构强度要求,重点关注材料的高温性能,同时要考虑构件的工艺可行性,还要考虑材料的可提供性。

(2) 可靠性原则。

所选材料必须数据齐全,数据来源可靠,并按照规定标准进行验收。从冶炼到冷加工、热加工必须有严格的质量控制,确保缺陷被控制在最低程度。

选材时要特别注意材料的相容性,避免"镉脆""钛火"等。

(3) 经济性原则。

经济性原则包括材料的继承性、可获取性以及材料成本。

(4) 高性能原则。

随着航空发动机推重比的不断提高,构件的应力水平也在不断提高。除合理的结构设计外,应通过选取高性能材料来满足高应力水平的要求。

适用于主燃烧室机匣的高性能材料应具备如下条件:

(1) 高强度。

承力构件要求具有较高的极限强度 σ_b 和屈服强度 $\sigma_{0.2}$。

(2) 高韧性。

高韧性是构件加工工艺的要求,也是抗裂纹生成能力和抑制裂纹扩展的要求。高韧性可以降低构件的应力集中,提高材料抗疲劳破坏的能力。然而其与高强度要求往往是相互矛盾的,需要进行恰当的折中处理,以保证材料的综合性能。

(3) 高耐久性。

航空发动机机匣结构复杂,研制周期长,价格高,一旦投入使用,要求有较长的经济寿命,因而要求机匣选用的材料必须具有高耐久性。一般而言,热端机匣寿命大于 2 000 h,冷端机匣是热端机匣的 2 倍。

(4) 高抗氧化腐蚀能力。

航空发动机机匣工作条件恶劣,常在高湿度、高盐雾的环境下工作,热端机匣还要承受高温氧化的恶劣条件。这些条件会导致构件氧化及介质腐蚀,致使材料损伤或引起应力腐蚀开裂,还会降低构件的抗疲劳性能。

(5) 高比强度。

比强度就是材料的屈服极限与其密度的比值 $\sigma_{0.2}/\rho$。高比强度对于提高航空发动机的推重比有重要作用。

8.3.7 热态设计要求

主燃烧室机匣在设计时应着重考虑两个状态:一是冷态设计,也就是常温状态。常温状态下的设计合理性主要影响其可装配性和可生产性,这是因为主燃烧室的加工和生产均是在常温下进行的。二是应考虑其热态尺寸设计,一般情况下主要考虑设计点状态。这是由于主燃烧室机匣在实际工作过程中承受了巨大的载荷、扭矩以及热应力,必然会发生不同程度的变形,从而改变固定在其上其他零组件的相对位置。零组件相对位置的变化将会对整个主燃烧室的强度和性能产生不同程度的影响,因此为保证整个主燃烧室能够在理想状态下工作,应对其热态进行设计和评估,并完成热态尺寸链计算,确保符合指标要求。

8.3.8 工艺性设计要求

主燃烧室机匣结构较为复杂,在进行详细设计时,对其结构细节、尺寸、公差配合等要进行周密考虑、严格要求,并合理选择加工制造工艺,使其具备较好的可生产性。

8.3.9 防错设计要求

主燃烧室机匣是发动机主要承力部件之一,也是发动机最先开始装配的部件之一。它与压气机机匣、涡轮机匣、火焰筒等多个大型零部件直接相连。其上还布置有多种功能性安装座,用以满足发动机或飞机的使用需求,使得主燃烧室机匣通过各类功能部件间接与外涵机匣相连。一旦发生错装,可能需要将发动机分解到零组件状态才能将问题排除,正因为如此,主燃烧室机匣错装具有危害程度大、影响面广的特点。

主燃烧室机匣容易发生错装主要是由于其上分布的接口较多,且存在两个或多个结构相似但功能不同的接口,或结构和功能均相同但装配顺序有特殊要求的接口。因此,主燃烧室机匣采用防错设计十分必要。

在防错设计中,主燃烧室机匣主要应用断根原理(将会造成错误的原因从根本上排除掉,使绝不发生错误)、自动原理(以各种光学、电学、力学、机构学、化学等原理来限制某些动作的执行或不执行,以避免错误发生)以及保险原理(需要用两个以上的动作共同或依序执行才能完成工作)等。

主燃烧室机匣防错设计的注意事项如下:

（1）对于安装方向存在特殊要求的部位,必须进行防错设计;

（2）对于安装顺序存在特殊要求的部位,必须进行防错设计;

（3）对于存在 2 个或多个安装接口且分布位置较近的部位,必须进行防错设计;

（4）防错设计应简单、明显、易操作。

8.4　设　计　流　程

主燃烧室机匣的主要设计流程如图 8.1 所示。

主燃烧室机匣的输入条件主要由总体性能部门、空气系统部门和主燃烧室气动设计部门提供。

方案设计主要确定燃烧室进行其各部件的多方案选型和燃烧室零组件构成设计,并确定主燃烧室气动及总体结构设计方案,确定主燃烧室结构方案、燃烧室各部件材料及工艺,并对强度和寿命进行评估。

技术设计为详细设计阶段,主要设计主燃烧室机匣打样图,确定主要结构部件的尺寸公差、形位公差及公差配合,并对机匣进行热分析,评估其寿命。

工程设计主要确定燃烧室及其各个部件的装配、加工以及检验等,完成这些过程中用到的工程图纸的绘制,并对产品的需求符合性进行评估。

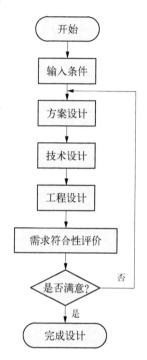

图 8.1　主燃烧室机匣的主要设计流程

8.5　设计输入与输出

理想状态下,设计输入越齐全,机匣设计时内外部环境考虑得越充分,所设计出的机匣结构越符合预期;然而航空发动机的设计是一个不断迭代的过程,设计输入本身也是一个不断补充完善、动态调整的过程,因此在设计的不同阶段,所能获取的设计输入和产生的设计输出结果也不尽相同。本节按照设计所处的不同阶段大致给出机匣设计所需的设计输入需求和输出结果,供读者参考。

8.5.1　方案设计阶段设计输入与输出

在方案设计阶段主要完成部件多方案选型、零组件构成设计,确定主燃烧室气动及结构设计方案。

方案设计阶段所需设计输入有以下方面:

（1）总体性能提供的主燃烧室进出口参数计算结果;

（2）总体性能提供的主燃烧室外环境参数计算结果；

（3）总体结构提供的发动机总体结构方案图（涉及主燃烧室部分）；

（4）总体部门提出的主燃烧室设计指标要求（质量、寿命等）；

（5）空气系统提供的性能指标要求；

（6）主燃烧室气动设计方案图（含扩压器、火焰筒流型、性能参数、几何参数和沿程气动参数）；

（7）燃油喷射系统的基本结构装配方案；

（8）点火系统的基本结构装配方案。

根据上述设计输入要求，经过设计迭代可形成如下输出结果：

（1）主燃烧室机匣基本结构方案图；

（2）主燃烧室机匣基本选材方案；

（3）主燃烧室机匣基本工艺方案；

（4）主燃烧室机匣壁面温度沿程计算结果；

（5）主燃烧室机匣强度寿命评估结果；

（6）主燃烧室机匣质量、质心、转动惯量等。

8.5.2 技术设计阶段设计输入与输出

技术设计阶段主要进行主燃烧室机匣的打样图设计。打样图设计主要确定以下几点：

（1）确定各个关注度较高结构的尺寸公差、形位公差以及公差配合；

（2）确定整个机匣的组合关系及顺序；

（3）确定整个机匣的热处理顺序；

（4）确定机匣的特殊工艺及落实的时机；

（5）完成机匣打样图设计。

技术设计阶段所需设计输入有：

（1）总体性能提供的主燃烧室进出口参数详细计算结果；

（2）总体性能提供的主燃烧室外环境参数详细计算结果；

（3）总体结构提供的发动机总体结构协调图（含主燃烧室各安装边协调尺寸、各安装座协调尺寸等）；

（4）总体部门提出的主燃烧室设计详细指标要求（质量、寿命等）；

（5）空气系统提供的性能具体指标要求；

（6）主燃烧室结构方案图（含扩压器结构方案、火焰筒结构及安装定位方案、燃油喷嘴及总管安装定位方案、点火装置安装定位方案、其他功能件安装定位方案等）。

根据上述设计输入要求，经过设计迭代可形成如下输出结果：

（1）主燃烧室机匣打样图（含详细结构尺寸、主要的尺寸公差、零件组合顺序、主

要的加工工艺、主要热处理工艺、特种工艺、主要的技术要求、主要的检验要求等);

(2) 主燃烧室机匣详细热分析结果;

(3) 主燃烧室机匣质量、质心、转动惯量详细计算结果;

(4) 主燃烧室机匣强度、寿命评估结果;

(5) 主燃烧室机匣尺寸链计算结果;

(6) 其他设计指标详细评估结果。

8.5.3　工程设计阶段设计输入与输出

工程设计阶段主要完成可供装配、生产、检验等使用的工程图绘制,并对产品的需求符合性做最终的评定。

工程设计阶段的设计输入有以下方面:

(1) 内外机匣、扩压器零组件打样图设计结果;

(2) 冷、热态尺寸链计算分析结果;

(3) 质量、质心和转动惯量计算结果;

(4) 故障模式、影响及危害性分析结果;

(5) 质量特性分析结果;

(6) 工程图绘制标准化要求等。

根据上述设计输入要求,经过设计迭代可形成如下输出结果:

(1) 内外机匣、扩压器零组件工程图;

(2) 输出工程图相关技术文件(试验技术条件、质量检验的验收标准、与零组件工程图相对应的数据文件、质量证明单等);

(3) 工艺审查结论。

进入工程设计阶段后,发动机将从工程研制阶段进入工程试用阶段。

8.6　设　计　方　法

8.6.1　机匣轮廓线确定

在方案设计初期,发动机内部的各项参数均处于不断迭代和修正过程中。对于主燃烧室,影响较大的是主燃烧室进出口的高度和直径以及与压气机和涡轮机匣的连接位置。上述参数的变化往往会使主燃烧室流道发生较大的调整,与之相关的主燃烧室机匣型面参数也会发生较大调整。在这个阶段,由于机匣型面的变数较大,主燃烧室机匣过于细节的设计是不必要的,仅需要确定机匣的传力方案、机匣的简单轮廓、壁厚以及选材即可。根据主燃烧室机匣的初步设计图样,即可开展故障模式分析、强度可靠性计算以及重量估算等工作,以便对机匣结构进行进一步完善。

根据总体性能、结构以及空气系统的设计要求,完成主燃烧室气动设计后,可获得扩压器和火焰筒的基本轮廓图(图8.2),主燃烧室机匣的内轮廓将在此基础上产生。

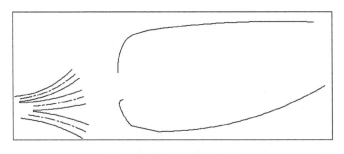

图 8.2 基本轮廓图

主燃烧室机匣的一个重要功能就是辅助形成主燃烧室二股腔道流路。在设计点状态下,二股腔道内的速度既不能太低,也不能太高,太低将增大环腔的面积,从而增加主燃烧室的参考面积,增加扩压器的突然扩张损失,并且会造成环腔中的流动不均匀,太高会导致低环腔静压而影响火焰筒壁面孔的进气和加大环腔的流动损失。对于有原准机的主燃烧室设计,二股腔道内的流速可参考原准机进行设计。对于没有原准机的主燃烧室设计,V_p = 35 ~ 60 m/s。

根据二股腔道内外两个腔道所需的空气流量比,计算确定主燃烧室机匣距离火焰筒壁面的高度,通过该高度确定主燃烧室机匣的基本轮廓线(图8.3)。

主燃烧室机匣的基本轮廓线确定后,再结合总体结构给定的与压气机和涡轮机匣连接位置的参数以及传力路线,即可简单勾勒出主燃烧室机匣轮廓线的全貌(图8.4)。主燃烧室机匣与

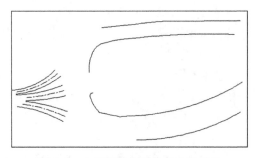

图 8.3 主燃烧室机匣的基本轮廓线

扩压器之间的连接肋通常选择+45°或-45°左右,以同时获得较强的径向和轴向刚度,结构稳定性较高。内外机匣应选择合适部位连接以保证火焰筒的装配。

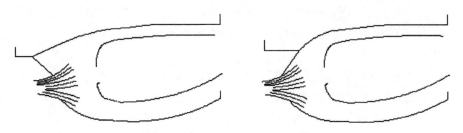

图 8.4 主燃烧室机匣轮廓线的全貌

在后面的设计中应注意尽量不要破坏内轮廓的完整性;如果确实有需要,可以适当调整火焰筒主燃孔截面后的部分,主燃孔前面的部分作为喉道,起到稳定二股腔道流速的作用,不应进行大幅调整。

8.6.2　机匣选材设计

机匣的基本轮廓确定后,应完成机匣的选材方案设计。

材料选择与结构设计,二者互为依存,缺一不可。材料需要必要的结构设计才能扬长避短,发挥其最大效能;而好的结构又需要必要的材料支持才能实现其预期的功能。

在零件选材时,应对零件所需实现的基本功能进行需求分析,根据分析结果提出材料必须满足的基本性能;根据基本性能要求在相应的材料库中选择合适的材料。零件一般所实现的功能有如下几种:承力、弹性、密封、耐磨、抗氧化、热响应、连接、保温/隔热、润滑、防黏结等。航空发动机主燃烧室所处环境较为复杂,各个零件所需满足的条件和实现的功能较多,零件一般会承担多种不同的功能,在选材时需要进行综合考虑。单一材料能够承担的项目越多,结构设计越简单灵活,结构设计越简单,发动机的可靠性越高,越符合发动机设计预期。因此,在选材时,应在满足主要目的的同时,选择综合性能更优的材料。

主燃烧室机匣一般需要满足高温条件下承力、耐压、耐磨、抗疲劳、耐腐蚀、抗氧化、热响应、密封等多种性能需求,要求其基体材料具有优良的综合性能。

1)承力

主燃烧室机匣主要承受内外气体压差所产生的拉应力以及涡轮部件传递过来的轴向力和扭矩。根据其使用环境,机匣材料需在相应的温度下具有较高的极限强度 σ_b、屈服强度 $\sigma_{0.2}$ 以及抗疲劳能力。

2)密封

密封材料的选择需要根据材料的受力情况和所处环境来确定,既要能够发生塑性形变达到密封的目的,又不能发生应力损坏降低密封效果。

3)耐磨

不同材料的耐磨性能大不相同,由于主燃烧室机匣为薄壁机匣,不可避免地会随发动机产生一定程度的振动,从而在连接接触面上发生摩擦,其耐磨性能也需给予关注,材料的耐磨性能主要体现在如下几个参数上。

(1)硬度。

金属材料的耐磨性一般由硬度的大小来衡量。这主要是因为材料的硬度反映了材料抵抗物料压入表面的能力,硬度越高,物料压入材料表面的深度就越浅,切削产生的磨屑就越少,耐磨性就越高。因此,导致材料硬度提高的金属组织一般也能提高材料的耐磨性。但是,由于材料的成分和组织有差别,材料的组织可能不适应某一种特定的磨损条件,硬度的大小不能成为比较材料耐磨性的充分基础。

(2) 温度。

温度主要通过金属的硬度、晶体结构的转变、材料的互溶性以及氧化速率来改变金属材料的耐磨性。金属的硬度通常随温度的上升而下降;材料的互溶性也可以看作温度的函数,随温度的上升而上升,从而影响材料的耐磨性;此外,温度升高对生成氧化物起到显著作用,氧化物的存在也会影响到磨损性能。

(3) 塑性和韧性。

塑性和韧性高说明材料可吸收的能量大,裂纹不易形成,材料反复变形能力强,不易形成疲劳剥落,即耐磨性好。硬度相当的材料其耐磨性不相同,可能是由韧性的差异造成的。

(4) 强度。

磨损过程中,金属基体的强度高,可以对抗磨性提供良好的支撑,使耐磨材料的性能得到充分发挥。

(5) 夹杂物等冶金缺陷。

钢中的非塑性夹杂物等冶金缺陷对疲劳磨损造成严重影响,如钢中的氮化物、氧化物、硅酸盐等带棱角的质点,在受力过程中,其变形不能与基体协调而形成间隙,构成应力集中,在交变应力的作用下出现裂纹并扩展,导致疲劳磨损过早出现。

一般来说,表面粗糙度值越小,抗疲劳磨损能力越高,在后续结构设计中应注意这一点。

4) 抗氧化

应用于主燃烧室的抗氧化材料应该性质稳定致密、耐高温、耐气流冲刷,并完成材料的抗氧化性能测试。

5) 热响应

按照总体设计惯例,主燃烧室内机匣前后均设有篦齿封严装置,其中封严篦齿(转子)一般连接在鼓筒轴上,而蜂窝或刷毛(静子)等结构则直接设置在主燃烧室机匣上或与机匣直接相连。发动机转子热容较大,热响应速度慢,而主燃烧室机匣一般热容较小,热响应速度快;蜂窝或刷毛固定在主燃烧室机匣上,同样会随机匣快速膨胀或收缩。当发动机加减速时,不同的热响应速度会使蜂窝磨损加剧,损失性能。因此,承载蜂窝的主燃烧室机匣会采用低热响应材料,常用的成熟材料为GH907,其线膨胀系数较一般高温合金大幅降低。

6) 连接性能

主燃烧室机匣上固定有各类功能性零组件,常常通过螺栓连接达到紧固的目的。紧固件材料一般按照强度等级标准进行选取,常用材料及其强度等级见表8.1。

表 8.1　紧固件常用材料及其强度等级

序　号	材　　料	温度/℃	强度/MPa
1	30CrMnSi	常温	1 100~1 280
2	40CrNiMo	常温	1 100~1 280
3	38CrA	常温	900
4	GH4169(应力断裂)	650	≥1 275
5	GH4169(抗疲劳)	425	≥1 275
6	GH738	730	≥1 136
7	GH2132	650	≥900
8	MP159	600	≥1 800
9	GH141	760	1 069
10	TC4	常温	1 100~1 280

7）协调性

零件在选材时,需考虑热膨胀不协调带来的热应力。除在结构设计上需要考虑克服振动应力外,材料也要具备一定的抗疲劳性能。若要克服零件的热应力,则可以考虑与周围零件选择相同或线膨胀系数相似的材料。不同线膨胀系数材料零件之间的热应力巨大,常常成为故障发生的内因;如果为实现零件的主要功能而必须使用与周围相配零件线膨胀系数差异巨大的材料,则需在后续结构设计中着重考虑并予以解决。

8）成熟度

航空发动机工作环境复杂且苛刻,验证不充分的材料应用往往会给设计和使用带来风险。因此,在设计选材时,应优先选用成熟发动机相似零件使用过的材料,慎重选用新材料。对于成熟材料无法满足使用要求确需使用新材料的,要优先选用各项参数指标齐全或接近齐全的材料,以提高材料成熟度,降低使用风险。

按照 2017 年国家标准化组织关于新材料技术成熟度的划分标准(征求意见稿):新材料为新出现的具有优异性能和特殊功能的材料,或是传统材料改进性能明显提高和产生新功能的材料。技术成熟度为满足材料的预期应用目标的程度。新材料技术成熟度的等级划分按照材料的技术成熟度分为三个阶段九个等级。

（1）第一阶段为实验室阶段。

等级 1：材料结构设计和制备的基本概念、原理形成；

等级 2：将概念、原理实施于材料制造和工艺控制中，并初步得到验证；

等级 3：实验室制备工艺贯通，获得样品，结构和性能通过验证。

（2）第二阶段为工程化阶段。

等级 4：工程化制备流程打通，获得研制品，结构和性能通过实验室验证；

等级 5：研制品通过使用环境验证；

等级 6：首件产品通过使用环境验证。

（3）第三阶段为产业化阶段。

等级 7：产品通过测试和鉴定试验，成为定型产品；

等级 8：产品通过多次成功执行并验证，具有稳定的市场；

等级 9：产品成本优化，产能及市场稳定。

其具体评价标准见表 8.2。

表 8.2　新材料技术成熟度等级划分标准

阶　　段	成熟度等级	满足条件（各等级条件应全部满足要求）
第一阶段	等级 1	（1）发现可作为该材料研发基础的基本原理； （2）明确了材料的基本结构和基本性能； （3）阐明了材料制备的基本原理
	等级 2	（1）完成材料制备的准备； （2）完成了材料制备原理的验证； （3）明确了材料的关键技术指标和主要使用环境
	等级 3	（1）确定了材料制备的实施方案； （2）实现了工艺贯通，制备出样品； （3）建立了结构和性能分析测试方法； （4）完成了结构和主要性能的测试； （5）测试结果满足关键技术指标和主要使用环境要求
第二阶段	等级 4	（1）完成了工程化制备，获得了研制品； （2）研制品的工程特性获得验证； （3）研制品满足主要使用环境要求； （4）制订了工程化应用评价方案
	等级 5	（1）完成工程化研制品验证件的制备； （2）制定了完整的试验验证和测试方法； （3）完成了工程化产品试验件在实验室环境中的测试； （4）测试结果验证了工程化产品试验件通过了应用评价
	等级 6	（1）完成了工程化规模的稳定化制备； （2）完成了工程化产品性能稳定性评价； （3）工程化产品通过性能稳定性评价； （4）完成了工程化产品验证件制备； （5）完成了工程化产品验证件在使用环境中的测试； （6）测试结果验证了工程化产品通过了应用评价

阶　段	成熟度等级	满足条件(各等级条件应全部满足要求)
第三阶段	等级 7	(1) 掌握了产业化连续制备技术; (2) 完成了产业化设备的建设; (3) 具备相应公用工程的能力; (4) 产业化线通过环境、安全、职业卫生等相关评审; (5) 完成产业化生产文件编制; (6) 产品主要性能满足指标要求; (7) 明确了应用市场并实现销售; (8) 制定生产成本控制方案
	等级 8	(1) 完善和优化了产业化规模制备技术; (2) 实现了材料和产业化规模生产,持续稳定获得产品; (3) 完成了产品的性能和结构测试; (4) 完成了产品验证件在使用环境中的全面测试和鉴定; (5) 完成了测试和鉴定结果的分析; (6) 测试和鉴定结果验证了产品满足要求; (7) 产品具备稳定的应用市场
	等级 9	(1) 产品的性能全部满足使用需求; (2) 产品稳定生产并实现销售; (3) 产品在使用环境中多次执行并完成了任务

航空发动机的研制大致可分为两种:一种是基于已有成熟技术需要在较短时间内派生研发不同用途的发动机。这种发动机的研制周期不允许在基础材料的验证上耗费时间,新材料的技术成熟度至少应达到等级 6 才能满足要求。另一种是预研型发动机,该发动机研制周期长、风险高,研制的其中一个目的就是以型号研制为牵引带动各相关行业的发展,而新材料的研制往往是发动机更新换代的关键。此类发动机的零件选材可考虑多种材料备选方案:一方面选择成熟度低但高性能的新材料作为主方案(成熟度应达到等级 3),牵引高性能新材料的研发;另一方面选择成熟度高、性能稳定的已有材料作为备份(成熟度达到等级 6),保证发动机的现实需求。

9) 工艺性

零件选材时应充分考虑其工艺性,以方便后续的结构设计。材料的工艺性包括切削性能、焊接性能、冷热成型能力、涂镀层的亲和力等。依据不同的工艺性,选择相应的零件成型方式和结构形式。例如,切削性能差的难加工材料可选择铸造成型;焊接性能差的材料可设计为整体铸造或锻造结构,或将连接方式改为螺栓连接等结构来避免焊缝的出现,当不可避免时,可选择电子束焊、激光焊等热影响区较小的焊接方式,提高焊接成功率;涂镀层的亲和力不高的材料可选择底层加面层的结构形式提高其结合力等。

10) 经济性

在零件选材满足各方面指标的情况下,还应考虑材料的经济性,尽量降低发动机的生产成本,例如,钴基材料不符合我国资源分布,应尽量避免使用。特别需要指出的是,对于军用发动机,在需要满足其功能或性能时,经济性可不做太多限制。

11) 比强度

推重比是现代高性能发动机衡量其先进程度的重要参数之一。若新研发动机对推重比有较高的要求,对于体积较大或数量较多、总体积较大的零件,设计者应考虑合理选材,降低其质量。对于主燃烧室,机匣质量占比较大,可考虑使用比强度优异的钛铝合金,但该材料尚存在制备工艺难度大等问题。

12)"三防"

部分发动机长期在海洋环境中使用,盐雾、湿热、霉菌对发动机及其附件系统的腐蚀非常严重,使得发动机使用寿命缩短、效率降低、使用费用增加,也严重影响到飞行的安全性。"三防"指的就是防盐雾、防湿热、防霉菌,"三防"最终失效的主要表现形式就是腐蚀问题。若设计方案有"三防"要求,则需在选材时进行考虑。

应尽量避免使用含铁量较高的钢材或铁基高温合金;对确实需要使用但不具备"三防"能力的材料,必须考虑对其进行物理防护或化学防护,如使用防护漆、喷钎焊料、镀镍防护、纳米改性等措施。

奥氏体不锈钢 0Cr18Ni9、0Cr19Ni9、0Cr18Ni10Ti、0Cr18Ni11Nb、0Cr18Ni11Ti、1Cr18Ni9、1Cr18Ni9Ti、1Cr18Mn8Ni5N、ZG1Cr18Ni9Ti;沉淀硬化不锈钢 0Cr17Ni7Al、0Cr17Ni8Al、0Cr17Ni4Cu4Nb、ZG0Cr17Ni4Cu3Nb;耐热不锈钢 ZG1Cr25Ni20 均具有较好的抗腐蚀能力,可满足海洋环境的使用要求。

马氏体不锈钢 1Cr11Ni2W2MoV、1Cr12Ni2WMoVNb、1Cr13、2Cr13、3Cr13、4Cr13 具有一定的抗腐蚀能力,为进一步提高抗腐蚀能力,可采用钝化处理。9Cr18、1Cr17Ni2、ZG1Cr17Ni3、ZG1Cr17Ni2、0Cr12Mn5Ni4Mo3Al 具有较好的抗腐蚀能力,可满足海洋环境的使用要求。

结构钢抗海洋环境腐蚀能力差,需更换材料或采用防护涂层进行防护,以满足海洋环境的使用要求。

异金属连接件,尤其是当镁合金、钢、锌、铝等金属及其合金与铜、镍、不锈钢、钛合金等连接时,应在连接点采取适当的绝缘措施,防止发生电偶腐蚀。

当把电偶序中相距较远的金属连接在一起时,应采取适当措施避免其直接接触,在阴极零件上镀一层电位与阳极零件相近的耗损性金属镀层,也可将连接件的所有表面涂覆涂料,还可以把金属连接面严格绝缘。

13) 敏感材料环境分析

零件在选材时还应注意避免敏感材料之间的互相接触,这里列举几个典型的案例。

(1) 钛火:金属钛属于非自燃金属,但却属于易燃金属,当遇到某些火源时,有可能引起金属钛的燃烧。金属钛着火的现象简称为钛火。钛在空气中的燃点为1 627℃,一般情况下,航空发动机零件温度不会达到如此高温,即不会发生燃烧。

但当钛合金受到剧烈撞击或摩擦时,局部产生的高温就可能引起金属钛起火燃烧,尤其是碰撞或摩擦双方均为钛合金零件时,金属钛起火概率会大大增加。因此,在选材方案设计时,应尽量避免钛合金间的碰撞和摩擦(如转静子之间的摩擦);当无法避免时,需要采取涂镀层的方法进行隔离。新材料阻燃钛合金正在研制中,待其成熟后,可作为备选方案。

(2)镉脆: 低熔点金属(Hg、Cd、Ag、Au)致脆,会造成钛合金 LMIE 破坏,为此美军现已停止使用电镀 Ag 处理航空压气机钛合金构件,并严格禁止钛合金构件与镉接触。镉是优良的抗腐蚀镀层材料,常作为发动机紧固件的保护层,而在装配和使用中有可能与钛合金构件发生接触而造成镉脆隐患。除非有特殊需要,否则铜和镉不应该用在与燃油或润滑油直接接触的发动机零件上。

(3)氢脆: 氢脆是指溶于钢中的氢原子聚合成为氢分子,造成应力集中的现象,一般发生在普通不锈钢材料中,高温合金中并不多见。

综合上述分析,目前 GH4169 以其良好的综合性能以及较高的成熟度,成为主燃烧室机匣的首选材料。另外,具有更高比强度的钛铝铌材料也已进入工程试用阶段,是将来发动机的关键材料。

8.6.3　机匣结构设计

根据上述各项原则选定材料后,根据其高温屈服强度数据以及承受的各种力和力矩,计算所需壁厚数值,圆整后即为主燃烧室机匣设计壁厚。在这个阶段,主燃烧室机匣可暂时设计为等壁厚机匣,待主燃烧室方案基本确定后再进行详细设计。

在实际设计中,发动机设计要求不同,对经济性、可靠性、推重比等方面的侧重不同,可给出多种材料与壁厚的组合。可以依据最优原则,选出最适应发动机需求的材料与壁厚组合。

按照总结构布局,主燃烧室机匣还可能承担向涡轮提供有旋冷却空气的功能,即预旋喷嘴,以及设置蜂窝座承担封严功能。在设计过程中应尽量采用一体化的结构设计思想,以减少零件数量,提高可靠性。

机匣设计中在满足接口需求和功能需求的同时,应注意非功能需求。合理选择内外机匣的分段位置,保证主燃烧室可装配性。

在主燃烧室机匣结构设计完成后,应对其强度进行简单评估,满足要求后进行下一步设计,否则需要重新进行壁厚设计。

按照总体结构要求,主燃烧室机匣需要与压气机机匣和涡轮机匣实现可靠连接,主燃烧室内外机匣的可靠连接,并提供诸如燃油喷嘴安装座、各类测试安装座、各类引气安装座等接口,同时根据火焰筒的安装固定形式(前支撑或后支撑),提供火焰筒的安装定位结构。

在发动机进入验证机阶段时,为了掌握发动机的内部信息,验证设计指标是否满足预期以及研究下一步的改进方向等,不可避免地要进行大量的测试工作;为满足测试引线的需求,应当在主燃烧室外机匣的前段、中段以及后段等典型部位预留测试引线接口。典型的测试参数有 T_{t3}、P_{t3}、火焰筒壁面温度、二股腔道的压力和温度、内机匣的壁温、内流传热等。测试安装座不必全部开孔,可预留未开孔的备用安装座,在需要时补加工即可,防止不用时漏气过多,影响性能。测试引线接口过多会显著降低机匣的可靠性,一般情况下可在接口安装座较多的截面增设环形加强筋以确保机匣在工作中不会发生破坏。

8.7　准则和经验数据

8.7.1　安装边设计

在主燃烧室机匣结构设计中,首先应确定机匣的定位基准。该基准需要具备以下几个特点: 刚性好、强度高、耐腐蚀、不易变形、易夹持、易加工、外部可达等。一般情况下,主燃烧室机匣小端安装边具备上述所有特征,可作为整个机匣的定位基准(图 8.5)。A_1 面为轴向定位基准,一般作为第一基准;A_4 轴线为径向定位基准,一般作为第二基准;根据需要还可设立一个参照物,如安装边最上方孔或某安装座等,为周向基准,一般作为第三基准。由于定位基准的加工精度要求较高,一般情况下会设置成单独的凸台或凹槽,长度 t 根据需要设计为 5~10 mm,t 过短,则影响装卡的可靠性和稳定性,最终影响加工精度,t 过长,则经济性不好且加工周期长。

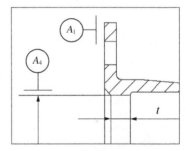

图 8.5　主燃烧室机匣定位基准

主燃烧室前安装边和后安装边涉及多个部件的协调,必须按总体结构的要求进行设计。

主燃烧室内外机匣连接的安装边需自行设计,主要应考虑如下几个方面:

(1) 由于主燃烧室内外机匣所处环境差异较大,经热力计算分析后可能得出内外机匣的温度差异较大,需要分别选取不同的材料。内外机匣连接安装边最好选取在温度(材料)发生改变的位置范围内。

(2) 安装边的设置位置需要同时考虑整个单元体的装配顺序,防止出现火焰筒或其他结构件在需要拆分时,受安装边限制无法取出的情况。

(3) 该处安装边除了固定安装的作用外,还需满足传力和密封的要求,因此该安装边需要和连接螺栓同时设计。首先需要计算出安装边连接螺栓所需承受的最大载荷(轴向和剪切),包括气体压力、其他部件(如涡轮)传递过来的力,飞机机动飞行时的质量惯性力,以及不同材料安装边由热膨胀不一致带来的力等。最大载荷乘以安全系数即为连接螺栓所需满足的承载力。由于安装边有密封要求,且在发动机工作时不能因该安装边的连接失效而产生振动,即内外机匣安装边之间无论在何种情况下均不能出现缝隙,螺栓上需要施加大于轴向承载力的拧紧力,拧紧力一般占整个螺栓抗拉强度的60%左右。

对设计使用所包含的载荷应采用表8.3中规定的安全系数来确定限制载荷和极限载荷状态。对所有铸件,除另有专门规定外,应将上述规定的限制载荷和极限载荷系数乘以1.33。

表 8.3　安全系数要求

载 荷 类 型	限 制 载 荷	极 限 载 荷
外部作用力	1	1.5
热负荷	1	1.5
推力	1	1
内压	1.5	2

注:基准1为发动机工作包线内燃烧室承受的最大气动载荷。

在内外机匣详细设计过程中可以获得的输入条件如下:

(1) 整个安装边总的螺栓抗拉强度计算值。

(2) 安装边所处的温度环境。

(3) 适应不同温度环境的螺栓材料方案。

(4) 安装边接口的大致直径。

(5) 尽量选取可靠性高且扳拧工具尺寸小的螺栓(一般选取十二角头花键螺栓)。

(6) 标准螺栓的系列公称尺寸。

(7) 螺栓头与周围壁面之间需要留出扳拧空间。

(8) 螺栓与螺栓之间需要留出扳拧空间。

(9) 安装边的高度尽量小,以获取较小的质量(有特殊要求除外)。

(10) 螺栓头需要全部压在安装边上,以获得稳定的预紧力。

(11) 螺栓孔与安装边的边缘需要有一定的距离,以获得高可靠性(可通过强度计算分析获得)。

(12) 为使安装边受力尽量均匀,应多设置螺栓孔,但为了减少装配工作量,增加可装配性,需要少设置螺栓孔,两者取平衡。

(13) 按照习惯,总的螺栓孔数量一般为偶数,总体上具有对称性且角度尺寸为有限小数。一方面安装边各个方向受力大致均匀;另一方面方便设计工艺参数。同时,应设计1个或2个偏置孔用于防错,防止安装时周向错位。

（14）安装边应有足够的刚性，也就是说应有足够的厚度（可通过强度计算分析获得），防止工作过程中安装边变形过大，尤其是轴向变形过大，影响相关轴承或转子件的配合，引起整机振动。刚性不足也会在局部撕扯螺栓，造成螺栓出现危险点，降低可靠性。

（15）为保证安装边之间的同心，可设置定位止口或精密螺栓孔。止口不应过长，接触长度2~3 mm即可，过短定位不准，过长不易拆装。止口应有足够的强度，能够承受不同材料的热膨胀不协调。止口设计时要进行热分析，以满足热态可靠定心的要求；止口的正反以及紧度配合的选择，均以热分析的结果为参考。精密螺栓孔过少起不到定位作用，过多则会过度约束，影响可装配性。

（16）需要时设置顶丝螺栓孔，方便拆分。

（17）有时为了减轻质量，将安装边设计为花瓣形，但这样会降低其整体刚性。主燃烧室各安装边处于发动机中央，刚性对整机结构的稳定性十分重要，一般不建议采用该设计。

（18）主燃烧室相关安装边的连接刚性对整机结构的稳定性至关重要，一般不设计柔性密封结构。

综合平衡上述条件后可以设计出较为完善的主燃烧室机匣安装边结构。

8.7.2 安装座

安装座的结构按照设计理念可以分为两种：一种是接嘴，俄制发动机一般采用这种安装座，其结构为一个带螺纹的管接嘴，插接或对接焊在机匣上（图8.6）。这种安装座的优点在于占地面积小、连接简单、质量小，缺点在于管接嘴与机匣之间的过渡过于剧烈，容易造成应力集中，可靠性较低（主要体现在疲劳寿命较短）。另一种是安装座，美制发动机一般采用这种结构。其结构为一个扁平的凸台，上面设计有若干螺栓孔，对接或在机匣上整体加工成型（图8.7）。这种安装座的优点

图8.6 接嘴

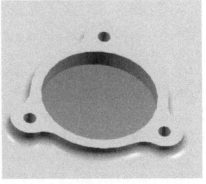

图8.7 安装座

是可靠性高,缺点是结构尺寸大、质量偏大。两种安装座各有优缺点,设计时可根据实际情况选用。

接嘴一般适用于通径较小、受力较小、临时性的接口;安装座则适用于通径较大的永久性接口。

设计时首先应确定孔的通径,从而确定安装座的结构。孔的通径由最大引气量或装拆物的最大直径确定。若孔的通径在 10 mm 以内,则选择接嘴结构;若孔的通径在 10 mm 以上,则选择安装座结构。

接嘴应与相连的管接嘴同时设计,选择合适的螺纹以保证密封。为减轻安装座质量,同时增加可靠性,接嘴的高度不宜过高,留出螺纹的有效旋合长度,板拧结构、锁紧结构以及退刀槽高度按相关标准设计即可。与机匣壁面的过渡圆角应在 $R3.5$ mm 以上(需满足强度要求)。如果有多个类似结构,则需要进行防错设计,可通过设置不同高度或不同螺纹的接嘴进行防错。

安装座应与相连的安装法兰以及安装螺栓同时设计以保证密封性。一般情况下安装座设计为单边突出,突出的高度与通径的大小以及机匣内部的压力相关,保证机匣在最大压力时孔的边缘不出现危险点。机匣内部流速较低的部位,安装座可设计为双面突出,以获得更好的应力分布。安装座根据通径的大小,设计为三角形或四边形(图 8.8),当安装座较多且不易分辨时,为了防错设计成五边形或六边形。

图 8.8　安装座结构

安装螺栓应有足够的强度,以抵抗发动机工作时受到的气体压力、热变形不协调带来的力、相连结构带来的力,并在受力的同时还有足够的预紧力保持密封。螺栓孔与通径孔之间应有足够的距离,保证加工孔或工作时通径孔周围不会因应力叠加而出现危险点。同样,螺栓孔距安装座边缘也应有适当的距离。螺栓和螺栓孔的选择还应考虑其通用性,在保证可靠性的前提下没有必要为单独的安装座独立设计螺栓(特殊情况除外)。安装座边缘应与机匣壁面以及邻近安装座圆滑过渡,防止出现应力集中点。过渡圆角一般不小于 $R3$ mm。安装座应设置密封结构。

若采用铜垫或其他软材料密封,则需设计密封垫的卡槽,防止密封垫失效时飞出。对于数量较多、通径较大的安装座(如喷嘴座),最好使用密封效果更好的 C 形或 O 形密封圈结构,以减少气体的泄漏量。若主燃烧室机匣某一环面由于安装座设置过多而出现应力集中或强度减弱的情况,可通过在附近增加环形加强筋的方法提高其强度。对于安全系数较高的部位,可以视情减小壁厚,以减小质量。

根据火焰筒的前支撑或后支撑,机匣上还应设置火焰筒定位销的安装座或定位止口,保证火焰筒头部与喷嘴同心。根据型号规范要求,主燃烧室机匣上可能还需设置放油接嘴座,放油接嘴座应设置在外机匣的最低段,保证放油时尽量干净。

主燃烧室外机匣上还应根据总体要求设置孔探仪座或维修维护口盖。孔探仪座应考虑到一般的孔探仪探头为柔性探头,伸入机匣后只能靠工作人员的手法和重力的作用来调节探头位置。孔探仪座应设置在机匣上方便利的位置,增大孔探仪探头的探测范围,以满足主燃烧室的可维护性。

为提高装配性,在存在配合结构的部位应设置倒角导向。为获得更好的人机环境,对于存在锐边的部位应设置倒圆或锐边磨圆。

为提高主燃烧室机匣的表面完整性,部分机匣还采用了喷丸强化处理,以达到抗疲劳的目的。喷丸时需注意,零件的危险截面、最大受力部位、内外圆角、截面过渡变化处的转接圆角等的高应力区,往往是疲劳裂纹和应力腐蚀开裂经常出现的部位,所以首先要保证这些地区获得规定的喷丸强度。

为提高机匣安装边的密封性,部分机匣上还涂有永久性密封涂层,典型的有 Ni-Cr-Al 涂层。有时在发动机装配前还会喷涂密封漆以进一步提高其气密性,典型密封漆有 H61-1 航空用环氧有机硅耐热漆等。

8.8　试验验证要求

8.8.1　静强度试验

主燃烧室机匣的压力试验应按照型号规范的规定执行。

1) 载荷工况及发动机状态

根据主燃烧室机匣的强度计算结果,选取压差最高、安全系数最低的最大气动负荷状态的载荷作为主燃烧室机匣压力试验载荷。

2) 考核部位

根据强度计算结果,选取主燃烧室机匣的薄弱点作为考核部位,例如,焊缝周围的热影响区域存在强度下降的趋势,可将分段机匣的焊缝处作为压力试验的考核部位。

3) 温度与材料修正系数

机匣压力试验一般在室温下进行,而发动机实际工作在高温状态下,因此需根据主燃烧室机匣工作温度及材料性能数据对试验载荷进行温度修正。根据试验件材料的实际性能参数(抗拉强度),得到材料修正系数。若机匣不同受力部位的载荷经过修正后相差较大,则可根据实际情况设计试验工装,对各个区域分别加载。

4)考核试验项目

(1)屈服强度试验。

经温度与材料修正后,制定主燃烧室机匣修正后的屈服强度试验载荷;同时在各个机匣安装边加载模拟发动机真实状态的轴向载荷。卸载后,对试验件分解进行尺寸测量和着色检查。

(2)极限强度试验。

经温度与材料修正后,按照相关规定的安全系数(2倍于最大工作压力)对主燃烧室机匣进行极限强度加载试验。卸载后,对试验件分解进行尺寸测量和着色检查。

加载载荷一般要求:① 缓慢加载,不允许有冲击现象;② 模拟机匣前、后端边界条件;③ 强度考核试验保载时间为 5 min。

8.8.2　疲劳强度试验

在定型试验持久试车前,发动机的关键件应进行低循环疲劳试验,以验证该机匣是否满足寿命设计要求。

试验载荷一般选取单次循环损伤最大的状态循环作为标准循环。根据低循环疲劳寿命计算结果,选取主燃烧室机匣最薄弱位置作为低循环疲劳试验的考核部位。

若试验在室温下进行,则需对试验载荷进行温度修正,同时根据试验件材料性能,对材料进行修正。试验载荷需要模拟主燃烧室机匣承受的压力和轴向力,使其所受载荷尽量与发动机真实状态接近。

试验载荷要求:

(1)模拟主燃烧室机匣前、后端连接的边界条件;

(2)保持压力差及轴向力同步协调加载;

(3)缓慢加载,不产生冲击现象;

(4)在整个试验中,监视试件的结构变化情况,注意观察焊缝附近是否产生裂纹;

(5)加载、保载及卸载时间根据试验设备确定,但必须保持载荷稳定;

(6)在疲劳试验前后着色检查所有焊缝处;

(7)疲劳试验前后对机匣进行尺寸测量,检验机匣变形情况。

第9章
点火方案设计

9.1 点火原理及方案

9.1.1 点火过程

可燃物着火分为自燃与强制点燃两种。自燃是指在一定的温度和压力环境下,由于燃料自身的氧化反应逐渐加速,最后形成燃烧的过程。在航空发动机燃烧室中,起动点火属于强制点燃类型。强制点燃是指使用一个瞬时的点火源来提供足够的能量使可燃混合物产生一定体积的高温燃气,正好可以满足火焰成功传播的需求,换句话说,可燃混合物的热量释放速率要大于当地热量损失的速率。因此,强制点燃可以描述为可燃物和氧化剂以一定比例和形式进行混合,通过提高混合物局部温度(以某一方式产生点火源)诱发化学自由基生成,使化学反应得以持续不断地进行,形成稳定火焰的过程。从宏观上来说,点火过程是一个燃烧反应速率由无到有,最后稳定的非稳态过程,同时存在光热辐射逐渐变强和稳定的过程。

对于实际燃烧室,点火过程可以分为三个阶段。阶段 1:产生核心火团。核心火团的产生包含火花周围一个小火焰的生成。阶段 2:火焰扩展,包含未燃流体前部火焰当地传播,传播到主燃区,使整个主燃区燃烧。阶段 3:从已燃流体头部向未燃流体头部传播,并实现火焰稳定。

对于所有的燃烧室,点火过程的三个阶段必须都成功,才意味着点火成功。对于点火的阶段 1,其主要影响因素为电嘴附近的燃料分布、燃料液滴的 SMD 大小、点火能量的大小以及当地气流速度[1]。研究表明,点火能否形成初始火团完全取决于在电嘴电极之间的液雾团中由化学反应产生的热量能否大于由于辐射及湍流扩散所丧失的能量[2]。液雾团中化学反应的放热主要取决于电嘴附近有效的燃料空气混合比,以及初始火团的大小和温度。初始火团的大小及温度往往取决于电嘴能量及放电间距。而初始火团损失的热量则主要取决于点火区域附近的气体流速、湍流度及参加反应之外的燃料的量。电嘴的位置及电嘴的放电方式也对点火过程的阶段 1 初始火团的形成有着巨大的影响。对于点火过程的阶段 2 和阶段 3

初始火团的传播阶段,其影响因素主要有整个流场的燃料分布、燃烧室冷态流场结构、燃烧室内温度、压力以及主燃区的速度[3]。电嘴位置对点火过程的阶段 2 也有一定的影响。

9.1.2 点火原理

在燃烧室的设计中,为保证存在一个容易点燃和形成稳定火焰的燃烧区,一般要在燃烧室头部形成一个富油低速流动区域。通过旋流流动产生的轴向逆压梯度导致回流产生的低速区域是航空发动机燃烧室中应用最为广泛的形式。旋流流动不仅具有高强度的流向旋涡,还有垂直于流动方向的展向旋涡。这两种旋涡的叠加效应使得燃油与空气的混合得到进一步强化,形成三维受限空间内良好的油气雾化,有助于点火性能和燃烧效率的提高。大量试验已经证明,在各种火焰稳定装置中,旋涡流动形成的回流区是最有效的。较高的油气当量比可以增大点火成功的可能性,而低速流动区域可确保火焰核心形成后能成功形成稳定火焰。

可燃混合物的自燃和强制点燃问题是燃烧学中的基本问题。相对于高温燃烧,它们都是关于未反应(强制点燃)或者缓慢反应(自燃)状态向完全或者充分燃烧状态过渡的过程。相对于自燃,强制点燃过程存在一个外来的诱发点火源,诱发点火源产生的能量形成火焰核心,火焰核心为一个极小的受限空间,具有高度的化学反应性和热量释放率。火焰核心生成到发展成为自稳定的火焰,取决于点火源与周围油气混合物的耦合作用。

9.1.3 最小点火能量

对于静态油气混合物,当油气混合特性基本保持不变时,点火源能量的大小决定了点火成功的可能性。点火成功的最小点火源能量则被定义为最小点火能量。

关于最小点火能量,Lewis 等[4]针对静态电火花点燃预混可燃气体,首次从理论上对最小点火能量进行了研究分析。他们假设火花的全部能量转化为热能,热能点燃的球形火焰核心区域的大小决定了火焰传播的可能性,即球形火焰核心区域体积太小,已发生反应的高温燃气核心与外部未燃混合油气之间的温度梯度过大,甚至大于稳态火焰内外温度梯度,造成燃烧区的放热小于热损失,使得燃烧区的温度下降,反应逐渐停止,火焰核心熄灭。为保证火焰可以在可燃混合物中传播,起始火焰核心在内部温度降至常规火焰温度之前必须至少发展到一个最小尺寸,定义这个最小尺寸为临界直径,此直径下火焰核心的表面积与体积之比正好足够小来保证火焰的发展。最小点火能量定义为使临界球形的内部温度加热到混合物火焰温度时所需的热量。由此可见,临界直径与最小点火能量是密切联系在一起的。在 Lewis 等的假设中,火花的所有能量都转化为热量,但是在实际试验和应用中,由于火焰核心与点火电极之间存在不可避免的热量传递,所记录到的最小点火能量会有一定程度的增加,此时电极之间的距离小于理论最小值,这个距离称为淬熄距离。可以看出,最小点火能量是淬熄距离的相关函数。随着电极距离的增加,最小点火能量减小,而在某一距离时,最小点火能量达到其最小值然后开始增加。当距离较短时,电极吸收了来自初期火焰的大部分能量,因此需要较大的最小点火能量。随着距离的增加,表面积与体积之比减小,所以最小点火能量减小。

Calcote 等[5]通过试验研究给出了对于电极距离最小点火能量的最低值,提供了关于最小点火能量与淬熄距离之间十分有意义的数据,见图9.1。

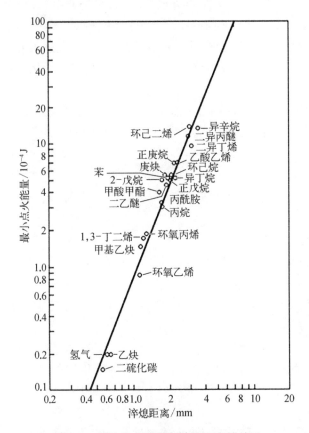

图 9.1　最小点火能量与淬熄距离的关系

Peters 等[6]发展了一个特征时间理论来解释更加复杂的喷雾点火现象。此理论假设混合速率和化学反应速率无限大,而发展中火焰核心的热量释放速率受限于燃料蒸发速率。通过建立淬熄距离和蒸发时间尺度的量级表达式,Peters 等[6]提出火焰成功传播的必要条件是,火焰核心的冷却(淬熄)时间必须大于燃

油总的蒸发时间。假设热量离开火焰核心的方式为热传导,则冷却(淬熄)时间可以表示为

$$\tau_c = \frac{\pi d^2}{\alpha} \tag{9.1}$$

式中: d 为火焰核心的直径; α 为热扩散系数。

从前人的研究结果来看,点火理论主要针对最小点火能量和特征时间建立起来的零维模型或者经验模型,并通过试验进行验证。而试验结果也证明了其具有较高的精度和合理性,模型中重要因子的物理意义也由试验中各类参数的实现得到了较好的体现[7-10]。但是,最小点火能量和特征时间理论并没有考虑到在一个流动空间内湍流与化学反应之间的相互作用,如火花在流动中的迁移,湍流造成火花的变形、破碎和重组,湍流造成的点火随机性等,对点火过程的发展也未进行详细的推论。这些主要受限于研究者无法对点火时的流动、雾化与化学反应过程开展精细的研究。

在实际应用中,火花经常被用来点燃流动的可燃混合物。电极间流动速度的增加意味着点火所需能量的增加。流动使得火花偏向下游,延伸了火花路径,使得输入的能量分布在一个更加宽泛的体积内。因此,流动体系中的最小点火能量要大于静止状态。另外,由于在航空发动机燃烧室中,点火器的能量远大于最小点火能量,所以最小点火能量在分析燃烧室点火时的理论意义大于实际意义[11]。

9.1.4　点火方式

航空发动机燃烧室点火属于强制点燃。强制点燃的方式有很多种,如电火花点火、火炬点火、热线点火、热表面点火、等离子体点火、激光点火、化学试剂点火、燃气添加点火与氧化剂点火,但是航空发动机燃烧室基本采用电火花点火方式。

电火花点火可以将电能高效地转化为热能,并将热能集中到一个很小的区域内,同时火花频率、持续时间和每次火花所发出的能量均可以人为控制,且结构简单小巧,互换性及可维护性强,可进行多次点火,这些特点正适合航空发动机燃烧室背景下使用。

相对来说,激光点火等一些点火方式虽然比电火花点火方式可靠得多,但其不是材料昂贵就是结构复杂,因此目前在航空发动机中尚未进行推广使用。除此之外,人们也在开发成本低、点火效率高的其他点火方式,如等离子流点火等。

航空发动机的电火花点火系统可以大致分为以下三种类型:① 电感类型,通过电感线圈产生电压放电;② 电容类型,通过电容放电产生高温高能火花点火;③ 使用电热塞(电阻)的点火系统。由于电热塞点火系统耗电能量大,并且容易烧

坏,所以该方式在实际中极少采用。在军用飞机上,通常采用高能电容点火系统。这是由于电容点火系统能够产生较高的电压、非常炽热的火花,并且点火覆盖区域较广。

电感点火系统的火花能量与火花频率以及输入功率直接相关,如果提高火花能量,势必大大增加电感点火系统的质量和大小。此外,电感系统放电时间短,因而放出火花能量低。因此,电感点火系统存在很多局限性,已经很少在航空发动机上使用。

电容点火系统的火花能量与电容器的电容直接相关。因而,只需增加或减小电容器的电容就可以得到适合的火花能量。在功率一定时,电容点火系统的火花能量与火花频率成反比,因而在火花能量增大的情况下,火花频率有所降低,但是其发出的高能火花能够明显提高系统的点火能力,现有航空发动机多数采用电容点火系统。

目前,高能电容点火系统多采用单通道点火电嘴,实际应用中储能电容能量难以通过单一放电通道完全释放。多通道点火电嘴,顾名思义,即能够产生多个点火通道的电嘴。根据是否采用半导体,多通道点火电嘴又可分为多通道空气间隙电嘴和多通道半导体电嘴,其外形与穿透半导体电嘴类似,主要是发火端结构不同。多通道点火电嘴除了传统的阴极、阳极两个电极,为增加点火通道、增大初始火核尺寸,引入多个中间电极。如图 9.2 所示,多个电极沿 C 形布局安装于发火端面的 C 形槽内部。半导体间隙多通道点火电嘴的电极之间有易于放电的半导体涂层,半导体涂层材料和半导体电嘴使用的材料相同。

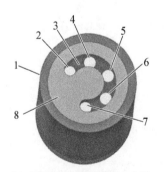 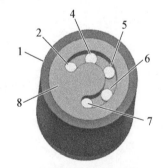

(a) 半导体间隙多通道点火电嘴　　　(b) 空气间隙多通道点火电嘴

图 9.2　多通道点火电嘴

1. 点火器壳体;2. 高压电极;3. 半导体层;4~6. 中间电极;7. 低压电极;8. 陶瓷绝缘层

空气间隙多通道点火电嘴的击穿电压较高,常匹配高压放电系统;而半导体间隙多通道点火电嘴的击穿电压较低,常匹配低压放电系统。当放电系统输出高压时,常规点火器的高低压电极间空气击穿,从绝缘体转变为导体。放电系统通过放电通道释放能量,产生初始火核。多通道点火电嘴的工作过程有所不同,引入多个电极,因此产生了多个放电通道。当点火装置输出高压时多个放电电极会依次击穿,形成多通道放电。放电通道数增加,导致等离子体通道长度增加,提升了点火装置的能量利用率。因此,多通道点火电嘴可实现高效放电,释放更多的点火能量,提升点火性能。

9.2　点火性能及其影响因素

9.2.1　点火性能

一般飞机在地面时,由于压力、温度都较高,进气速度不大,点火起动相对容易。困难的是在高空熄火后,压力、温度都很低,发动机处于"风车"状态,气流速度也较高,点火处于很不利的条件下,而且飞机处于无动力滑翔的危险状况。发动机的点火高度也是评定飞机或发动机的一个性能指标。燃烧室的点火性能一般用点火特性线来描述。点火特性线是在一定的进气条件(进口总温 T_{t3}、进口总压 P_{t3}、进口流速 V_3)下,顺利实现点火的混合气体的余气系数(或油气比)范围所形成的点火包线,通常通过试验取得,以供飞机飞行时参考。图 9.3 是典型的燃烧室点火特性线。

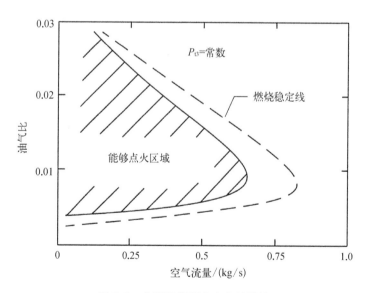

图 9.3　典型的燃烧室点火特性线

燃烧室的点火标准至今尚未统一,一般最常用的是点火时若能从为试验专门所开的观察窗见到稳定的火焰,则为点火成功;也可以在燃烧室出口安装热电偶,若燃烧室点火成功,则排气温度上升,一般情况下,同时采用这两种方法。

现有燃烧室的点火性能研究主要针对地面或者高空状态下,空气流量、温度、压力、燃油流量和燃油温度对点火的影响。而点火方式主要针对电火花点火器、等离子体点火器、催化点火器等,主要采用的点火方式是高能电火花点火。

9.2.2　点火性能影响因素

1) 点火能量影响

从理论上来讲,由前面所述,点火过程的阶段 1 要形成一个足够大的、温度足够高的火团(火核),火核的初始尺寸对点火性能有很大影响。就点火器能量来讲,能量越大,越容易形成稳定的高温点火核心。但是,燃烧室是否点火成功,还与其后发生的点火阶段 2 有关。因此,在点火能量较小时,由于能量增大对点火核心的影响,点火性能随点火能量的增大改善非常明显;而当点火能量较大时,点火能量已足以完成阶段 1,点火能量增大对点火阶段 2 没有影响,因此随点火能量的增大,点火性能不再有明显的改善。

2) 进气参数影响

影响点火性能的主要进气参数包括进口压力、进口温度、进口气流速度。所有现存的试验数据,不论是从滞止混合物获得的,还是从理想流动系统获得的,抑或是从实际燃烧室中获得的,都无一例外地证明了一个事实:进口压力的增大将使得最小点火能量减小[12-14]。

随着进口压力的降低,空气密度下降,质量空气流量也减小,同时供油压力随之降低,对于压力雾化喷嘴,燃油雾化质量变差。这样,进口压力降低,空气中氧的绝对浓度下降,同时燃油雾化质量变差,使点火性能变差。

所有现有的研究结果都表明,进口温度的降低将会对点火性能带来负面影响。这是由于使油气混合物上升至其反应温度需要很多的能量,然而在低进口温度情况下,燃油蒸发速度很慢,同时很大一部分电火花能量也被吸收用于燃油液滴的蒸发,这就造成了点火性能不佳。

在通常情况下,任何进口温度的降低都伴随着进口速度的降低。因此,除了蒸发速率占主导地位的低速流动,温度降低对点火性能带来的负面影响都会在一定程度上被速度降低所带来的影响抵消。

进口速度的增大,首先可以为点火带来益处:通过对电火花的拉伸提高电阻和能量释放,从而提高了电嘴电量的释放,并且减小了热量损失,提高了电火花和电极之间混合物的活性,同时改善了燃油雾化。但是,除这些增益之外,在初始火团形成的阶段 1 的对流热损失,是与进口气流速度呈线性关系的。气流速度的增大,会增大对流热损失,削弱点火性能,除非提高电火花的放电能量。综合以上两方面的因素,一般来说,进口速度越小,点火越容易。

除此之外,进口速度的增大还会对点火性能带来其他方面的负面影响。这会使得初始火团通过主燃区中传向下游的传播时间变短,从而会对点火过程的传播阶段带来不利的影响。

3)头部油气分布影响

火焰筒头部的油气分布是影响点火性能的重要因素。对点火过程的所有方面进行简单考虑,对点火来讲,当火焰速度和火焰温度都达到最高时,最佳工况是主燃区混合物的浓度接近化学恰当比。然而,在点火工况下,只有蒸发之后的燃油才会参与点火过程,蒸发燃油的比例是由燃油的挥发性和雾化的质量决定的。因此,火焰筒头部的平均油气比没有实际意义,燃烧性能取决于有效油气比,即燃油蒸汽与空气的比值。对于点火,理想的点火条件是火焰筒头部的有效油气比接近于化学恰当比[15,16]。

燃油的雾化蒸发性能取决于两方面:燃油本身的物理性质和喷嘴的雾化特性。在喷嘴的设计过程中,必须考虑起动状态时的雾化质量和浓度分布特性,因此本节不再进行讨论。而对于燃油本身的物理性质,在航空发动机燃烧室中,进行物理性质改变的方式主要有两种,分别是更换燃料或者对燃油加温。因此,本节对燃料种类以及燃油温度对点火性能的影响也进行一定的探讨。

燃油的物理性质主要影响的是蒸发速率。蒸发速率主要由以下两大因素支配:

(1)燃料的挥发性;

(2)燃油喷雾的总表面积,其直接由喷雾 SMD 值决定,也就是说与燃油的黏性直接相关。

例如,如果航空煤油的规格扩展到包括很多天然成分(简化了蒸馏过程),那么势必将提高燃料的沸点,降低燃料的挥发性,同时增大黏性,导致雾化质量的降低和喷雾表面积的减小。这会影响燃料的蒸发速率,恶化点火过程。这就说明,燃料的选取及其规格是与点火性能息息相关的,因此航空发动机燃料在制作和选取过程中,必须高规格,严把关。

燃油的物理性质,如饱和蒸汽压、黏性和表面张力均随燃油温度而显著变化。燃油温度升高,不仅提高了饱和蒸汽压,还降低了燃油的黏性和表面张力,加大了喷雾锥角,减小了 SMD,改善了雾化质量,在点火过程中增多了燃油蒸汽。燃油的贫油点火极限恰恰是在较小油量、较低油压下,这时雾化质量很差,燃油蒸汽的不足严重限制了着火边界,因此提高燃油温度能够极大地扩展贫油着火边界[17,18]。

9.3 点 火 设 计

9.3.1 点火特性计算

国内外对点火特性的计算进行了长期研究,发展了许多理论模型。大多数理论模型都是基于下述想法的:点火源,通常为电火花,必须向可燃混合物提供足够的能量,产生一定体积的热燃气以满足火焰传播的必要条件和充分条件,即热量释放速率超过热量损失速率。

Lefebvre 等[1,17,18] 按照能量平衡的观点提出了 Lefebvre 模型,认为燃烧室熄火是发生在主燃区的释热率不足以把进入燃烧室的新鲜油气加热到所要求的燃烧反应温度,在不能将新鲜油气混合物点燃的情况下,对于液态燃油,还要考虑燃油蒸发所需要的时间,点火过程则与之相反。由理论分析得到,燃烧室的点火、熄火极限是受燃烧室结构、燃烧室进口条件、燃油特性及喷油雾化能力三部分因素共同控制的,并结合大量燃烧室的数据整理出贫油点火和熄火油气比的表达式。

Mellor[19] 则发展了特征时间模型,把燃烧室内液雾燃烧所需要的油滴蒸发时间、化学反应时间和回流区剪切层驻留时间三个特制时间作为考察重点,认为当新鲜油气在剪切层驻留时间小于油滴蒸发时间和化学反应时间之和时,就会发生熄火,为了使火焰能持续稳定的燃烧,油滴必须在主燃区剪切层驻留时间内蒸发并点着。

1. Lefebvre 模型

由模型理论,并结合大量燃烧室的贫油点火数据整理出以下贫油油气比表达式:

$$q_{\text{llo}} = \left(\frac{\text{Bf}_{\text{pz}}}{V_c} \right) \left[\frac{Ma}{P_3^{1.5} \exp(T_3/300)} \right] \left(\frac{d_0^2}{\beta \cdot \text{LCV}} \right) \left(\frac{d_{0, T=T_f}}{d_{0, T=277.5\,\text{K}}} \right)^2 \qquad (9.2)$$

式中:V_c——燃烧区体积,指在稀释空气进入孔前的体积;

　　　Bf_{pz}——燃烧室常数;

　　　d_0——燃油的平均滴径(SMD);

　　　β——燃油的有效蒸发常数;

　　　LCV——燃油的低热值。

2. 特征时间模型

关注主燃区的剪切层,分别定义油滴蒸发时间 τ_e、化学反应时间 τ_r 和主燃区剪切层驻留时间 τ_{sl} 三个特征时间,为了使火焰能够持续稳定地燃烧,液滴必须在主燃区剪切层驻留时间内蒸发并点着,即 $\tau_{sl} \geqslant \tau_r + \tau_e$。

点火极限的计算公式为

$$\tau_{sl} = m(\tau_r + 0.021\tau_e) + b \qquad (9.3)$$

式(9.3)中的经验常数 m 和 b 因不同的发动机结构而取不同的值。

9.3.2 点火器选择及布局

1. 点火器选择

航空发动机电点火装置是保证飞机完成任务的重要部件,为适应发动机的不同需求,从储能、输出电压、输出路数、温度等级等方面都有所考虑。一般来说,点火装置的选取要满足以下一些要求:

(1) 点火系统与起动系统一起用于给定的起动条件和状态,在地面和飞行中利用电嘴放电点燃油气。点火系统应该考虑用机载和地面两种电源工作。当电起动燃气涡轮发动机时,点火系统应该在直流电源电压下降的条件下保持工作能力。

(2) 对于不同类型(发动机所装配飞机用途不同)的发动机,点火系统的无障碍工作时间、规定寿命、使用期、存放期都有详细的规定。

2. 点火器布局

点火器在实际发动机上的布局主要指的是其周向分布位置、径向分布位置、尺寸等。但是点火器的实际布局在实际工程上并无固定的布局规律,往往是根据工程经验进行。一般来讲,当发动机装配时,点火系统的结构与布置应与点火系统研制单位商定。

在早期的涡轮发动机中,电嘴的位置并未经过太多的考虑。随着燃烧室的发展,现有的研究表明电嘴的位置对点火性能和电嘴寿命都有着不可忽视的影响,因此电嘴位置的确定应该综合考虑以上两方面因素。

在确定电嘴最佳位置的过程中,首先应该遵循的是,电嘴位置应该靠近主燃区,以使得点火产生的火核能够通过回流流动向上游传播。这样能够使得整个主燃区都被火焰覆盖。

已有研究表明,电嘴的最佳位置位于机匣中心线附近,且邻近喷嘴。但是,该位置会对气流的流动形成干扰,不便于安装,且存在过热表面积碳的危险。通常来讲,电嘴的位置都是接近燃油喷雾的外缘的。在实际安装过程中,还应考虑电嘴的防潮问题,即防止电嘴被燃油喷雾直接喷湿或者被气流带来的燃油液滴打湿,出现淬熄。

在考虑电嘴的寿命方面,需要考虑其过热问题,因此一般要考虑其浸入热气流区的深度。

综上,电嘴位置对点火性能及其寿命都有重要的影响,且两者在一定程度上是互相矛盾的。因此,电嘴位置的选择需要综合考虑两方面因素,一般选择的原则如下:

(1) 置于气流流速较低的位置;

(2) 位于油气比较好的位置;

(3) 电嘴端部温度不能超限,控制插入深度;

(4) 离燃油喷雾的位置要选择合理,太近易淬熄,太远点火不易。

电火花点火器的放电部分即电嘴打火的表面,一般布置在燃烧室主燃区边缘附近,且与火焰筒壁齐平。这样既可以保证电火花能够传播到油气混合物中,也可以使点火器尽量远离高温火焰,避免其被烧坏。至于具体的安装位置,与燃烧室的种类、点火特性有关。

9.4 新型点火方法

由点火原理可知,点火成功的过程需要经历火核形成、火核发展、火焰传播三个主要过程。可靠点火除了与最小点火能量有关,还受到临界火核尺寸的影响。目前,航空发动机使用的点火器(包含火花点火器、半导体点火器、沿面点火器等)均采用两电极设计,即中心电极和圆环状侧电极。虽然中心电极与圆环状侧电极有较大的等距区域,但是在同一时刻,点火器只会产生一个点火通道。

在高空低压或高速来流环境下,点火所需临界火核尺寸增加,导致这一类型点火器产生的初始火核还未发展到临界火核即熄灭,引起点火失败。一些新型的点火器,如多通道表面等离子体点火器,可以强制增加初始火核尺寸,使得火核迅速达到甚至超过临界火核尺寸,进而实现可靠点火;多通道等离子体合成射流点火器,在高速来流条件下可以显著增加火核穿深和刚度,抵御耗散作用的影响。

9.4.1 多通道表面等离子体点火器

多通道表面等离子体点火器,是指能够在点火端面产生多个电弧等离子体通道的点火器。与普通半导体点火器相比,多通道表面等离子体点火器除了传统的阴极、阳极两个电极,为增加点火通道、增大初始火核尺寸,引入多个中间电极。如图 9.4 所示,多个电极沿 C 形布局安装于发火端面,电极之间有与普通半导体点火器相同的易于放电的半导体涂层。

当点火电源输出高压时,常规点火器的高低压电极间的空气击穿,从绝缘体转变为导体。放电系统通过放电通道释放能量,产生初始火核。多通道表面等离子体点火器的工作过程有所不同,由于引入多个电极,当点火系统输出高压时,高压电极与邻近中间电极之间的空气首先被击穿。此时,邻近中间电极的电势增加,转变为新的高压电极,又将邻近中间电极之间的空气击穿。以此类推,直到低压电极与邻近中间电极之间的空气被击穿,形成完整的放电通道后,放电电流才迅速增加,点火系统通过放电通道释放能量。因此,多通道表面等离子体点火器的工作过程可总结为"顺次击穿,同步放电"[20]。

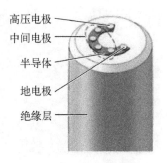

高压电极
中间电极
半导体
地电极
绝缘层

图 9.4 多通道表面等离子体点火器

当采用同一点火电源时,半导体点火器和多通道表面等离子体点火器的工作俯视图和侧视图见图 9.5[21]。图中 MCPI 代表多通道表面等离子体点火器(multi-channel plasma igniter),SI 代表半导体点火器(spark igniter)。可以看到,多通道表面等离子体点火器的火花区域和穿透深度明显大于半导体点火器。示波器测量表明,多通道表面等离子体点火器释放的点火能量由常规半导体点火器的 3.8 J 增加到 6.8 J,提升了 78.95%。

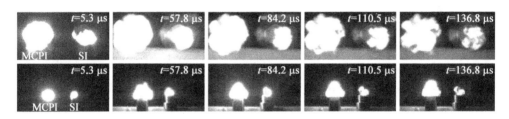

图 9.5 不同点火器初始火花演化过程

在某一典型条件下,在燃烧室部件试验台上开展的常规半导体点火器和多通道表面等离子体点火器对比实验如图 9.6 所示。半导体点火器从点火初始时刻

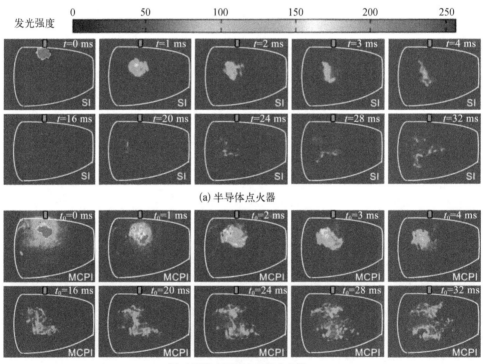

(a) 半导体点火器

(b) 多通道表面等离子体点火器

图 9.6 点火过程对比

起,CH*自发光强度不断衰减,在4~20 ms几乎不可见,24 ms之后才开始增强。多通道表面等离子体点火器的火核CH*自发光强度明显比半导体点火器的更强,在初始时刻就形成一个更大的火核,火焰在传播过程中始终能够维持较高的自发光强度,32 ms时火焰已经传播扩散到整个燃烧室。在固定的燃烧室工作环境下,高温火核能否维持,取决于火核的尺寸和温度以及点火器附近的有效油气比。多通道表面等离子体点火器放电能量高,形成的高温初始火核体积大,持续时间长,非常有利于火核的维持和发展,能够形成一个足够强的高温火核进入主燃回流区。

相比于常规火花间隙点火器和半导体点火器,多通道表面等离子体点火器具有以下特点:

(1)采用顺次击穿的模式工作,增加放电通道数量的同时,击穿电压不显著增加,不改变线路的耐压级别,能够与现有点火电源匹配工作。

(2)放电通道数量增加,放电效率提高,点火能量增加。此时,在保证点火能量相同的情况下,可有效降低对点火高压包储能的需求,减小点火系统的体积与质量。

(3)有较强的抗油污和积碳能力,当油污和积碳形成短路时,只影响某一通道放电,其他通道仍可正常工作,产生点火火核。

9.4.2 多通道等离子体合成射流点火器

无论是常规半导体点火器还是多通道表面等离子体点火器,放电都在点火器表面进行。在高速来流作用下,火核快速耗散,穿透能力弱,难以可靠点火。国际上进行了大量的等离子体射流点火研究,但多数通过外部高压气源驱动放电通道中的等离子体喷出,提高火核穿透深度,提升点火性能。但这种方式需要外部气源,不满足航空应用要求。

新型多通道等离子体合成射流点火器通过将等离子体合成射流的技术与多通道等离子体放电技术相结合,不需要外部气源,为高速来流情况下的可靠点火提供了新的技术途径。

等离子体合成射流技术的特征是,通过放电加热合成射流激励器腔内气体,使其加速喷出形成射流,因此不需要外部气源就可以实现强的穿透能力。等离子体合成射流的基本工作原理:放电迅速加热腔内气体,进而形成射流。工作过程可分为能量沉积、射流喷出、吸气恢复三个过程,如图9.7所示[22]。图9.7(a)是能量沉积过程:当电极两端外接电压达到击穿条件时,电极间空气击穿形成电弧放电,电源通过放电通道注入能量,使腔内气体温度升高,压力增大。图9.7(b)是射流喷出过程:腔内气体受热膨胀后压力高于外界大气,受压差驱动,腔内气体喷出,形成高速射流。图9.7(c)是吸气恢复过程:受惯性作用,射流喷出过程结束后腔内气体的压力低于外界大气,同时,腔体壁面热传导也会使腔内气体的温度降低,压力减小,此时外界大气回填,激励器状态恢复,为下一个工作过程做准备。

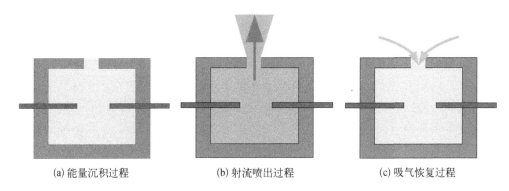

(a) 能量沉积过程　　　　(b) 射流喷出过程　　　　(c) 吸气恢复过程

图 9.7　等离子体合成射流三个工作过程示意图

将等离子体合成射流技术与多通道表面等离子体放电技术组合,设计了多通道等离子体合成射流点火器。此时,表面放电变为腔内放电,放电释放的能量将迅速加热激励腔内气体,形成高温高压合成射流,作为点火初始火核从激励腔内喷出。等离子体合成射流点火器除了将电能转化为热能,还需要将一部分能量转化为动能,以提升点火器产生火核的穿透能力,保证在高速来流情况下仍能实现可靠点火。

为了对比不同射流激励腔结构对点火特性的影响,通过调整等离子体合成射流腔的形状及电极布置,设计了 C 形腔和球形腔多通道等离子体合成射流点火器,如图 9.8 所示[23]。

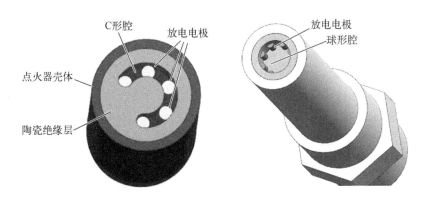

图 9.8　C 形腔与球形腔多通道等离子体合成射流点火器

图 9.9 为在相同点火电源驱动下,从上到下分别为 C 形腔多通道等离子体合成射流点火器、球形腔多通道等离子体合成射流点火器、多通道表面等离子体点火器的火核演化过程。放电初始时刻,C 形腔多通道等离子体合成射流点火器和多通道表面等离子体点火器均产生明显的强光,几乎将可视区域全部掩盖,而球形腔多通道等离子体合成射流点火器则只出现较弱的亮光。在 9 μs 时刻,多通道表面

等离子体点火器产生的亮光开始减弱,产生的初始火核开始显现;C 形腔多通道等离子体合成射流点火器产生的强光仍未减弱,保持较高亮度;球形腔多通道等离子体合成射流点火器头部则开始出现初始火核。在 18 μs 时刻,多通道表面等离子体点火器产生的初始火核与 9 μs 时刻相比,头部离点火器头部距离基本没有变化;C 形腔多通道等离子体合成射流点火器头部火核明显具有更强的穿透能力,更加远离点火器端面;球形腔多通道等离子体合成射流点火器的初始火核已经开始出现减弱趋势。27 μs 时刻,多通道表面等离子体点火器、C 形腔多通道等离子体合成射流点火器仍能观察到明显火核,球形腔多通道等离子体合成射流点火器的火核明显减弱。36 μs 时刻,多通道表面等离子体点火器的初始火核出现减弱趋势,C 形腔多通道等离子体合成射流点火器的火核仍保持较强亮度,球形腔多通道等离子体合成射流点火器的火核变得更为微弱。45 μs 时刻,所有类型点火器的火核均呈现出减弱趋势。

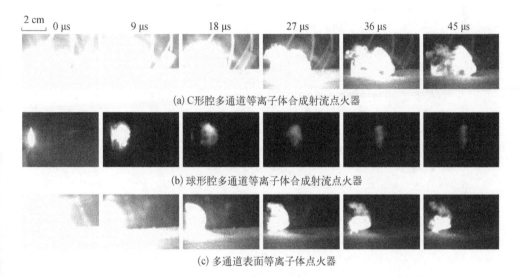

(a) C形腔多通道等离子体合成射流点火器

(b) 球形腔多通道等离子体合成射流点火器

(c) 多通道表面等离子体点火器

图 9.9　火核演化过程

上述结果表明,多通道等离子体合成射流点火器的射流激励腔参数对于点火器性能具有重要影响。C 形腔多通道等离子体合成射流点火器的火核穿透深度、火核面积(影响区域)均明显增强,而球形腔多通道等离子体合成射流点火器与多通道表面等离子体点火器相比没有明显优势。在火核面积这一指标上,多通道表面等离子体点火器甚至优于球形腔多通道等离子体合成射流点火器。

根据已有研究结果,加热比是影响等离子体合成射流效果的重要参数。当放电能量相同时,激励腔的体积越小,激励腔中气体的内能越小,则加热比越大。此时,放电引发的温升、压升将更为显著,导致射流强度得到有效提升。相比于球形激励器,C 形激励器的腔体体积更小。在放电能量保持不变的情况下,C 形腔点火器对应的加热比更小,因此产生射流的效率更高,射流强度更强,而球形腔点火器腔内体积较大,加热比不足,导致射流效应减弱,产生的火核与表面放电较为接近,火核面积甚至低于表面放电点火器。

综上所述,相比于常规半导体点火器,多通道等离子体合成射流点火器的特点如下:

(1)由于火核的热损失速率主要由局部气流速度和湍流状况决定,火核穿透深度进一步增大,可以抵御更高来流速度带来的耗散效应,适用于流速更高的加力燃烧室或冲压燃烧室点火。

(2)由于火花区域和穿透深度较大,火花能直接射入油气混合物中,所以减少了加热电极的损耗和电极的腐蚀,提高了点火器的点火能力,并且当火花穿透深度较大时,有可能在缩短点火器插入深度的同时,保持与常规半导体点火器相同的点火能力。此时,点火器的发火端可以安装在离燃烧室高温区更远的位置,使得发火端的温度降低,延长了点火器的寿命。

参考文献

[1]　Lefebvre A H. Gas turbine combustion[M]. London: Taylor & Francis, 1998.

[2]　Linassier G, Lecourt R, Villedieu P, et al. Experimental data base on high altitude turbojet ignition for numerical simulation validation [C]. Estoril: ILASS — Europe 2011, 24th European Conference on Liquid Atomization and Spray Systems, 2011.

[3]　黄勇. 燃烧与燃烧室[M]. 北京:航空航天大学出版社,2009.

[4]　Lewis B, von Elbe G. Combustion, Flames and Explosions of Gases[M]. 2nd ed. New York: Academic Press, 1961.

[5]　Calcote H F, Gregory C A Jr, Barnett C M, et al. Spark ignition: Effect of molecular structure [J]. Industrial & Engineering Chemistry, 1952, 44(11): 2656 – 2662.

[6]　Peters J E, Mellor A M. An ignition model for quiescent fuel sprays[J]. Combust, 1980, 38: 65 – 74.

[7]　Law C K. Combustion physics[M]. Cambridge: Cambridge University Press, 2006.

[8]　Ahmed S F, Balachandran R, Mastorakos E. Measurements of ignition probability in turbulent non-premixed counterflow flames[J]. Proceedings of the Combustion Institute, 2007, 31: 1507 – 1513.

[9]　Cha M S, Ronney P D. Propagation rates of nonpremixed edge flames[J]. Combustion and Flame, 2006, 146: 312 – 328.

[10]　Marchione T, Ahmed S F, Mastorakos E. Ignition of turbulent swirling n-heptane spray flames using single and multiple sparks[J]. Combustion and Flame, 2009, 156: 166 – 180.

[11]　Peng Y H, Xu Q H, Lin Y Z. Experimental studies of the primary zone flow field and combustion performance of a triple swirler combustor[R]. GT2005 – 68218, 2010.

[12]　Hassa C, Voigt P, Lehmann B, et al. Flow field mixing characteristics of an aero-engine

combustor(Part Ⅰ)：Experimental results[C]. Indianapolis：38th AIAA/ASME/SAE/ASEE Joint Propulsion Conference & Exhibit, 2002.

[13]　Read R W. Experimental investigations into high-altitude relight of a gas turbine [D]. Homerton：Homerton College, University of Cambridge, 2008.

[14]　Linassier G, Viguier C, Verdier H, et al. Experimental investigations of the ignition performances on a multi-sector combustor under high altitude conditions[R]. AIAA 2012 - 0934, 2012.

[15]　李继保,刘大响.局部富油供油扩展燃烧室贫油点火熄火边界研究[J].航空动力学报, 2003,18(2)：221 - 224.

[16]　林宇震,林培华,许全宏,等.复合式收扩套筒空气雾化喷嘴燃烧室点火研究[J].航空动力学报,2007,22(3)：342 - 346.

[17]　Ballal D R, Lefebvre A H. Ignition of liquid fuel sprays at sub atmospheric pressures[J]. Combustion and Flame,1978,31(2)：115 - 126.

[18]　Lefebvre A H. Fuel effects on gas turbine combustion-ignition, stability and combustion efficiency[J]. ASME, 1985, 107(1)：24 - 37.

[19]　Mellor A M. Semi-empirical correlations for gas turbine emissions, ignition, and flame stabilization[J]. Progress in Energy and Combustion Science, 1981, 6(4)：347 - 358.

[20]　Zhang Z, Wu Y, Sun Z, et al. Experimental research on multichannel discharge circuit and multi-electrode plasma synthetic jet actuator[J]. Journal of Physics D：Applied Physics,2017, 50(16)：165205.

[21]　Huang S, Song H, Wu Y, et al. Experimental investigation on electrical characteristics and ignition performance of multichannel plasma igniter[J]. Chinese Physics B, 2018, 27(3)：35203.

[22]　Grossman K, Bohdan C, Vanwie D. Sparkjet actuators for flow control [C]. Reno：41st Aerospace Sciences Meeting and Exhibit, 2003.

[23]　Cai B, Song H, Zhang Z, et al. Experimental investigation of C-shape embedded multi-channel plasma igniter in a single-head swirl combustor[J]. Journal of Physics D：Applied Physics, 2021, 54(13)：135201.

第 10 章
燃烧室常用材料和工艺

10.1 概　述

　　主燃烧室工作条件恶劣,工作可靠性要求高,同时要求寿命长、尺寸小、重量轻、便于维护等,设计时应根据其工作特点选择合适的材料及制造技术。材料在加工过程中受切削、焊接等的影响,会出现残余应力、材料组织变化等情况,设计时还需考虑材料与工艺的相互影响,保证主燃烧室工作的稳定可靠。

　　材料与工艺的不断发展,为主燃烧室的技术发展提供了保障,同时主燃烧室的发展也促进了相关制造工艺和新材料研究的发展,常用工艺与材料将会发生变化。本章主要针对目前主燃烧室常用的材料与工艺进行阐述。

10.2 主燃烧室对材料和工艺的要求

10.2.1 主燃烧室对材料的要求

　　首先主燃烧室的选材应符合军工材料体系选用原则,即适用性、先进性、工艺性、可替代性、成熟性、继承性、安全性、经济性、自主性、通用性。结合主燃烧室具体工作环境,在温度高、载荷复杂、受燃油和燃气腐蚀的情况下,为确保零组件在发动机寿命期内工作的安全可靠,主燃烧室材料既要满足常温下的物理、机械性能,还要满足高温条件下的持久强度、蠕变强度、抗氧化、耐腐蚀以及高温塑性、抗松弛性等要求。选材时应综合考虑主燃烧室上不同部位的零件对导热系数、热膨胀系数、抗腐蚀能力等的差异化要求。

　　1) 火焰筒材料

　　火焰筒工作中要接触高温火焰及燃气,其材料应能承受高的火焰温度,有中等持久和蠕变强度,有良好的抗氧化、耐腐蚀性能,有较好的导热率。通常根据工作状态下的壁面温度选用固溶强化的镍基、钴基高温合金作为基体材料,如 GH3044、GH536、GH188 等。钴基高温合金材料成本较高,在设计中应尽量控制使用量。

　　高温合金耐高温水平已接近极限,很难突破 1 200℃,为进一步提升火焰筒材料的耐高温水平,采用陶瓷材料是未来趋势,也是最有应用前景的材料。陶瓷基复合材料(ceramic matrix composite, CMC)具备良好的耐高温、低密度、抗腐蚀、类似金属的断裂行为、对裂纹不敏感、不发生灾难性损毁等优异性能,可满足高温条件下的使用要求,纤维增强的 SiC_f/SiC 复合材料根据不同成型工艺,耐温水平有所差异,最高可达 1 400℃,可以节省大量的火焰筒冷却空气。

2) 外机匣材料

主燃烧室外机匣是发动机的承力件,可承受径向力、轴向力、扭矩、弯矩、惯性力以及振动等多种复杂载荷,因此其材料在工作温度下应有高的屈服强度、高的塑性、强的抗氧化与耐腐蚀性能。环形主燃烧室外机匣通常选用时效强化镍基高温合金制作,如 GH4169 等。Ti_2AlNb 合金是 Ti - Al 系金属间化合物,材料密度低,在 650~750℃有良好的抗蠕变及耐腐蚀性能,可作为机匣类应用材料,目前尚存在制备工艺难度大等问题。

3) 内机匣材料

主燃烧室内机匣是发动机的承力件,在工作中相对于外机匣所承受径向力、轴向力载荷略小,但其工作温度要略高于外机匣,因此材料可选择与外机匣材料相同或高温强度更高的材料,如 GH4169、GH141 等。

4) 喷嘴材料

外置式喷嘴壳体固定在外机匣上,喷嘴杆体在内流道中呈悬臂状态,壳体可选用镍基合金精锻制造或熔模精密铸造。喷嘴内设置的喷口以及活门等节流元件,包括弹簧、活门柱塞等,材料应具有性能稳定、耐磨损等特性,多选用强度高、刚性好的高温合金或不锈钢制作,如 GH4145、9Cr18 等。

10.2.2　主燃烧室对工艺的要求

主燃烧室制造工艺从板料卷焊的单管式火焰筒到近代短环形锻件机械加工的火焰筒;从板料卷焊的机匣到锻、铸、焊和机械加工的机匣;数控机械加工、真空焊接、特种加工等先进加工工艺被大量采用,满足了设计和生产批量要求。

1) 毛坯精化技术

主燃烧室零件基本采用高温合金材料,毛坯精化技术不仅可以缩减昂贵的原材料用量,还可缩短后续加工周期,提升材料性能,如棒料改为模锻、普通铸造改为无余量熔模精密铸造等。毛坯精化技术主要包括精锻、精铸、精轧、滚轧、挤压、强力旋压等技术。

2) 高能束流加工技术

在难切削材料与复杂构件的型腔、型面、型孔、微小孔、细微槽及缝的加工中,高能束流加工技术解决了常规加工很难解决的问题。主燃烧室火焰筒壁面上有成千上万个小孔,传统机械钻孔法很难满足要求。采用计算机控制的电子束、激光束、电火花等方法打孔,零件变形小、孔位精准、打孔效率高。虽然电火花、激光束打孔的内表面有重熔层,通过控制电流参数可将其厚度限制在 0.06 mm,甚至 0.02 mm 以下,可满足一般使用及批生产要求。

3）复杂型面筒体的加工

短环形火焰筒及主燃烧室机匣均为复杂型面的薄壁焊接环形件,火焰筒内有大量冷却孔,机匣外壁有多种安装座,要求高。零件刚性弱易变形,并采用各种焊接组合,最终保证尺寸及位置精度的工艺难度大。切削参数及余量分布、走刀路径、焊接参数及工装、热处理参数及工装等需要进行统筹考虑,制定合理的加工工艺及工艺路线。

4）先进的焊接技术

主燃烧室机匣、火焰筒、喷嘴、燃油总管均为焊接构件,为确保焊缝强度,减小焊接变形,精确控制焊件尺寸,尽可能选用先进的焊接技术,保证焊接的稳定性和一致性。在主燃烧室设计中,电阻焊已逐渐减少,氩弧焊也降低到辅助地位,高温真空钎焊和电子束焊已成为主要焊接手段。

5）表面完整性工艺

零件的表面状态对其寿命有很大影响。机械加工或电加工的表面往往存在细微缺陷,在载荷反复作用下可能逐渐扩展,导致断裂,因此表面加工质量、表面强化与表面完整性工艺,对零件的使用寿命极为重要。在试验和实践经验的基础上,确定各种零件的表面强化或表面完整性工艺。精铸件扩压器通道型面,电加工的孔、槽等可采用磨粒流改善表面质量;机匣、弹簧可采用喷丸强化提高其疲劳强度。

6）复合冷却层板结构制造技术

多孔复合冷却层板结构是一种带有复杂冷却回路的先进冷却结构,多用于火焰筒和涡轮叶片,它用扩散连接方法连接成形的冷却结构,其关键制造技术是计算机辅助设计和绘制复杂冷却回路,用照相-电解法制成冷却回路,扩散连接成多层多孔层板,使零件数量减少、质量及成本降低、效率提高,可满足热端部件高性能要求。

10.3　主燃烧室常用材料

主燃烧室常用材料主要有镍基高温合金、铁基高温合金、钴基高温合金,不锈钢及陶瓷基复合材料用量较少。

10.3.1　镍基高温合金

GH4169 是镍-铬-铁基沉淀强化型高温合金。合金的主要强化相是体心四方

的 γ'' 相和面心立方的 γ' 相。合金在 650℃ 以下强度较高,具有良好的抗疲劳、抗辐照、抗氧化和耐腐蚀性能,以及良好的加工性能、焊接性能和长期组织稳定性。GH4169 是目前航空发动机应用最为广泛的高温合金,适用于各类盘件、环形件、轴、叶片、紧固件和弹性元件,在主燃烧室机匣类零件中也得到了广泛应用。优质GH4169 合金比 GH4169 合金增加了对有害元素的控制要求。

GH141 是镍-铬-钴基时效强化型高温合金,使用温度在 980℃ 以下,是该温度下力学性能最高的板材合金之一,合金在 650~900℃ 具有较高的屈服强度、抗拉强度、持久/蠕变强度以及良好的抗疲劳和抗氧化性能。由于合金中铝、钛含量较高、热加工塑性较差,相较 GH4169,GH141 在 650℃ 以上高温强度和抗氧化性能更优,主要用于发动机工作环境更高的承力零件,如主燃烧室机匣及相关紧固件等。

GH738 是沉淀硬化的镍基高温合金,具有良好的耐燃气腐蚀性能,较高的屈服强度和疲劳性能,工艺塑性良好,组织稳定,广泛用于制造航空发动机转动部件,使用温度不高于 815℃,有成熟的使用经验。自行研制的某型发动机使用了该合金制造主燃烧室内机匣前安装边连接螺母,由于该合金含钴量高,国内较少使用。

GH536 是主要用铬和钼固溶强化的一种含铁量较高的镍基高温合金,具有良好的抗氧化和耐腐蚀性能。在 900℃ 以下具有中等的持久和蠕变强度,冷、热加工成型性和焊接性能良好,可在 900℃ 以下长期使用,短时间工作温度可达 1 080℃,用于制造航空发动机主燃烧室部件和其他高温部件、蜂窝结构等。自行研制的某型发动机使用该合金制造了火焰筒、导流罩、蜂窝芯格等零组件。

GH625 是以钼、铌固溶强化的镍基高温合金。在 980℃ 以下具有良好的拉伸性能和疲劳性能,并耐盐雾应力腐蚀,在主燃烧室部件中广泛应用于管路和钣金零件。

GH3128 是以钨、钼固溶强化的镍基高温合金。其具有高的塑性,较高的持久蠕变和良好的抗氧化、冲压、焊接性能。其综合性能优于 GH3044 和 GH536 等同类镍基固溶合金,但密度较高,达到 8.81 g/cm^3,适合制造 950℃ 以下长期工作的航空发动机火焰筒、加力燃烧室壳体、调节片及其他高温零件。

GH3044 是固溶强化镍基抗氧化合金,900℃ 以下具有高的塑性和中等热强度,并有良好的抗氧化性能和冲击、焊接工艺性能,与 GH536 性能接近,适宜制造900℃ 以下长期工作的航空发动机主燃烧室和加力燃烧室零件。

GH3039 是单相奥氏体型固溶强化合金,在 800℃ 以下具有中等热强性能和良好的热疲劳性能;1 000℃ 以下抗氧化性能良好,长期使用组织稳定,还具有良好的冷成型和焊接性能;适宜制造 850℃ 以下工作的航空发动机主燃烧室和加力燃烧室零件,有长期生产、使用经验,但目前设计中很少采用。

GH3030 是早期发展的 80Ni-20Cr 固溶强化高温合金,在 800℃ 以下具有满意的热强度和高的塑性,并具有良好的抗氧化、热疲劳、冷冲压和焊接工艺性能。该合金经固溶处理后为单相奥氏体,使用过程中组织稳定,主要用于800℃以下工作的航空发动机主燃烧室零件和1 100℃以下的抗氧化、承受载荷很小的其他高温零件,该合金在航空发动机上经历了长期的使用考验。

10.3.2　铁基高温合金

GH2132是含V的铁基变形高温合金,具有良好的抗腐蚀性能、热变形性能和高、低温强度,用少量的钛、钼、铝、钒和微量的硼综合强化,适合制造650℃以下工作的航空发动机承力部件、紧固件,应用广泛。相对GH4169材料高温强度低,但材料成本优势明显。优质GH2132合金在GH2132合金成分的基础上,进一步降低了S、气体及痕量元素的含量,并通过调整热处理制度达到提高强度的目的。

GH907是一种含钴的铁镍基低膨胀高温合金,用铌、钛、硅和微量硼进行综合强化。其突出特点是:在650℃以下具有较低的热膨胀系数和恒定的弹性模量,较高的拉伸强度、屈服强度以及良好的热疲劳性能。在650℃以下其强度水平接近GH4169合金,而膨胀系数却比GH4169合金低。由于其不含抗氧化元素,在高温下(高于700℃)长期使用时,应当采用适当的防护涂层。该合金主要用于间隙控制的航空发动机机匣类件和蜂窝环件,通过工作中减小热膨胀后转动件与静子件的间隙,提高了发动机热效率[1]。

10.3.3　钴基高温合金

GH188是固溶强化的钴基高温合金。其添加元素铬和微量镧,使合金具有良好的抗氧化性能,加入14%钨固溶强化,使合金具有良好的综合力学性能。该合金冷、热加工塑性良好,可加工成冷轧、热轧板料。该合金主要用于制造航空发动机上980℃以下要求高强度和1 100℃以下要求抗氧化的零件,在主燃烧室部件中主要用于火焰筒零件。

GH605是固溶强化的钴基高温合金。其在815℃以下有中等的持久蠕变强度,在1 090℃以下有优良的抗氧化性能,多用于火焰筒中精密铸造零件。

10.3.4　不锈钢

9Cr18是马氏体不锈钢,经淬火后具有高的硬度和耐磨性。其在大气、水、海水中及某些酸性和盐类的水溶液中有良好的耐腐蚀性,经退火后有很好的切削性能,但可焊性差,因为焊后在冷却过程中易因硬化导致开裂,主要用于制造在腐蚀环境中耐磨的零件。

4Cr13钢是马氏体不锈钢,经淬火、退火后使用。其特点与3Cr13相似,但淬火后的强度和硬度更高,耐腐蚀性和700℃以下热稳定性能差。4Cr13钢有严重的裂纹敏感性,在热压力加工和热处理过程中应严加注意。4Cr13钢焊接性能差,一般不进行焊接,因其含碳量较高,淬火后能获得较高的硬度,可用于制造硬度高及耐磨的弹簧、销钉等零件。

1Cr18Ni9Ti 钢为通用型铬-镍奥氏体不锈钢,具有优良的抗氧化酸均匀腐蚀性,但耐应力腐蚀和耐点腐蚀性能较差。它具有良好的延展性和韧性及冲压和拉伸性能,直到-196℃仍具有良好的冲击韧性,不能用热处理强化,可用冷加工硬化。该钢的可焊性良好,可用多种方法进行焊接,在不要求耐晶间腐蚀的情况下,焊后一般不进行热处理。此钢应用广泛,在航空发动机上用于制造燃油管道、液压导管等零件,但有逐渐被 0Cr18Ni9 替代的趋势。

0Cr18Ni9 是 18-8 型奥氏体不锈钢,含碳量较低,有良好的加工成型性能和抗氧化性能,对氧化性酸(如硝酸)有很强的耐腐蚀性能,对碱溶液及大部分有机酸和无机酸亦有一定的耐腐蚀性能。耐晶间腐蚀性能优于含碳量较高的 1Cr18Ni9 及 2Cr18Ni9 钢。若其长期在水及水蒸气环境中工作,仍有晶间腐蚀倾向。此钢具有良好的焊接性能,适用于多种方法焊接。此钢不能用热处理方法强化,可通过冷变形提高其强度水平。在航空上广泛用作导管、铆钉、垫片等零件的制造。

0Cr17Ni7Al 是一种半奥氏体型沉淀硬化不锈钢,固溶处理至室温时仍保留奥氏体组织,塑性好,易于加工成型,但其稳定性已明显降低。通过适当处理,促进奥氏体向马氏体转变,得到强化所必需的马氏体含量,可达 1 600 MPa 的强度水平,耐腐蚀性能优于一般的马氏体不锈钢,可用于 350℃ 以下长期工作的不锈钢构件、弹簧等,最高使用温度可达 500℃ 左右。当其在高强度或低温下使用时,由于抗裂纹扩展性能降低,必须采用必要的预防措施。此钢热处理工艺比较复杂,因此有被马氏体时效不锈钢代替的趋势[2]。

10.3.5　陶瓷基复合材料

陶瓷基复合材料在航空发动机主燃烧室中越来越得到重视和发展,其中碳化硅纤维增韧碳化硅(SiC_f/SiC)是目前最有应用前景的材料(图 10.1),是兼具金属材料、陶瓷材料和碳材料性能优点的热结构功能一体化的新型材料,具有耐高温、耐腐蚀、耐磨损、密度低、高比强、高比模、热膨胀系数小、高温强度高(高温环境下,强度不降低,反而有升高趋势)、抗氧化、抗烧蚀、抗热振、吸振性好、韧性良好、对裂纹不敏感等优点。陶瓷基复合材料也有比较明显的缺陷,主要是不具备金属材料的韧性、塑性和耐久性,切

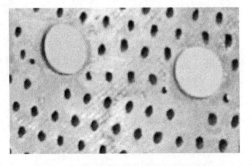

图 10.1　陶瓷基复合材料火焰筒壁面

削加工困难、焊接困难,结构件尺寸精度偏低,且由于其线膨胀系数极小,与金属件连接时的热膨胀问题不易得到解决。CMC 构件的生产加工与传统金属有着本质区别,而且 CMC 制备工艺不同导致基体致密化方式不同,最终其微结构和性能特点不同,不能将传统金属构件的设计思想照搬到陶瓷基复合材料构件设计上,设计-材料-工艺一体化将是 CMC 应用的必然途径。

10.4　主燃烧室主要工艺

主燃烧室中机匣和火焰筒大多由环形薄壁焊接件组成,旋流器、喷嘴等主要由精密的锻铸件组成,燃油管路、引气管路由管材和机加件焊接组成。在零件加工及组合过程中需要进行机械切削或电火花、冲压、铆接或焊接、热处理等,还可按需进行表面处理、喷涂、喷丸等工艺。

10.4.1　数控加工

数控机床刀库容量大,可一次装夹实现铣、镗、铰等多道加工工序,数控加工可通过集成工序减小多次定位造成的误差,还可以减少工装,省去模板、钻夹及成型刀具。火焰筒、主燃烧室机匣等零组件不仅曲面复杂、结构尺寸大、精度要求高、加工方式多样,同时材料本身难加工且去除余量大,因此应首选在数控机床上进行加工。对于机匣等薄壁件的加工,由于刚性不足,加工变形是影响尺寸精度的主要因素,通常通过控制切削力、优化装夹方式、优化走刀顺序等进行改善。数控加工由于自动化程度高、有自检等功能,可保证加工效率和产品一致性。为消除人为因素的影响,提高产品质量的稳定性,非数控化(自动化)制造工艺已逐步从关键件、重要件加工工艺中去除。

10.4.2　精密铸造

主燃烧室中如带叶片的扩压器、旋流器等零件,由于内腔道形状复杂,难以进行机械切削加工,通常采用的加工方法是熔模精密铸造。为确保铸造质量,应在真空环境中进行熔炼和浇注。铸造材料较为广泛,可以是高温合金、钛合金、钛铝金属间化合物等。熔模精密铸造可实现近净成型无余量,因此工艺的关键是精密模具的制造、检测及材料熔炼和浇注。中大型精铸件冷却过程中易出现内部疏松等缺陷,可采用热等静压工艺消除。为提升内腔无余量铸造表面光度,可采取磨粒流、电抛光等工艺。

10.4.3　钣金成型

主燃烧室零件形状普遍比较复杂,重量要求严格,并且主要采用成本高、机械加工难度大的高温合金材料,因此对于薄壁结构零件应首选钣金成型工艺。钣金成型可保证壁厚及材质均匀,材料利用率高,在批量生产中可提高生产效率、降低成本。同牌号材料板材晶粒更细、表面光洁度更高、疲劳强度更高,因此在主燃烧室薄壁的大量零件中采用钣金成型的零件较多,如内外导流罩、加强筋、转接段、挡溅盘、导流环、预旋叶片等。除普通的钣金冷、热成型工艺外,钣金成型新技术也逐渐被采用,如旋压成型、充液成型、超塑成型、特种成型(喷丸成型、差温成型、橡皮成型等)、多点成型等技术。在工程中结合经验,大量采用钣金成型数值仿真技术用于模具设计。

10.4.4　电火花加工

对于火焰筒上大量的气膜小孔及喷嘴小孔,国内大多采用电火花进行加工。电火花加工是利用火花放电对导体材料进行电蚀(图 10.2),特别适用于高硬度、难切削的材料和易变形薄壁零件上的复杂型孔。若采用成组多电极,可一次性加工出多个小孔、型孔。电火花加工还适用于喷嘴零件、加力喷油杆、燃油附件上的精密小孔和深径比大的孔。电火花加工的缺点是:加工表面有烧伤层和微裂纹,而烧伤层的厚度可以通过加工中的脉冲电流强度等参数控制。要求高的零件可用喷丸或磨粒流方法除去表面缺陷,提高疲劳强度。

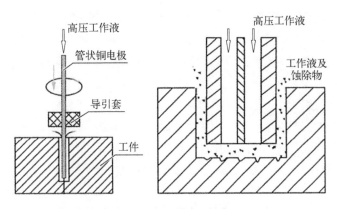

图 10.2　电火花打孔示意图

10.4.5　涂层工艺

主燃烧室零件表面涂层的主要目的有隔热、抗氧化、防腐、耐磨、封严、尺寸修复等。热障涂层(隔热涂层)在主燃烧室火焰筒中起重要作用,通过在火焰侧表面涂覆一层低导热系数材料,利用其低热传导特性阻隔对零件的换热,以降低高温环境下金属表面的温度。热障涂层一般由陶瓷面层和金属黏接层两部分组成,由低热导率陶瓷面层和金属黏接层组成隔热系统。按工艺方法可分为热喷涂和物理气相沉积(涂层典型截面形貌见图 10.3),常用的热喷涂方法有等离子喷涂和火焰喷涂,等离子喷涂是将等离子电弧作为热源,将陶瓷等材料加热到熔融或半熔融状态,并高速喷向经过预处理的工件表面。火焰喷涂是将燃气与氧气的混合气体在高压下被送至位于喷枪出口处点燃并形成火焰。物理气相沉积属于真空蒸镀,在真空条件下将金属、金属合金或化合物气化蒸发,沉积在基体表面上形成涂层薄膜。

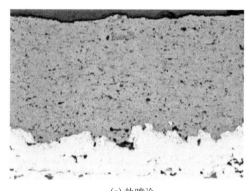
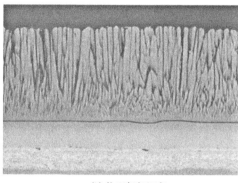

(a) 热喷涂　　　　　　　　　　　　　　　　(b) 物理气相沉积

图 10.3　热喷涂和物理气相沉积涂层典型截面形貌

10.4.6　渗层工艺

表面渗层分为渗非金属、渗金属和金属与非金属共渗三种,目的是通过渗料原子渗入材料基体表层,提高表面的某种特性,如耐热、耐磨、耐腐蚀、抗氧化或某种物理化学性能等。表面渗入非金属元素,是一种化学表面热处理工艺,通过改变表层的化学成分和组织,使表面与基体具有不同性能,常用的是渗碳、渗氮。渗碳是通过提高表面含碳量来提高表面硬度和耐磨性,渗层为马氏体,厚度可达 2 mm。渗氮是通过形成碳氮化合物,提升表面硬度,保证表面具有高硬度、高耐磨性,但脆性高,渗层略薄,厚度约为 0.5 mm。渗氮相对渗碳的温度低,零件的变形小,持续时间长,成本高。渗碳和渗氮适用于低碳钢或低合金钢,高温下形成的表面强化易失效。表面渗入金属元素,使表层合金化,从而改变表层的化学成分、组织和性能,常用的是渗铝、渗铬。相对渗非金属原子,金属原子体积大,不易渗入,因此渗层相对较薄,扩散温度高。对高温合金零件进行渗铝,可提高抗高温氧化能力和抗腐蚀能力,同时渗铝层组织为典型的外扩散型组织,外层为单一的 β - NiAl 相,硬度高。对高温合金零件进行渗铬,可提高耐磨、耐腐蚀和抗高温氧化能力。当金属温度超过 800℃时,渗铬可能对镍基合金的抗氧化性能产生不利影响。

10.4.7　镀层工艺

当基体材料需要进行耐腐蚀、耐磨、减摩时,可以选用镀层,工程上常用的镀层有电镀、化学镀、化学转化膜。电镀是在电解溶液中,阴极表面发生还原反应使金属离子沉积在制件表面的过程。对主燃烧室的紧固件表面电镀铜、银可用于防高温黏结;电镀铬、镍可用于抗磨损和修复基体尺寸。化学镀是依靠溶液中各物质间的氧化-还原反应,在制件表面形成的镀层,镀层非常均匀,适用于几何形状复杂、尺寸精密度要求高的零件。化学转化膜是将金属工件浸渍于处理液中,通过化学反应或电化学反应使金属表面发生溶解,并在金属表面形成一层致密的、附着力良好的、稳定的化学物膜层。对于高温合金、不锈钢钝化,用于防腐;对于钛合金钝化,用于防火。

10.4.8　电解加工

电解加工是利用金属在电解液中阳极溶解的原理去除金属材料,将工具阴极的形状复制到阳极工件上的工艺(图 10.4)。电解加工时,工件和工具之间无机械接触,因而工具不损耗,工件上无残余应力,不会出现加工变形。表面转接处因电流密度大能自动加工出转接圆角,减小零件上的应力集中。电解加工生产效率高,表面质量好,无加工应力集中,无烧伤层,易加工复杂形状的机匣、壳体或硬度高、韧性大的难切削材料。电解加工也有不足之处,如加工精度不高,尺寸误差偏大,电解液对工件、机床设备有腐蚀。由于电解液对环境的污染较严重,同时数控机床加工能力不断提升,所以主燃烧室部件采用电解加工的零件大幅减少。

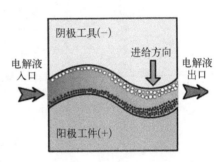

图 10.4　电解加工示意图

10.4.9　真空钎焊

真空钎焊是在真空条件下,通过毛细作用使液态钎焊料填满固态被焊金属的装配间隙,并与之相互扩散实现连接的工艺方法。常用钎焊料有铜、银和镍基的丝、箔、粉等。真空钎焊加热均匀、变形小、组件尺寸易控制,且钎焊接头表面不氧化、接头光亮致密,有良好的机械性能和抗氧化、耐腐蚀性能,可多缝、多零件同时钎焊,生产效率高,可实现难熔合金或异种金属零件的连接,可解决空间位置受限难以进行熔焊零件的连接。零件的热处理工序可与真空钎焊一并进行,主燃烧室火焰筒、机匣蜂窝、喷嘴中都有真空钎焊的焊缝。

10.4.10　真空电子束焊

电子束焊的特点是能量密度高、穿透力强、焊缝深宽比大、焊接速度快、热影响区小、零件变形小、焊缝强度高、焊缝无受气体污染问题、焊接参数易实现自动控制。电子束可以聚焦到直径 0.25 mm 的焊点上,电子束的熔池体积可缩小到氩弧焊的 1/25,焊缝深宽比达到 20 以上,可焊接精加工零件,且可焊接材料厚度达 0.1~100 mm。真空电子束焊的缺点是焊接设备昂贵,焊接成本高,被焊件间缝隙要求小、焊接处壁厚差不能过大,焊后冷却速度较快,易产生较大的内应力,可通过焊前预热等方式进行改善。真空电子束焊已广泛应用于航空发动机主燃烧室的机匣和火焰筒上。真空电子束焊焊接设备及原理见图 10.5。

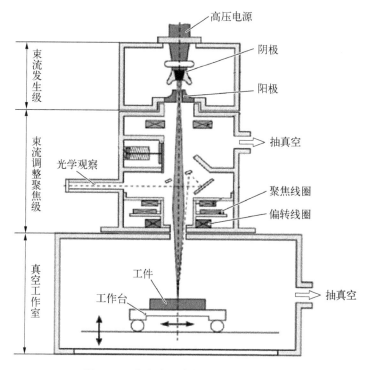

图 10.5 真空电子束焊焊接设备及原理

10.4.11 氩弧焊

氩弧焊是在普通电弧焊的基础上,利用氩气对金属焊料进行保护,通过高电流使焊材在被焊基材上融化成液态并形成熔池,使被焊金属和焊材达到冶金结合的一种焊接技术。焊接中通过不断输送氩气,使焊材与空气中的氧气隔绝,防止焊材氧化,因此可以焊接不锈钢、高温合金等金属材料。氩弧焊分为手工氩弧焊和自动氩弧焊,手工氩弧焊操作设备简单、参数范围大、应用广泛,但焊接质量受人工因素影响大,产品一致性不易控制。自动氩弧焊具备工艺参数控制精度高、定位准确、焊接一致性好等优点,在回转类零件的焊接上已逐步取代手工氩弧焊。氩弧焊广泛应用于航空发动机主燃烧室零件的加工,如大尺寸零件钎焊或真空电子束焊之前的定位点焊、燃油管路和接头的焊接、火焰筒压板等小零件的焊接。

10.4.12　惯性摩擦焊

惯性摩擦焊是利用飞轮储能,通过两焊件接触面的相对高速旋转摩擦将机械热能转化为热能,实现轴向连接的一种固相焊接技术(图 10.6)。惯性摩擦焊是一种固相焊接,焊缝为锻造组织,避免了熔焊类焊接导致的焊缝材料熔化凝固形成铸态组织的情况,因此焊接接头强度高是该类焊接的最大优势。同时由于加热速度快、基体不熔化,所以焊接热变形小,生产效率也较高。由于基体焊接时不熔化,对焊接性较差的材料以及不同种金属材料的适应性较好。惯性摩擦焊的工作原理限制了被焊件的形状,两端被焊件接头应是轴对称结构,即一般适用于圆棒、管子及筒形零件的焊接。焊接过程中两端轴向压力很大,同时高速旋转中被焊件端面已加热至塑性状态,因此焊接面会挤出一定量的金属并导致轴向尺寸控制困难(图 10.7)。

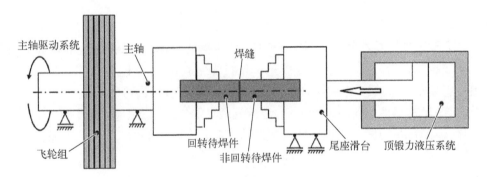

图 10.6　惯性摩擦焊示意图

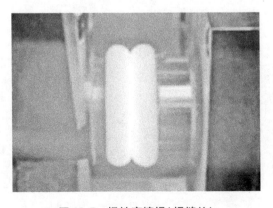

图 10.7　惯性摩擦焊(焊缝处)

10.4.13　喷丸

喷丸是目前广泛采用的一种表面强化工艺,工程上喷丸采用的是机械离心式或气动式喷丸机,为保证均匀的喷丸强度和覆盖率,宜采用自动控制(数控)喷丸,手工控制喷丸难以满足设计提出的指标要求,气动式喷丸在航空企业中得到普遍应用。喷丸是通过高速丸体冲击工件表面,使工件表面产生弹性及塑性变形,并产生残余压应力,从而提高工件的表面强度和疲劳强度。丸体的种类有铸钢丸、铸铁丸、玻璃丸、陶瓷丸,其中铸钢丸和铸铁丸一般用于喷丸强度高的零组件表面处理,而玻璃丸和陶瓷丸多用于硬度较低的不锈钢、钛、铝、镁及其他不允许铁质污染的材料。对于具体零组件,喷丸强度存在一个适宜的范围,过高或过低均难以达到提高疲劳强度的效果,设计人员在提出要求前应有充分的了解,如果没有有效借鉴,则有必要进行前期试件的疲劳对比试验。表面的粗糙度 Ra 峰值高,喷丸时变形大易产生缺陷,发动机零件喷丸前的表面粗糙度 Ra 的最大允许值为 $1.60~\mu m$。喷丸工艺在疲劳强度要求较高的主燃烧室结构件上得到了广泛应用,如外机匣内外表面等。

10.4.14　磨粒流

磨粒流加工是在密闭条件下使用一种具有黏性、柔性和磨削性的半固态膏状介质,在压力作用下将其往复流经产品的待加工表面,通过流体中的磨粒对表面进行反复微量磨削的一种加工方法(图 10.8)。磨粒流可形成良好的仿形接触,研磨光整零件的各种复杂型面、隐蔽孔及型腔,完成去毛刺、倒圆角和抛光等工序,但不适用于磨料流道无法形成通路,如盲孔等部位的加工。主燃烧室零组

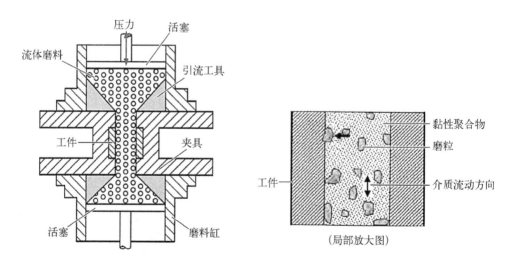

图 10.8　磨粒流加工示意图

件采用磨粒流工艺主要用于提高复杂气流通道型面的表面光度,减小气流的摩擦损失。

10.4.15 抛光

主燃烧室零组件在机械加工后,为去除表面毛刺或进一步提高表面光度,经常采用抛光的工艺方法。常用的抛光方法主要有手工抛光、机械抛光、化学抛光、电解抛光、磁力研抛等。机械抛光是指用抛光带、抛光轮等进行抛光,抛光的零件形状相对简单,抛光可分为粗抛、精抛,粗抛主要用于去除表面宏观缺陷,精抛用于提高表面光度,光度可达镜面光亮,是其他抛光方法难以达到的。化学抛光是在强电解质溶液的作用下,利用金属表面凹凸部位溶解速率的不同,即凸出部分比凹陷部分溶解多,达到抛光效果,适用于复杂、不规则形状零件。电解抛光是电化学溶解过程,以被抛工件为阳极,不溶性金属为阴极,通直流电产生阳极溶解,金属表面尖端电流大,从而达到去除局部高点、保证表面平滑的作用,抛光后工件表面生成一层氧化膜,增强了耐腐蚀性能。化学抛光相对于电解抛光成本低,表面均匀性好,但抛光光度较差。磁力研抛是将工件放入磁性磨粒和磁极间,在磁场的作用下,通过磁极和工件相对运动,磁性磨粒对工件表面进行光整,适用于内腔表面抛光,如弯曲管路的内壁面等。

10.4.16 清洗

主燃烧室零组件在加工后、焊接前或装配前需将表面油污、微小颗粒等污染物去除,保证清洁。清洗介质通常采用 180 号航空洗涤汽油或碳氢溶剂清洗剂(只含有碳、氢两种元素的高纯度的烷烃化合物),清洗环境应通风良好,并应符合防静电、防火、防爆等安全防护要求。可采用手工清洗、压力设备冲洗,碳氢溶剂清洗剂清洗可选用超声波清洗设备、全自动清洗设备等。

10.4.17 增材制造

增材制造技术俗称 3D 打印技术,是一项集热源、机械、计算机软件、材料、控制等诸多先进技术形成零件快速成型的新型制造技术。其主要的应用有:一类是尺寸和复杂性需求和损伤零件精密修复需求;另一类是结构功能一体化设计,减少零件数量并降低产品重量。根据材料在沉积时的不同状态,可分为两种类型(图10.9):一类是粉末床熔融技术,如选区激光熔融、电子束熔化;另一类是定向能量沉积技术,如激光熔化沉积。选区激光熔融可成型复杂内腔结构,设计自由度高、成型精度高、表面状态好,但成型效率低、尺寸受限、成本高,内表面光整处理是其后处理技术的关键难点。电子束熔化的成型材料广泛,高真空环境可有效防止氧化,气孔少,但表面状态差,成型尺寸受真空炉体尺寸约束。激光熔化沉积的成型尺寸较大、效率高、成本低,可用于零件修复,但成型结构复杂度受限,不适于成型精密复杂构件。增材制造产品的检测方法也相对复杂,可能需要根据其特征采取多种检测方法协同进行,如光学测量、断层扫描、射线检测、涡流检测、渗透检测、热成像检测、超声波检测等。

(a) 粉末床熔融   (b) 激光熔化沉积

图 10.9　粉末床熔融和激光熔化沉积

----------------- 参考文献 -----------------

[1] 《中国航空材料手册》编辑委员会.中国航空材料手册[M].2 版.第 2 卷　变形高温合金　铸造高温合金.北京:中国标准出版社,2011.

[2] 《中国航空材料手册》编辑委员会.中国航空材料手册[M].2 版.第 1 卷　结构钢　不锈钢.北京:中国标准出版社,2001.

第 11 章
燃烧室试验验证

11.1 概　　述

在燃烧室技术的研制过程中,通过持续不断的技术研究、产品研制及应用改进,发展了相关的理论并积累了设计经验,以此为基础建立的设计方法已经基本能够设计出满足航空发动机要求的燃烧室。由于燃烧室工作过程的复杂性,无论是验证燃烧室设计结果的准确性还是考核燃烧室的工作能力,设计结果必须通过大量试验来检验[1,2]。

燃烧室的研制与发展始终伴随并促进燃烧室试验技术、方法和设备的发展。随着工业技术的进步,燃烧室试验设备的能力大幅提升,试验条件更加接近真实工况,同时试验测试方法和测试设备也更加先进,测点数量大幅度增加,燃烧室试验结果能够更加真实地反映航空发动机上的工作情况。

按照被试对象的物理构件和技术验证的程度,燃烧室试验可以按试验层级分为元组件试验、模型燃烧室试验和全环燃烧室试验。

(1)元组件试验:主要是对燃烧室功能元件进行结构特征参数和气动热力学参数所能实现的功能的影响试验,找出这些参数对其功能的影响规律,获得实现其功能的合理设计参数,总结出类似结构元件的设计方法,验证和修正设计理论或原理。

(2)模型燃烧室试验:通常指的是单头部或多头部燃烧室试验,主要对燃烧室的燃烧组织和冷却进行初步试验,在模型燃烧室上进行不同方案和参数的对比试验,验证燃烧室初步设计方案,通过修改完善,为全环燃烧室确定关键设计参数。

(3)全环燃烧室试验:采用真实的全环燃烧室,试验验证燃烧室各项性能,考核燃烧室的工作能力,为发动机整机试验提供技术保障。

11.2　燃烧室试验类型及方法

为了得到准确的试验结果,燃烧室试验应该在实际工作状态的真实气动热力状态参数下进行,出于试验设备能力限制、测试需要以及试验成本费用的考虑,在实际情况下,多数试验是在模拟条件下进行的。

燃烧室模拟试验需要遵守如下一些基本要求。

(1)几何尺寸相同或相似,对燃烧室性能影响较大的主要几何尺寸需要保持一致,特别是燃烧室的头部结构,这是燃烧室的核心所在,试验时不进行任何缩放,必须与原始设计一致。

(2)空气或燃料性质相同,早期的燃烧室试验采用的是直接加温方法,燃烧室进口不是纯净空气而是燃气,试验结果的处理复杂且准确性较低。目前,燃烧室试验采用的是带除湿系统的间接加温装置,试验环境更接近真实情况。工程化的试验工作,燃料必须与燃烧室真实工况的燃料一致,且符合相应规范要求,这样才能保证点火试验、污染排放测试试验的准确性。

(3)燃油喷雾角及供油压力差相同,在燃烧室试验状态与真实状态一致的情况下,可以采用真实喷嘴进行试验,若燃烧室采用了模拟状态试验,则需要采用模拟此工况下真实喷嘴的喷雾角的模拟喷嘴。

(4)带喷嘴的总管燃油流量分布相同,在进行多头部及全环燃烧室试验时,带喷嘴的燃油总管的不均匀性应该一致,才能减小燃烧室出口温度场分布试验的误差。

(5)燃烧室进口温度及余气系数相同,燃烧室试验中,进口温度对燃烧室试验的准确性有较大的影响,特别是低污染燃烧室试验和高油气比燃烧室试验,对污染物排放及燃烧室温升都会造成影响,因此燃烧室试验时,进口温度需要与真实工况一致。余气系数一致是试验的基本要求,在进口温度与真实工况一致的前提下,相同余气系数下真实工况与模拟工况的温升才一致。

(6)燃烧室流动雷诺数大于临界值,以燃烧室进口当量直径为定性尺寸时的雷诺数临界值为 $2 \times 10^5 \sim 3 \times 10^5$,雷诺数大于临界值的燃烧室进入自模状态后才能采用模拟准则对燃烧室进行降温、降压模拟试验。

11.2.1　试验类型

按试验件分类,可分为以下三类试验。

1. 元组件试验

元组件试验包括燃油喷嘴性能试验、扩压器试验、旋流器特性试验、燃油总管试验、气膜冷效试验、头部匹配试验、流场试验、流量分配试验、点火器性能试验等,主要为燃烧室各功能件性能进行试验,获得其性能参数。

2. 模型燃烧室试验

模型燃烧室试验包括单头部和多头部扇形燃烧室试验件的流量分配、压力损失、点火/熄火、燃烧效率、出口温度分布品质、排气冒烟和污染物排放等试验,为燃烧室综合性能试验,获得燃烧室流量分配、压力损失、点火边界、贫油熄火边界、燃烧效率、出口温度分布 OTDF 及 RTDF 等燃烧室性能参数。

3. 全环燃烧室试验

全环燃烧室试验件与发动机真实燃烧室的尺寸完全相同,安装边可能与发动机存在差异。试验内容与单头部和扇形试验件基本相同。在低工况,通常采用与实际工况相同的状态,高工况受限于试验条件和经费,往往采用降压降温模拟状态。

11.2.2　试验方法

受限于设备的能力,燃烧室试验并不能完全模拟发动机真实工况下燃烧室的环境,特别是大流量的多头部扇形和全环燃烧室试验件,故还采用基于相似原理的模拟方法进行试验,试验燃烧室与原型燃烧室的几何尺寸、流量、进口压力和进口温度等参数需要满足以下试验条件:试验燃烧室与全尺寸燃烧室几何流道截面相同、燃料相同、进气温度相同、余气系数相同,在雷诺数相等或在自模区工作条件下,按不同类型的试验相似准则确定试验燃烧室的试验压力和空气流量,试验中保持燃油喷嘴的喷雾锥角和燃油分布与真实状态相同或相近,进口流量相同或相近。可以利用以下准则安排试验状态。

(1)雷诺数 Re,表示惯性力与黏性力的比值,也称流动相似准则,主要用于水流模拟空气流场,或通过雷诺数判断燃烧室模拟工况是否进入自模状态。

$$Re = \frac{\rho \cdot v \cdot l}{\mu} \tag{11.1}$$

(2)弗劳德数 Fr,表示重力与惯性力的比值,也称重力相似准则。

$$Fr = \frac{v}{\sqrt{gl}} \tag{11.2}$$

(3)马赫数 Ma,表示惯性力与弹性力的比值,也称可压性相似准则。

$$Ma = \frac{v}{a} \tag{11.3}$$

(4)卡门常数 Ka,表示紊流附加应力与惯性力的比值,又称紊流强度准则。

$$Ka = \frac{\sqrt{v'^2}}{v} \tag{11.4}$$

(5)紊流克努森数 Kn_t,表示紊流混合的相对长度。

$$Kn_t = \frac{l_T}{l} \tag{11.5}$$

（6）施密特数 Sc，表示对流换质与分子扩散换质的比值，表明速度场与扩散场的相似程度。

$$Sc = \frac{\mu}{\rho \cdot D_\mathrm{m}} \tag{11.6}$$

（7）斯托克斯数 St，表示油珠惯性力与气流阻力的比值。

$$St = \frac{\rho_\mathrm{f} \cdot r_\delta^{1-k} \cdot u^k \cdot v_\delta \cdot v}{\rho^{k+1} \cdot u^{k+2} \cdot l} \tag{11.7}$$

（8）油珠蒸发相似准则，$\tau_\mathrm{n}/\tau_\mathrm{s}$ 表示油珠在燃烧室停留时间与油珠蒸发时间的比值。

$$\frac{\tau_\mathrm{n}}{\tau_\mathrm{s}} = \frac{\rho^m \cdot u^m \cdot \lambda \cdot \Delta T \cdot l}{r_\delta^{2-m} \cdot \rho_\mathrm{f} \cdot \mu^m \cdot q_\mathrm{u}' \cdot v} \tag{11.8}$$

（9）普朗特数 Pr，表示温度场与速度场的相似程度。

$$Pr = \frac{\mu}{\rho \cdot a} \tag{11.9}$$

（10）邓侃勒第一准则，表示可燃混合气体停留时间与化学反应时间的比值。

$$\frac{\tau_\mathrm{n}}{\tau_\mathrm{x}} = \frac{U_\mathrm{m} \cdot l}{\rho \cdot f_\mathrm{m} \cdot v} \tag{11.10}$$

（11）邓侃勒第三准则，表示燃烧室总的放热量与对流带走热量的比值。

$$D_\mathrm{m} = \frac{H_\mathrm{u} \cdot U_\mathrm{m} \cdot l}{\rho \cdot v \cdot C_\mathrm{p}(T_\mathrm{f} - T_3)} \tag{11.11}$$

但在实际的燃烧室模拟试验过程中，不可能保证所有的准则都相似，为了确保模拟试验中所得数据与真实情况不会产生较大的偏差，在安排模拟试验参数时要分析试验所需获取的性能，根据需要保证主要的准则相似，将次要准则的相似条件只做近似保证或忽略不计。多数燃烧室试验采用的是真实的几何尺寸，试验时遵循以下模化方程：

$$\frac{W_\text{真} \sqrt{T_\text{真}}}{P_\text{真}} = \frac{W_\text{模} \sqrt{T_\text{模}}}{P_\text{模}} \tag{11.12}$$

式中：W——燃烧室进口流量；

T——燃烧室进口总温；

P——燃烧室进口总压。

燃烧室试验器来流是均匀流场,但发动机上的燃烧室进口是非均匀流场,在试验设备上燃烧室的壁面温度分布、燃烧室出口温度场分布与发动机试验是有区别的,在发动机试验时也需要充分考虑燃烧室各项参数的测定。

11.3　元组件试验

11.3.1　扩压器试验

目前,航空发动机燃烧室大多采用突扩扩压器,突扩扩压器试验主要研究扩压器特性、流体损失、流量分配以及前置扩压器及突扩段几何结构对扩压器的影响等内容,着重研究不同扩压器进口流场下,火焰筒头部帽罩型面、突扩段内外突扩角、突扩间隙、火焰筒头部进气量、支板、内外环流量比、进口流场、火焰筒位置等对扩压器性能的影响。

扩压器试验可用金属、木材或透明材料制成试验件,利用水或空气作为介质进行试验。通过试验对扩压器性能进行评估,并对扩压器内各结构的几何尺寸参数对气流压力损失、分离特征和流量分配的影响进行研究,同时还可通过试验对扩压器内部流态进行显示。对于流线型扩压器和前置扩压器,是为了确定一个良好的、合适的型面,使气流在任何部位不产生分离;对于突扩扩压器,是考察突扩区是否形成稳定漩涡,出口流场、压力分布是否对称,同时火焰筒头部帽罩前不应产生分离、不稳定区域和回流。通过试验可以更好地优化扩压器结构,提高其性能参数,寻求工作稳定、流动不分离、对进气速度分布不敏感、静压恢复高、总压损失小、结构紧凑的扩压器。

按照模化理论、研究对象、试验目的和试验任务设计试验件。扩压器试验件一般有矩形试验件、扇形试验件和全尺寸全环试验件。出于试验设备能力和试验成本的考虑,扩压器矩形试验件或扇形试验件设计成不少于 3 个火焰筒头部。

1. 水流模拟试验

扩压器的实际工质是空气,但受限于测试观察手段,传统燃烧室扩压器采用的是水作为介质进行试验。扩压器水流模拟试验是根据流体力学相似原理,利用水作为介质进行的试验。水流模拟试验可用来定性观察流场结构、回流区形状和尺寸大小、掺混规律和气流分离情况等,基于液态和气态在雷诺数大于 10^5 时且几何相似或相等条件下的阻力系数相等原则,也可用来测量扩压器的总压恢复系数、流阻系数。

图 11.1 为一种简单的扩压器水流模拟试验装置图。由水箱为水泵供水,由水泵增压后经电动阀门、流孔板、稳压段、进口测量段供给试验件进口预计的水流量。试验件垂直安装,以减小重力影响,便于观察流场。进入试验件的流体,经前置扩压器出口分为三路,分别进入扩压器外环通道、内环通道和火焰筒头部进气通道,然后分别进入相对应的三根并列的出口管道,经控制阀门,流回水箱。

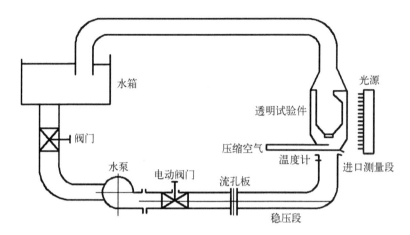

图 11.1 水流模拟试验简图

20 世纪中下叶大部分燃烧室扩压器试验都采用水流模拟试验,较为容易地获得可观察的流场结构,对扩压器初始方案设计是必要的。随着测试技术的发展,特别是粒子图像测速仪的广泛应用,可以对空气流场结构进行观察,现代燃烧室扩压器试验主要采用空气作为试验介质,与实际工作的流体性质相同,能更好地反映出扩压器的实际性能。

2. 吹风试验

扩压器吹风试验的目的是评估扩压器在冷态或热态条件下的气流结构、流路的几何尺寸和压力损失是否满足设计要求,试验的结果比水流模拟试验更真实。冷吹风试验是在常温下进行的,采用降压降流量模拟试验,在几何尺寸完全相等时,模拟准则方程为

$$\left(\frac{W\sqrt{T}}{P}\right)_{de} = \left(\frac{W\sqrt{T}}{P}\right)_{m} \tag{11.13}$$

式中:W——扩压器进口空气质量流量;

P——扩压器进口空气总压;

T——扩压器进口空气总温;

下标 de——设计值;

下标 m——模拟值。

冷吹风试验一般在冷吹风或燃烧室试验器上进行,一般由进气管道、试验段、排气管道、测量系统、电气系统、控制系统和数据自动采集处理系统组成。该试验空气系统原理图如图 11.2 所示。通过阀门开关选择相应的供气方式,然后由图中所示的流量测量装置 1 测量流量后,进入扩压器试验段 11。通过调节进气电动阀

3、放空阀 5 来控制进气流量和压力。若需测量流场,则带有示踪粒子的两相流经过试验件后,通过油气分离器 7,由抽风机 6 排入大气。

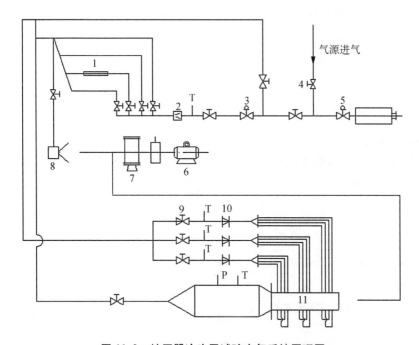

图 11.2　扩压器冷吹风试验空气系统原理图

1. 流量测量装置;2. 声速喷嘴;3. 进气电动阀;4. 气源进气阀;5. 放空阀;6. 抽风机;
7. 油气分离器;8. 预混试验段;9. 手动阀;10. 浮子流量计;11. 扩压器试验段

　　衡量扩压器性能的参数主要包括总压恢复系数、静压恢复系数、总压损失和阻力系数等,其主要定义如下:
　　(1)总压恢复系数。

$$\sigma = \frac{P_i}{P_3} \qquad (11.14)$$

式中: P——总压;
　　　　下标 3——扩压器进口截面。
　　　　下标 i——测量截面。
　　(2)静压恢复系数。

$$C_s = \frac{P_{si} - P_{s3}}{q_3} \qquad (11.15)$$

式中: q——动压;

P_s——静压；

下标 3——扩压器进口截面；

下标 i——测量截面。

（3）总压损失。

$$\lambda = \frac{P_3 - P_i}{P_3} \tag{11.16}$$

式中：P——总压；

下标 3——扩压器进口截面；

下标 i——测量截面。

（4）阻力系数。

$$\varepsilon = \frac{P_3 - P_i}{q_3} \tag{11.17}$$

式中：P——总压；

q——动压；

下标 3——扩压器进口截面；

下标 i——测量截面。

11.3.2　喷嘴试验

喷嘴作为燃烧室的供油装置，其性能(如初始雾化和流量特性)对燃烧室的点火性能、燃烧性能及燃烧室出口温度场质量都有重要影响。目前，航空燃气轮机主要使用直射式喷嘴、离心喷嘴和两类混用的喷嘴。喷嘴试验不仅需要关注喷嘴本身的各项性能，还需要对喷嘴及其部分供油系统进行试验及调试，称为总管试验。随着飞行器及发动机性能的提升，滑油系统需要由燃油进行冷却，导致燃油温度升高，以及燃烧室进口温度的提升，喷嘴的热防护也是需要重点考虑并采用试验进行验证的[3,4]。

1. 离心喷嘴试验

离心喷嘴试验包括离心喷嘴常规性能试验及喷雾性能试验两方面。离心喷嘴常规性能试验主要检测离心喷嘴的燃油流量、喷雾锥角、周向分布均匀性等宏观特性参数，这些参数是衡量离心喷嘴性能的标志。而雾滴尺寸及其分布、雾滴速度、雾滴数密度等油雾的微观特性参数则需要离心喷嘴喷雾性能试验来测量[5]。油雾特性的测量，对喷嘴设计、质量控制和改进是相当重要的，能够为燃烧室火焰筒内部的雾化、掺混、蒸发和燃烧组织与控制以及喷嘴加工工艺等提供技术支持，有利于改善燃烧性能。为了摸清真实工作环境中离心喷嘴的喷雾性能，一般除了单独检测离心喷嘴的喷雾性能,还需要将离心喷嘴与火焰筒头部旋流器机构一起装配进行联合喷雾性能试验。

2. 甩油盘试验

甩油盘也是一种常见的燃油供油装置,常用于环形折流燃烧室结构中,甩油盘具有供油压力低、雾化性能优良及稳定的特点。

甩油盘雾化性能主要测量雾滴平均直径、油雾浓度分布、粒子速度浓度等参数,这些参数由激光多普勒粒子测速仪测量。喷雾锥角定义为在甩油盘高速旋转过程中,从数个径向油道的喷口甩出的燃油形成的两个环形喷雾锥面的夹角,见图 11.3。

甩油盘其他参数如流量等与常规喷嘴的测量方法一致。

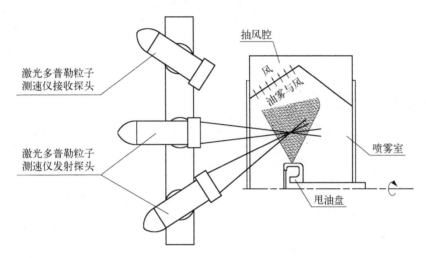

图 11.3 甩油盘喷雾锥角示意图

3. 燃油总管试验

燃油总管流量特性及喷嘴之间流量分布均匀性是燃油总管的重要指标,对燃烧性能特别是燃烧室出口温度分布至关重要。进行燃油总管试验的主要目的是对环形燃烧室带喷嘴的燃油总管流量特性以及喷嘴的流量分布不均匀性进行测量。燃油总管试验也是燃烧室部件试验的常规检查试验。

目前,喷嘴生产试验单位一般使用的燃油总管试验器均为总管水平安装,为了模拟航空发动机,燃油总管垂直于发动机轴线安装,或模拟飞机在不同飞行姿态下总管倾斜等情况。由于燃油重力影响带来的总管流量不均匀变化,建议有必要在试验台上改变总管的安装角度。

在进行燃油总管的流量特性试验时,一般选择 5~8 个工况点,进行流量分布试验时应选择发动机长时间工作工况或按照燃烧室部件试验状态的供应要求进行。

与单个喷嘴一样,在获得燃油总管的压力、总流量数据后,要绘制成流量特性曲线。对于燃油分布试验,应将各喷嘴的燃油流量通过如下公式来计算其流量不均匀度。

$$\delta = \left| \frac{Q_i - Q_a}{Q_a} \right| \times 100\% \qquad (11.18)$$

式中: Q_i ——流经单个喷嘴的燃油流量;

$\quad\quad Q_a$ ——总管上所有喷嘴流量的平均值。

4. 喷嘴密封性试验

喷嘴密封性试验分为两类: 喷嘴壳体的密封性试验和带喷口的喷嘴密封性试验。

(1) 喷嘴壳体的密封性试验一般由生产厂家在专用的密封性试验设备上进行,试验压力一般在喷嘴工作压力的 3 倍以上,主要检查壳体的加工(铸造、焊接等)缺陷,要求必须无渗漏和串油。

(2) 带喷口的喷嘴密封性试验一般在喷嘴试验器上进行,试验压力一般为喷嘴工作压力的 1.5 倍左右,主要检查焊缝、螺纹连接等处是否渗漏、双油路喷嘴是否串油等。

5. 喷雾锥角试验

喷嘴的喷雾锥角测量方法主要有刀尺法(探针法)和计算机图像法等。

喷雾锥角测量采用计算机图像法,喷雾锥角 α 的定义见图 11.4,图中所示为弦长法测量锥角。

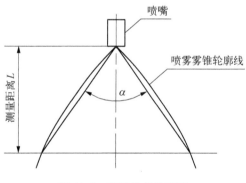

图 11.4   喷雾锥角的定义

6. 径向分布不均匀度试验

径向分布不均匀度试验一般采用如下方法进行: 距喷口半径 R 处(也可为距喷口端面 L)为一多环形收集器,每环的尺寸及数量由技术要求确定,每环的油量通过管道流入对应的电子秤进行量测,并计算每环油量占总油量的百分比,见图 11.5。

7. 雾化粒径 SMD 和分布指数试验

雾化粒径 SMD 和分布指数(N)可由实时喷雾粒度仪(Malvern)测量,也可由激光多普勒粒子测速仪测量。

实时喷雾粒度仪(图 11.6)主要由喷雾采样室、光源系统(激光器)、光信号接收系统、控制计算机等组成。由激光器发出的光束经扩束、准直后得到一定宽度的

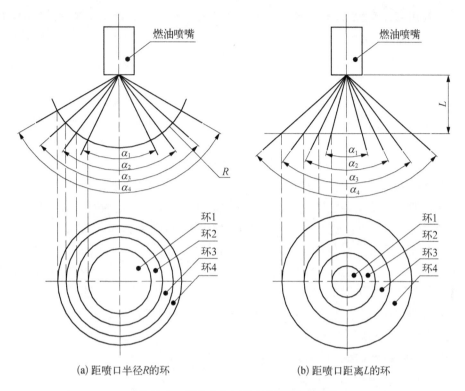

(a) 距喷口半径R的环   (b) 距喷口距离L的环

图 11.5   径向分布不均匀度测量示意图

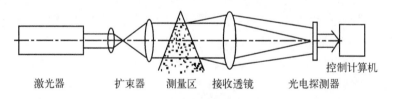

图 11.6   实时喷雾粒度仪原理图

单色平行光,平行光照到雾区的颗粒群后产生光散射现象,散射光的强度和分布与雾滴直径、浓度有关。多颗粒散射出来的相同方向的光聚集到接收透镜的焦平面上,这个平面上放置一个多元光电探测器,用来检测散射光的分布,如图 11.7 所示。

光电探测器由 35 个半环组成,它将照射到每个环面上的光能量转换成电信号输出。各环上输出的电信号经放大和模数转

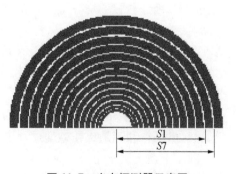

图 11.7   光电探测器示意图

换后一起送入计算机,计算机根据测得的各环上的光能量值进行计算,得出被测雾滴的尺寸分布、平均直径等参数。

11.3.3 头部流场和雾化试验

目前,先进的燃烧室都是采用的气动雾化头部装置,燃油的雾化及燃烧组织是一体化设计的,也就是说喷嘴和形成稳定燃烧的旋流高度集成,燃油喷射与油气掺混对燃烧性能具有决定性的作用,通过喷嘴与头部旋流装置匹配组合的头部雾化装置试验,获得头部下游燃油浓度分布、SMD、蒸发特性等[6]。

在常压和常温条件下进行的头部雾化试验结果,与实际燃烧室中的高温和高压条件下的气体流动、液滴轨迹分布以及喷雾场的特性等情况相差较大,由于试验条件和测试条件限制,加温、加压的雾化特性试验难度较大。

绝大部分的气动雾化试验在敞开的常压环境下进行,只有在研究空气压力的影响时,才进行大于常压的雾化试验。该类试验需要在一个压力容器内进行,且高压试验给测量带来了两个困难:一是光学观察窗要有效保证;二是高压下燃油的空间浓度加大,光束穿透率下降。而敞口常压试验的条件比较容易满足,因此一般在常压下研究反向旋流燃烧室中燃油种类和当量比对燃烧的影响[7]。

如今,非接触式光学测量手段广泛应用到流体测量中,包括燃烧室头部雾化特性研究测量。在采用光学手段研究燃烧室头部特性时,壁面观测窗通常采用石英玻璃,以允许测量光线通过,为此试验件多为方形或矩形,方便玻璃安装及测量,少有采用扇形件。在高温、高压条件下,采用 PDA、LDA、Mie 散射测量喷雾分布和液滴尺寸,研究旋流燃烧室头部航空煤油雾化特性,其中 LDA 和 Mie 散射测量是在模拟状态下进行的[8-11]。

评定单头部燃烧室雾化特性,主要包括液滴速度、液滴平均尺寸和体积通量密度等方面。燃油雾化中描述液滴直径有两个常用参数,分别是算术平均直径(D_{10})和索特平均直径(简写为 D_{32} 或 SMD)。D_{10} 作为一种线性平均直径,其对小液滴的固有敏感性能提供很有价值的信息;而 D_{32} 最能反映真实雾滴群的蒸发效率和燃烧效率,因此其在燃烧环境下的液态雾化特性中得到了广泛应用。在燃气涡轮发动机燃烧室中,SMD 越小,说明燃油液滴用于快速蒸发和完全燃烧的表面积越大,因此燃烧室燃油液滴尺寸的表达更多地采用 SMD。

体积能量密度,可以简称为通量,一般统计旋流器下游某轴向位置处沿径向的分布,关注的是喷雾通量的峰值、宽度,关于液态通量的测量通常只是定性结果,但是可以从中得到雾化的趋势,测量不同燃料分别在不同当量比下燃烧时的体积通量,反映出燃料和当量比在燃烧过程中,对主要的喷雾轨迹影响很小。

除了上述 3 种常见的评定参数,还出现了一些具有针对性的评定参数,例如,在采用 PDA 测量雾化特性时,提出了空间燃油流量指数(spatial fuel flow index,

FFI_S），其定义是，截面的测量点上液态燃料的流量与整个截面上液态燃料流量百分数之比，是用于评估与当地未蒸发燃油流量紧密相关的一项参数。由于 PDA 测量是锁相的，也可以用时间相关燃油流量指数（time dependent fuel flow index, FFI_T），这样就能考虑到液态燃料释放到火焰筒带来的时间相关脉动，表征单个时间窗口中流量与整个收集时间内流量的百分比。

11.3.4　传热试验

传热试验的目的是在模型试验件上评估冷却结构的冷却效果，研究气动参数和几何参数对冷却结构冷却效果的影响规律，为燃烧室冷却方案设计和壁面温度计算提供试验依据。传热试验是优选及验证冷却方案的主要手段。

为了减少试验成本，传热试验一般采取近似模化方法模拟燃烧室实际工况。在选择试验参数时，需根据试验目的和冷却结构类型确定模拟量，保证通过冷却结构的气流流动与实际情况一致或相似。

1. 直接测量法

冷却有效性定义为

$$\eta = \frac{T_f - T_\infty}{T_c - T_\infty} \tag{11.19}$$

式中：T_f——试验板绝热壁温，通常用试验板热侧表面平均温度 T_{aw} 代替。T_{aw} 可以通过热电偶、热电液晶、热像分析仪等壁面温度测量分析手段测得。为了使 T_{aw} 接近 T_f，试验时应采取措施减小试验板与试验设备间的导热，如减小试验板与试验设备间的接触面积，试验板和垫片选用低导热系数材料制作。

2. 传热传质类比法

对比传热微分方程组和传质微分方案组可以发现，如果忽略能量方程中的压力项和耗散项，则两个方程组具有完全相同的形式，因此在边界条件相似时，两个方程组解的形式也完全相同。这种在满足某些条件下，用传质方法获得冷却结构的换热特性的方法称为传热传质类比法。

在传热传质类比试验中，通常选定一种异性气体，保证主流和冷却气（二次流）中异性气体有一定的浓度梯度，利用异性气体的质量扩散来模拟试验件的热量扩散（试验板对于异性气体应为非渗透壁）。要达到传热传质相似条件，即 L_e 为 1 或接近 1，试验中应保证异性气体的浓度较低，使其在传质界面上的法向速度为零或很小，从而满足边界条件相似的要求。

此时，试验板冷却有效性定义为

$$\eta = \frac{\rho_w - \rho_\infty}{\rho_c - \rho_\infty} \tag{11.20}$$

式中: ρ_c——冷却气来流(二次流)中异性气体的浓度;

$\quad$ ρ_∞——主流中异性气体的浓度;

$\quad$ ρ_w——试验件表面异性气体的浓度。

图 11.8 为传热传质类比试验示意图。设备采用两台罗茨鼓风机作为主流和冷却气气源。主流经过气动薄膜阀,依次经过流量喷嘴、直接加温器后进入试验段。二次流经过气动薄膜阀和流量喷嘴后不加温直接进入试验段,汇入主流后与主流一起通过试验段出口的气动薄膜阀排出。

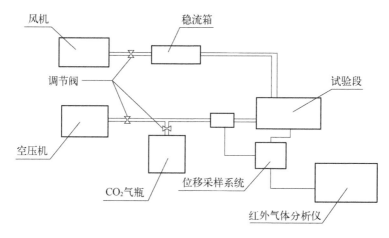

图 11.8　传热传质类比试验示意图

11.4　模型燃烧室试验

一般认为除全环燃烧室试验以外进行有关燃烧性能的试验都可归为模型燃烧室试验,模型燃烧室试验的主要目的是验证头部设计方案的燃烧组织性能,较为普遍采用的模型燃烧室主要有单头部燃烧室和多头部燃烧室,单头部燃烧室及多头部燃烧室的头部燃烧组织方案与全环燃烧室在气动设计上保持一致或高度相似,在模型上研究用于全环燃烧室的头部设计方案。

11.4.1　单头部燃烧室试验

单头部燃烧室试验是进行燃烧性能试验的初级阶段,单头部燃烧室试验作为燃烧室研究的基础,所开展的试验内容较多。在单头部燃烧室试验之前必须完成全环燃烧室方案的设计过程,这样才能选取其中一个头部的气动设计作为单头部燃烧室设计的基础。由于单头部燃烧室的流量相对较小,对设备能力的需求也相对较低,一般要求在单头部燃烧室上进行燃烧室真实工况的试验,包含极限状态点火试验、最大气动负荷和最大热负荷状态的试验。在研制周期允许的情况下还需要模拟燃烧室各个稳定工况之间的过渡态燃烧性能试验,此时燃烧室的进口参数可以根据总体性能预估的过渡态参数进行插值开展相应的试验,同时为挖掘燃烧室的性能潜力,还可以适当地提高燃烧室试验工况开展验证。单头部燃烧室在点火、综合性能试验方面能较好地反映燃烧室的性能,但在联焰、火焰筒壁温、燃烧室出口温度场分布以及燃烧不稳定性等方面与多头部扇形及全环燃烧室试验有较大差距,只可作为参考。

1. 单头部燃烧室试验件设计

设计单头部燃烧室试验件需要注意以下原则:燃烧室头部结构保持与燃烧室方案设计一致,燃烧室容积应是全环燃烧室容积的 $1/N$(N 是燃烧室头部数目),以保持燃气停留时间与全环燃烧室基本一致;为了在单头部上充分研究不同方案和工作参数对性能的影响,试验件的头部和火焰筒要考虑可更换,如头部换装、喷嘴位置可调、电嘴位置可调、火焰筒上的大孔可变等;在结构强度允许的条件下,根据试验内容,尽可能多地布置测试安装座;为了观察点火情况及火焰形态,可以考虑设置观察窗。

目前,单头部燃烧室试验件主要有两种:单头部单管燃烧室试验件和单头部矩形燃烧室试验件。两者从满足燃烧室模化条件——几何相似角度来看,单头部矩形燃烧室试验件更接近真实全环燃烧室几何结构,其燃烧室高度和长度及火焰筒结构均保持与全环燃烧室的基本一致,但其有两个侧壁,内部流动特性与全环燃烧室有差异,这个是其不利的一面;而单头部单管燃烧室试验件的火焰筒环高、长度以及气流速度与全环燃烧室一致,内部流动特性也与全环燃烧室一致,但火焰筒结构与全环燃烧室的不同,火焰筒冷却方案不能完全验证,如全环燃烧室采用浮动壁冷却结构形式,这不能在圆形单头部燃烧室上实现,在圆形单头部燃烧室中需改变火焰筒冷却结构。

2. 单头部燃烧室试验设备及试验

单头部燃烧室综合燃烧性能试验的主要目的是进行头部、喷嘴及油气匹配、雾化等对燃烧组织性能的影响研究,即选择最佳的头部雾化装置。根据不同试验状态,将试验数据整理成不同的规律曲线,进而比较判断单头部燃烧室综合燃烧性能。

单头部燃烧室主要开展以下试验。

1)火焰筒流量分配试验

单头部燃烧室试验一个重要的环节就是火焰筒流量分配试验,其可以检查燃烧室各个部分的试验流量是否与设计流量相符,也可验证开孔的流量系数,得到这些参数就可以对后面的试验进行分析。火焰筒流量分配试验可采用堵孔法,在火焰筒不同压差下($\Delta P/P_3$)对流量进行测量,从而得到每个部分的相对流量。

2) 常温常压点火及高空点火

在单头部燃烧室上进行的点火试验与扇形燃烧室及全环燃烧室点火试验有较大的差异,在扇形燃烧室及全环燃烧室点火时需要通过对联焰情况的判读来确定点火是否成功,而在单头部燃烧室试验件上则只需要观察是否着火及燃烧室出口是否有温升即可。常温常压点火试验可以不需要发动机的实际工作参数来进行,可以改变燃烧室进口的流量或火焰筒的压差($\Delta P/P_3$)来进行试验,点火后重复三次即认为此时的余气系数为点火余气系数。高空点火则可将发动机所在高空位置的大气压力及温度作为燃烧室进口参数,改变流量或火焰筒压差进行试验,这样的条件较真实发动机燃烧室进口条件苛刻,可以充分考核燃烧室的点火能力,同样也可采用总体性能预估燃烧室在高空点火时的进口参数,这样能更加贴近燃烧室的实际工况。试验中可采取多种方案对单头部燃烧室点火进行考核,单头部燃烧室点火性能好,则扇形燃烧室及全环燃烧室点火性能不一定优良,但单头部燃烧室点火性能差,则扇形燃烧室及全环燃烧室点火性能会更恶劣。

3) 慢车贫油熄火边界

保持慢车工作状态的进口总温及总压,在不同的进口空气流量下逐渐减油,并记录直至火焰熄灭,记录此时的燃油流量,可获得 $\alpha = f(V_3)$ 或 $\alpha = f(\Delta P/P_3)$ 或 $FAR = f(\Delta P/P_3)$ 曲线(簇),从曲线(簇)中可以看到每个状态最佳余气系数下的进口速度。对于单头部燃烧室,由于进口气流速度较小,不能完全模拟全环燃烧室头部进口速度,所以一般采用 $\alpha = f(\Delta P/P_3)$ 或 $FAR = f(\Delta P/P_3)$ 曲线表征单头部燃烧室慢车贫油熄火特性。

4) 燃烧性能与余气系数(或油气比)的关系

在单头部燃烧室试验过程中,根据不同状态确定最佳工作油气比。在最佳工作油气比下,燃烧效率、污染排放、火焰筒壁面温度均在合理的范围内。

11.4.2　多头部燃烧室试验

在单头部燃烧室试验中,燃烧室的流道特征结构并不能完全与原型全环燃烧室一致,一般单头部燃烧室试验件并不包含扩压器结构,冷却形式也与原型燃烧室有所不同;同时在单头部燃烧室试验中,不能模拟原型燃烧室头部之间的联焰,需要在多头部燃烧室上进行试验验证,多头部燃烧室试验的主要目的是联焰、火焰筒冷却和出口温度分布,但只有燃烧室出口径向温度分布基本能够反映全环燃烧室的状况[12]。

1. 多头部燃烧室试验件设计

多头部燃烧室试验件主要由进气测试段、试验段、出口测试段和降温排气装置构成。进气测试段、出口测试段和降温排气装置与单头部燃烧室试验件是相似的,只是流量相对较大,主要的区别在于试验段。多头部燃烧室试验件最基本的设计要求是流道的结构形式必须与原型燃烧室一致,头部的数量由全环燃烧室头部的个数、试验设备现有的最大能力、要验证的主要内容来确定。一般而言,最好选择三个以上的头部或 1/4 全环燃烧室开展试验。扇形燃烧室试验件由于存在侧壁效应,选择较少的头部会影响试验的结果,需要进行较多的修正,不能较好地验证点火时头部之间的联焰性能,对 OTDF 的评估也会有较大的影响,增多头部数量可解决上述的一些问题,但是试验件的造价、试验成本以及对设备能力的要求会随头部数量的增加而增多。

多头部燃烧室试验件按照有无耐压舱体分为带耐压舱体或不带耐压舱体;按照结构形式可分为扇形试验件和矩形试验件;按照有无模拟涡轮引气可分为带引气试验件与不带引气试验件;还有需要开展特殊测量的多头部试验件。

多头部燃烧室试验件一般的试验温度及压力较大,其机匣外需要承受较大的压力差,在试验件投资足够及试验压力温度较大的情况下建议采用耐压舱设计,其试验件由耐压舱与多头部试验段组成,如图 11.9 所示[13]。

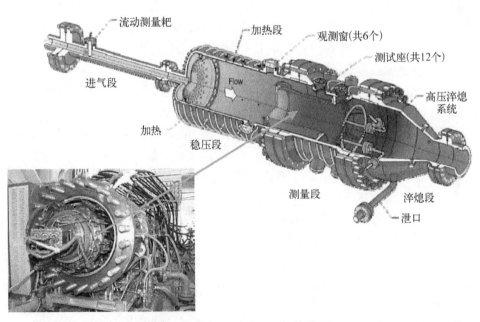

图 11.9　带耐压舱多头部试验件[13]

耐压舱采用圆形舱体截面,能够承受较高的压力差,舱体内部可安装相应的多头部燃烧室试验件,该试验件可以只有火焰筒及头部部分,若对燃烧室二股流的速度进行模拟,则需要在火焰筒外设计一个壁厚较薄的机匣。采用耐压舱结构设计,需要对燃油管路及测试引线进行复杂的设计,既能满足密封要求,又能满足热变形协调。

不带耐压舱体多头部试验件则是将燃烧室机匣变厚,以耐受较大的压差,其优势在于试验件、燃油系统及测试引线结构简单。

不论是扇形试验件还是矩形试验件,侧壁的影响是不容忽视的,侧壁采用冷却能确保试验件能进行较大工况的试验,试验件的使用寿命较长,但是侧壁冷却容易对靠近侧壁区域的实验数据造成一定的误差,侧壁冷却可以采用气冷或水冷,建议采用气冷形式,可以控制气体压力及温度,尽量降低侧壁壁面温度对测量的影响。当侧壁不冷却时,采用耐热高温合金或复合材料,可进行的试验工况相对较低,此时侧壁对测量的影响相对较小。

2. 多头部燃烧室试验设备及试验

点火试验根据所需要试验的状态拟定试验参数。点火试验可分为地面点火试验和高空点火试验,试验设备必须具备抽负压和空气及燃油降温的能力。

性能试验应该根据总体性能所给定的稳态工况开展相应试验,多头部燃烧室试验应该在设备所能运行的最大能力下进行试验,传统燃烧室试验认为在压力为500 kPa 时,燃烧室进入自模状态,此时可进行燃烧室性能试验,这是在设备能力不足的情况下进行的,现代燃烧室的进口总压相对较高,特别是民用发动机低污染燃烧室,试验中压力对污染排放的影响较大,必须尽可能地模拟进口压力,特别是在多头部燃烧室试验阶段,燃烧室设备能力基本上可以满足全温全压试验的需求。

扇形燃烧室试验包括低压试验与高压试验,低压试验主要开展常温常压点火试验、高空点火试验、慢车性能及慢车贫油熄火试验;高压试验包含除慢车外的其余工况的试验,特别是起飞与最大气动负荷试验,在进行高压试验时,如果设备能力不能满足所需的进口参数,则采用相应的降压模拟方案。

高空点火试验由于进口空气需要降温,燃烧室出口需要抽取空气形成负压,其试验设备与其他设备有所不同。高空点火试验系统包括燃油系统、排气引射系统、冷却器、电加温器、进气降温系统(包括冷冻机组和膨胀涡轮机组)、测试系统、光学记录及诊断系统、数据采集处理系统。

高压多头部燃烧室试验器一般由燃油系统、排气及排气冷却系统、进口空气加温器、高压进气系统、高温高压测试系统、燃气分析系统、数据采集处理系统等组成,系统原理图如图 11. 10 所示。NASA ASCR(Advanced Subsonic Combustor Rig) 燃烧室试验器是典型的高温高压扇形燃烧室试验器,其进口压力可达 6. 2 MPa,进口温度达 977 K,进口流量达 17. 24 kg/s,其进口空气加温采用管壳式加温器,设备供油压力可达 15. 5 MPa,流量为 1. 18 kg/s。

多头部燃烧室试验件主要开展以下试验。

1) 流阻系数试验

燃烧室损失包括流阻损失和热阻损失两部分,根据相似原理,流阻损失试验可以在冷态条件下保持燃烧室进口马赫数与实际工作状态相同,测量进出口总压获

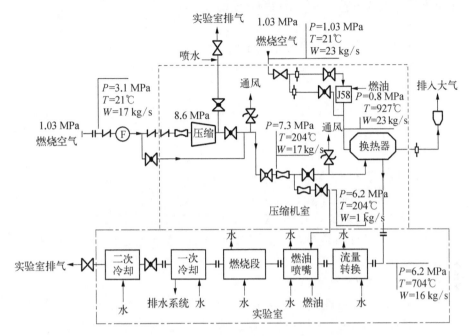

图 11.10　NASA ASCR 高压燃烧室试验器原理图

得。试验和理论研究表明,热阻损失在燃烧室工作状态下占总压损失的 10% 左右,可以通过经验方法估算,目前也能够通过高温总压测量探针测量燃气总压估算。

流阻损失一般应在工作状态进口马赫数附近取 4 个点或 5 个点,测量不同进口马赫数的损失特性,通过拟合所得到的特性线公式,可以计算出燃烧室各状态的压力损失等参数。

2) 流量分配试验

流量分配试验的作用:测定火焰筒内流量与模拟涡轮冷却引气流量是否符合设计要求;测定燃烧室内部的流量分配是否符合设计要求。

3) 点火试验

点火试验主要进行燃烧室进口气流参数对点火性能影响的试验,确定空中点火起动范围;燃油的温度、种类和补氧对点火性能的影响;点火器及其在燃烧室头部安装位置、点火系统的类型及电嘴的形式对点火性能的影响;多个头部的传焰与联焰。主燃烧室起动点火试验主要包括地面起动点火试验与空中再起动点火试验。

(1) 地面起动点火试验。

地面起动点火试验是在模拟不同海拔、高低温、不同转速下燃烧室的点火边界,为发动机的供油规律制定提供技术支持。在试验数据的分析中主要获取不同海拔下燃烧室点火边界的余气系数与转速的关系曲线。

（2）空中再起动点火试验。

空中再起动是发动机对燃烧室的重要指标要求，不管是军用发动机还是民用发动机，该项指标对飞机的飞行安全至关重要，为了方便制定起动供油规律，可以有如下几种数据处理方式：

① 在某一飞行高度、飞行马赫数条件下，将燃烧室着火最大余气系数与燃烧室进口速度的对应关系整理成关系曲线。

② 在相同的飞行马赫数条件下，将不同飞行高度燃烧室着火最大余气系数与燃烧室进口速度的对应关系处理为对应飞行高度的多条关系曲线。

③ 在相同的飞行高度条件下，将不同飞行马赫数燃烧室着火最大余气系数与燃烧室进口速度的对应关系处理为对应飞行马赫数的多条关系曲线。

④ 在相同的飞行马赫数条件下，将燃烧室最大点火速度与飞行高度的对应关系处理为关系曲线，其中飞行高度为横坐标。

燃烧室贫油熄火性能有以下三种处理方法。

① 在相同的进口温度和压力条件下，将燃烧室熄火最小余气系数与进口速度或马赫数的对应关系处理为关系曲线，其中燃烧室进口速度或马赫数为横坐标，熄火最小余气系数为纵坐标。

② 在相同的进口压力条件下，将不同进口温度燃烧室熄火最小余气系数与进口速度或马赫数的对应关系处理为对应进口温度的多条关系曲线，其中燃烧室进口速度或马赫数为横坐标，熄火最小余气系数为纵坐标，以不同的符号标识对应不同进口温度的关系曲线。

③ 在相同的进口温度条件下，将不同进口压力燃烧室熄火最小余气系数与进口速度或马赫数的对应关系处理为对应进口压力的多条关系曲线，其中燃烧室进口速度或马赫数为横坐标，熄火最小余气系数为纵坐标，以不同的符号标识对应不同进口压力的关系曲线。

4）燃烧性能试验

燃烧性能试验主要考核燃烧室在多个头部的情况下，燃烧室的主要燃烧性能，包含各个工况下燃烧室的温升、总压损失、燃烧效率、污染排放（氮氧化物、一氧化碳、未燃碳氢化合物、冒烟以及非挥发性颗粒物）。

该项试验数据分析处理所需参数为燃烧室进口总温、进口总压、空气流量、燃油流量以及燃烧室出口燃气平均总温、燃气成分浓度。

对于燃烧室燃烧效率，有下列四种处理方法。

（1）将某一燃烧室进口状态，燃烧效率与余气系数的对应关系整理成关系曲线，其中气系数为横坐标，燃烧效率为纵坐标。

（2）将某一燃烧室进口状态，燃烧效率与燃烧室加温比的对应关系整理成关系曲线,其中燃烧室加温比为横坐标,燃烧效率为纵坐标。

(3) 在相同的燃烧室进口压力和马赫数条件下,将不同进口温度下,燃烧效率与余气系数的对应关系整理为对应进口温度的多条关系曲线。

(4) 在相同的燃烧室进口温度和马赫数条件下,将不同进口压力下,燃烧效率与余气系数的对应关系整理为对应进口压力的多条关系曲线。

对于燃烧室污染排放数据,有下列三种处理方法。

(1) 在相同的进口压力、进口温度、进口马赫数条件下,将燃烧室的发散指数与余气系数的对应关系整理成关系曲线。

(2) 在相同的进口温度、进口马赫数、余气系数条件下,将燃烧室的发散指数与进口压力的对应关系整理成关系曲线。

(3) 在相同的进口压力、进口马赫数、余气系数条件下,将燃烧室的发散指数与进口温度的对应关系整理成关系曲线。

5) 壁面温度考核试验

扇形燃烧室试验件的冷却形式与全环燃烧室设计是一致的,一般情况下全环燃烧室部件的全温全压试验受限于设备能力,所以在实际工程中,大部分都是在扇形燃烧室试验件上开展全温全压试验。火焰筒壁面温度分布测量分为示温漆测量和壁面温度电偶测量两种方法。该项试验数据分析处理所需参数为燃烧室进口总温、进口总压、空气流量、燃油流量以及火焰筒壁面温度。

在处理壁面温度电偶测量火焰筒壁面温度试验数据时,需要对壁面温度测点进行编号。热电偶测量火焰筒壁面温度分布有下列四种处理方法。

(1) 在某一燃烧室进口状态条件下,将火焰筒壁面温度与测点编号的对应关系整理成关系曲线。

(2) 在相同的进口压力、进口马赫数、余气系数条件下,将不同进口温度火焰筒壁面温度与测点编号的对应关系整理成对应进口温度的多条关系曲线。

(3) 在相同的进口温度、进口马赫数、余气系数条件下,将不同进口压力火焰筒壁面温度与测点编号的对应关系整理成对应进口压力的多条关系曲线。

(4) 在相同的进口压力、进口温度、进口马赫数条件下,将不同余气系数火焰筒壁面温度与测点编号的对应关系整理成对应余气系数的多条关系曲线。

6) 出口温度场测量及调试试验

多头部燃烧室试验件在子午面上的结构与全环燃烧室是一致的,所以能很好地模拟燃烧室在径向上的流场情况,这对径向温度场的调试较为有利;扇形多头部燃烧室试验件则能较好地模拟燃烧室周向流场,可以对周向温度场进行初步调试。

7) 进口畸变对燃烧室性能的影响试验

在进行单头部燃烧室试验时,不能模拟压气机出口的周向或径向气流畸变对燃烧室性能造成的影响,在扇形燃烧室试验件上,进口可以采用串联一个模拟压气机开展进口畸变对燃烧室性能的影响试验。

11.5 全环燃烧室试验

单头部燃烧室试验与多头部燃烧室扇形试验不能表征任何情况下燃烧室实际的流动情况,特别是燃烧室出口温度分布的周向不均匀度及热点指标会有差异。而只有全尺寸、全环形的试验可以提供短环形燃烧室的真实三维流场,因此全环燃烧室试验主要是为了获取在单头部与扇形试验上无法获得的出口温度分布、联焰以及燃烧不稳定性,同时检验主燃烧室的工作能力。

11.5.1 全环燃烧室试验件设计

部件燃烧室试验件分为进口转接段、试验段和测量段三个部分,为了方便拆装,试验件常作为一个整体进行设计,便于试验时与设备进行连接。试验件的设计需要从如下几个方面进行考虑:全环燃烧室试验件应根据试验的需求进行设计,采用真实的全环燃烧室作为燃烧室试验件;根据不同的试验内容,在设计前需要分析试验件的受力情况,对强度较为薄弱的位置进行加强,保证燃烧室试验件外套与法兰边的刚性;根据试验目的,安排合理、足够的测量截面和测量点,测量点布置时可以根据数值计算结果选取较为合理的位置,避免将测量点布置在涡流等损失较大的位置。

部件燃烧室试验件分为进口转接段、试验段和测量段三个部分设计,设计成单元体组件的形式,以方便拆装和作为一个整体与试验设备连接。由于航空发动机燃烧室性能试验中会产生很大的热应力,而燃烧室机匣的强度相对于试验台上设备管道的强度要弱得多,试验时在大的热应力作用下设备管道严重变形,从而危及试验件安全。因此,部件主燃烧室试验件的热补偿设计是一个关键问题,是航空发动机部件燃烧室试验件的重要设计内容之一。

11.5.2 全环燃烧室试验设备及试验

全环主燃烧室试验主要包括主燃烧室点火试验与性能试验。这两类试验燃烧室进口状态的差异导致设备能力不同,但试验器的组成基本一致,主要由进气管路系统、空气加温系统、进出口转接段、排气系统、燃油供给系统、冷却水供给系统、数据采集与处理系统、电气系统等组成。

全环燃烧室在低工况的试验都是按真实工作参数进行的,在大工况如起飞、爬升等燃烧室进口参数很高,基本采用的是降压模拟试验,大工况进行全温全压试验成本太高,而且对设备要求很苛刻,一般用于考核性试验。在大多数情况下,为了节省经费和受限于某些试验条件以及对试验结果影响不大,一般进行降压模拟的全环燃烧室试验。

　　全环燃烧室试验主要包括如下内容：① 在试验器上进行模拟飞行使用循环的寿命试验以及全面的性能试验；② 燃烧室单个零部件对燃烧室性能影响的试验；③ 进气参数影响试验，如进口温度、进口压力、进口速度或进口马赫数、平均油气比或平均温升、燃油温度和喷嘴压降对性能的影响，各项参数对高空点火的影响，以及对污染排放含量的影响；④ 专项研究试验，如全环燃烧室气膜冷却有效性试验，总管不均匀度对出口温度分布的影响，火焰筒头部壁面温度及主燃区辐射热量的测量，燃烧室出口温度对快速燃油流量变化的响应性等；⑤ 代用燃料试验。

　　全环燃烧室也需要进行流量分配试验，一般只对火焰筒流量和引气流量进行测试，获得的引气流量用于修正试验时的燃烧室进口流量，这样才能保证流入火焰筒的流量与发动机是一致的。在实际的试验件中，引气比例会增大或减小，因此试验中燃烧室进口流量较设计值会偏大或偏小，进口流量偏大会增加进口马赫数，从而使燃烧室总压损失增加，进口流量偏小则降低了总压损失，所以必须对燃烧室进行冷吹风试验，确定进口马赫数与总压损失之间的关系，用于修正燃烧室在各个状态下的总压损失。

　　全环燃烧室的起动点火试验与扇形燃烧室是基本一致的，最主要的是全环燃烧室点火的联焰。全环燃烧室点火试验中对点火成功的判定需要对联焰情况进行检查，一般采取的是每个头部对应安装一个总温耙，并在排气管道后安装摄像头对联焰情况进行观察，这样才能准确地衡量点火成功与否。同样，全环燃烧室的慢车贫油熄火试验的判定也需要对联焰情况进行观察，当燃烧室内只有少数头部能燃烧，并且提供燃油不能联焰时，油气比才是慢车熄火油气比。

　　燃烧室的性能试验与扇形燃烧室是一致的，只有出口周向温度场与扇形燃烧室有较大的差异，其是通过旋转位移机构进行测量的。燃烧室出口温度分布品质采用 RTDF 和 OTDF 来评定。燃烧室出口径向温度分布系数定义为

$$RTDF = \frac{T_{4rmax} - T_4}{T_4 - T_3} \tag{11.21}$$

燃烧室出口温度分布系数定义为

$$OTDF = \frac{T_{4max} - T_4}{T_4 - T_3} \tag{11.22}$$

　　该项试验数据分析处理所需参数为燃烧室进口总温、进口总压、空气流量、燃油流量以及燃烧室出口各测点燃气总温和燃气成分浓度。

　　燃烧室出口径向温度分布有下列四种处理方法：

　　(1) 针对某一燃烧室进口状态，将燃烧室出口径向平均总温与径向相对腔高

的对应关系整理成关系曲线;

（2）在某一燃烧室进口状态条件下,针对不同的燃烧室余气系数,将燃烧室出口径向平均总温与径向相对腔高的对应关系整理成对应余气系数的多条关系曲线;

（3）在相同的进口压力、进口马赫数、余气系数条件下,将不同进口温度燃烧室出口径向平均总温与径向相对腔高的对应关系整理成多条关系曲线;

（4）在相同的进口温度、进口马赫数、余气系数条件下,将不同进口压力燃烧室出口径向平均总温与径向相对腔高的对应关系整理成多条关系曲线。

全环燃烧室还需要进行一些强度试验,如机匣的打压试验、燃油管路的振动调频试验等。

参考文献

[1]　林宇震,许全宏,刘高恩.燃气轮机燃烧室[M].北京:国防工业出版社,2008.

[2]　侯晓春,季鹤鸣,刘庆国,等.高性能航空燃气轮机燃烧技术[M].北京:国防工业出版社,2002.

[3]　王敦魁,李志.一种新颖的喷嘴常规试验器[C].黄山:第十届燃烧与传热传质学术讨论会,1996.

[4]　黄义勇.航空发动机主燃油喷嘴热防护设计技术研究[D].成都:电子科技大学,2011.

[5]　陈俊,张宝诚,马洪安,等.某型航空发动机燃油喷嘴的试验研究[J].燃气涡轮试验与研究,2006,19(3):40－43.

[6]　刘重阳,冯大强,钟华贵,等.燃油射流横流穿透深度试验和数值模拟[J].燃气涡轮试验与研究,2013,26(5):16－22.

[7]　Fu Y, Cai J, Elkady A M, et al. Fuel and equivalence ratio effects on spray combustion of a counter-rotating swirler[C]. Reno:43rd AIAA Aerospace Sciences Meeting and Exhibit, 2005.

[8]　Cai J, Jeng S M, Tacina R. The structure of a swirl-stabilized reacting spray issued from an axial swirler[C]. Reno:43rd AIAA Aerospace Sciences Meeting and Exhibit, 2005.

[9]　雷雨冰,袁亚雄,赵坚行,等.燃烧室流场的LDV测量及其数值计算[J].南京理工大学学报,2003,27(6):674－677.

[10]　邢小军,徐行,郭志辉,等.模型燃烧室冷态喷雾场的实验研究[J].推进技术,2000,21(5):61－65.

[11]　Jeng S M, Flohre N M, Mongia H C. Air temperature effects on non-reacting spray characteristics issued from a counter-rotating swirler[C]. Reno:43rd AIAA Aerospace Sciences Meeting and Exhibit, 2005.

[12]　Yamamoto T, Shimodaira K, Kurosawa Y, et al. Investigations of a staged fuel nozzle for aeroengines by multi-sector combustor test[C]. Glasgow:ASME Turbo Expo 2010:Power for Land, Sea, and Air, 2010.

[13]　Shouse D T. High pressure combustion research at the air force research laboratory[R]. ISABE－2001－1119, 2001.

第 12 章
燃烧室数值仿真

12.1 概　　述

　　数值仿真在燃烧室设计和研发的每个阶段都可以发挥重要的作用:一方面可以节约研究经费、缩短研发周期;另一方面可以帮助研发人员理解和解释研究结果,进一步指导设计和研发工作。

　　数值仿真技术诞生于 20 世纪 50 年代,利用电子计算机、数值解法和图像显示方法对基本物理现象和工程问题进行数值模拟研究。数值仿真技术的适用范围和计算精度在很大程度上受限于计算平台性能(硬件和软件)、数值算法和各种物理模型。燃烧室是发动机核心机的三大部件之一,接收来自压气机的高压空气,通过燃烧将化学能转化为热能来驱动涡轮,进而带动压气机做功,因此燃烧室称为发动机的"心脏"。近年来,随着计算机技术及数值仿真技术的发展,针对燃烧室的数值仿真得到快速发展,围绕燃烧室内复杂的物理化学过程开展了大量数值仿真研究,并取得了一定的进展。

12.1.1 燃烧室工作特点

　　燃烧室的工作条件非常苛刻,是发动机中承受最高压力和最高温度的部件。来自压气机的空气在燃烧室进口达到整个发动机的最高压力,目前在研的发动机燃烧室进口压力高达 7 MPa;燃烧室进口气流速度很快,目前可达 200 m/s;燃烧室的工作温度也非常高,核心燃烧区燃气温度可达 2 400 K 以上,远高于目前已有材料的熔点,因此火焰筒除使用高温合金材料外,还必须采用高效的冷却技术,以降低火焰筒的表面温度。

　　尽管燃烧室工作条件十分苛刻,但其性能要求却不断提高。燃烧室的性能包括点火性能(地面和高空、高原和高寒条件下)、熄火性能(慢车贫油、吞水和吞冰及武器发射情况下)、燃烧效率、污染排放、出口温度分布、喷嘴积碳、寿命、结构和质量等方面的要求。

12.1.2　燃烧室研发体系

燃烧室研发体系[1]包含 5 个阶段(图 12.1)。阶段 1 和阶段 2 属于预先研究的范围。在阶段 1 中,针对基本概念中可能出现的问题进行科学研究。阶段 2 为方案选择设计研究阶段,要明确燃烧室整体技术方案和各零部件的技术方案。阶段 3 是技术研发阶段,针对燃烧室的技术研发,纵向地向下进入初步设计。阶段 4 是型号研发阶段,结合方案选择设计研究中的总体方案、技术研发阶段的技术定型结果、售后服务问题的信息反馈、总体和性能部门的要求以及循环参数,开始型号研究计划,型号研发不允许失败。阶段 5 是产品服役后的售后服务阶段,在这一阶段中设计上仍需不断改进。

12.1.3　燃烧室研发特点

在燃烧室设计过程中,要满足诸多性能方面的要求,设计上的举措往往是互相矛盾的,为改善其中一个性能问题,设计上的举措可能导致另一个性能恶化,设计者必须在诸多选项中做出妥协和折中。目前,燃烧室研发仍以试验为主,所有的设计均需要进行试验验证。

随着飞机对发动机要求的不断提高,对燃烧室的要求也越来越高,其研发难度大为提高。一方面燃烧室的许多性能要求会导致设计上的举措互相矛盾,例如,高温升燃烧室中大工况下冒烟与小工况下贫油熄火的矛盾、低污染燃烧室中氮氧化物排放与一氧化碳排放的矛盾等。另一方面,燃烧室研发还具有周期长和资金需求高等特点。

12.2　数值仿真在燃烧室研发中的地位与作用

近年来,数值仿真在燃烧室方面的应用也得到了快速发展,在燃烧室设计研发过程的各阶段发挥作用。燃烧室的数值仿真结果可以帮助研发人员进一步理解燃烧室中的各种物理现象,解释研究结果,总结变化规律和设计方法。数值仿真可在一定程度上节约研究经费并缩短研发周期。针对已有的试验结果,将试验总结出的参数、经验公式等耦合进数值仿真软件中,对试验中遇到的问题进行有针对性的研究。这样既保证了计算结果能基本符合定性要求,又可以减少试验次数,达到节约研究经费及缩短研发周期的目的。

需要强调的是,燃烧室仿真不等于燃烧仿真。因为航空发动机燃烧室工作过程非常复杂,其仿真与燃烧仿真有很大的不同。

燃烧室的工作过程包含复杂的雾化、蒸发和化学反应过程。在雾化液滴尺寸分布方面,目前缺少高反压下喷入高温空气中的燃油雾化数据、初始液雾质量、液滴尺寸、初始喷射速度及方向等随喷嘴出口径向、轴向或周向分布的数据,因此仿

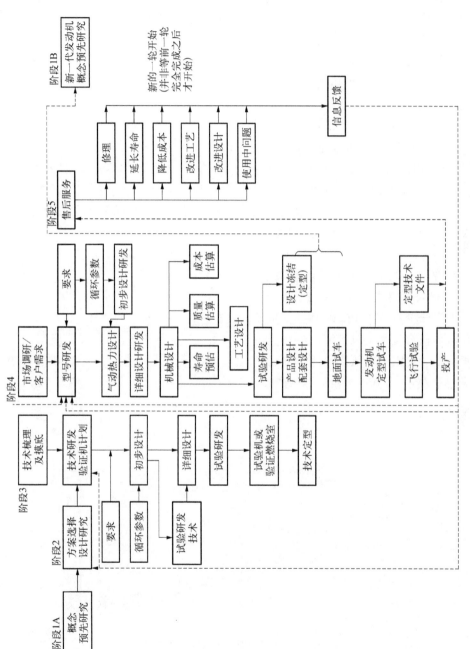

图 12-1 燃烧室研发体系 [1]

真结果往往与实际相差较大;针对多组分燃料液滴的蒸发,数值仿真中常用单组分燃油替代多组分燃油进行简化处理,这对仿真结果中的油气分布以及出口温度分布也有很大影响;针对复杂化学反应过程,用总包反应进行替代基本不可行,对于氮氧化物排放和冒烟计算,采用 8 个或 10 个方程组成的简化机理的计算结果也与实验数据有较大的误差。

综上所述,结合数值仿真优势,再考虑到燃烧室内复杂物理化学反应过程,在燃烧室气动热力设计和结构设计中均可应用数值仿真技术,但其核心和关键仍然是以计算流体力学为基础的燃烧室两相湍流燃烧数值仿真方法。

近年来,数值仿真在航空发动机设计中的应用得到了快速发展,并取得了一些显著的成果。在计算精度方面,压气机设计的仿真结果已经与实验结果吻合得较好,但在燃烧室方面,其精度仍有较大的提升空间。

下面将对各类仿真方法在燃烧室设计中的作用逐一进行简要说明,并重点介绍燃烧室两相湍流燃烧数值仿真的基础理论和方法模型等。

12.2.1 数值仿真在燃烧室气动热力设计中的作用

1. 燃烧室内空气流动——扩压器

在设计阶段,数值仿真可用于研究不同结构扩压器中的流动特性(图 12.2)[1]。利用数值仿真技术可以模拟出分离点位置以及分离点后流场结构,寻找出引起流动损失的关键因素。依据数值仿真结果,可以对扩压器结构进行优化,防止边界层分离过早发生,降低扩压器的总压损失。

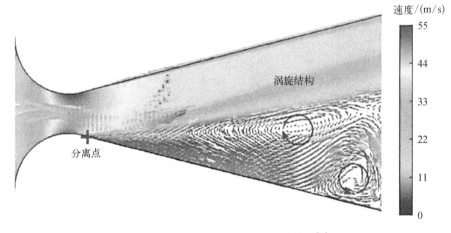

图 12.2　扩压器内流动速度矢量图[1]

2. 燃烧室内空气流动——火焰筒

在设计燃烧室头部及火焰筒时,为了获得良好的燃烧性能,首先需要一个合理的流场结构。通过数值仿真技术可以对火焰筒内部流动特性进行研究（图12.3）[1]，不仅可以得到火焰筒内剪切层、回流区的大小和分布情况，也可以获得火焰筒内气流的流量分配比例以校验设计方案。改变旋流器的关键参数，流场结构也会随之发生变化，进而影响到燃烧特性。

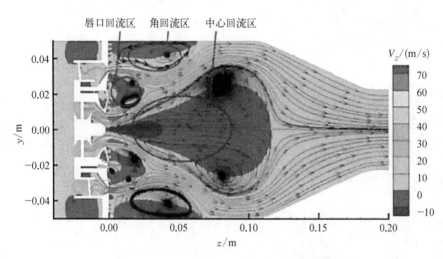

图 12.3　火焰筒内轴向速度云图与流线图[1]

3. 燃油喷射及油气混合

针对燃油喷射、雾化及油气混合过程，通过数值仿真技术可以获得喷嘴下游油雾的非定常破碎及雾化过程，探究流动和喷嘴参数对破碎及雾化的作用；还可以获得燃烧室头部结构参数和气动参数对燃油雾化过程、液滴空间分布及油气比分布的影响规律；也可得到油气比三维空间混合及分布的情况，为燃烧室头部模型优化提供依据。

4. 点火/熄火

燃烧室点火/熄火过程总是伴随着相当复杂的物理化学过程，燃烧区的回流区尺寸、流场结构以及油气分布均会影响燃烧室的点火/熄火性能。通过数值仿真技术，一方面，可以得到燃烧室内瞬态点火/熄火过程，阐明火核形成、传播发展、火焰稳定以及熄火的变化过程，确定影响燃烧室点火/熄火过程的关键参数，获得燃烧室内火焰稳定机理（图12.4）[1]；另一方面，通过研究燃烧室点火/熄火边界随燃烧室关键特征参数变化的影响规律，揭示流场和油雾分布与点火/熄火之间的相互作用，并研究燃烧室点火/熄火边界随关键特征参数的变化规律。

5. 燃烧室性能

燃烧室性能参数主要包括燃烧效率、总压损失、污染排放和出口温度分布。目前，燃烧效率最常用的测试方法为燃气分析法，利用数值仿真技术，通过提取燃烧

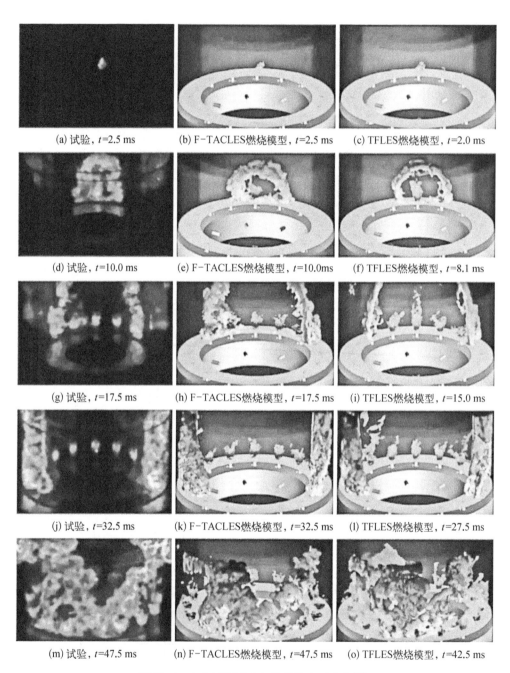

(a) 试验, t=2.5 ms　　(b) F-TACLES燃烧模型, t=2.5 ms　　(c) TFLES燃烧模型, t=2.0 ms

(d) 试验, t=10.0 ms　　(e) F-TACLES燃烧模型, t=10.0ms　　(f) TFLES燃烧模型, t=8.1 ms

(g) 试验, t=17.5 ms　　(h) F-TACLES燃烧模型, t=17.5 ms　　(i) TFLES燃烧模型, t=15.0 ms

(j) 试验, t=32.5 ms　　(k) F-TACLES燃烧模型, t=32.5 ms　　(l) TFLES燃烧模型, t=27.5 ms

(m) 试验, t=47.5 ms　　(n) F-TACLES燃烧模型, t=47.5 ms　　(o) TFLES燃烧模型, t=42.5 ms

图 12.4　点火过程试验与数值仿真对比图[1]

室出口的 EICO 和 EIHC 数值即可计算得出燃烧效率(图 12.5)[1]。燃烧室总压损失对发动机效率和耗油率有很大影响,利用数值仿真技术确定影响燃烧室总压损失的因素,为方案改进提供依据。燃烧室污染物主要包括一氧化碳、氮氧化物、未燃碳氢化合物和炭颗粒等,利用数值仿真技术,一方面可以通过监测出口截面污染物组分数值,完成污染物测量;另一方面,也可通过研究燃烧过程分析污染物生成机理,为方案改进提供依据。燃烧室出口温度分布要求是涡轮寿命的根本保证,利用数值仿真技术可以对出口截面的温度分布及其影响因素进行研究,为出口温度分布的调试提供依据。

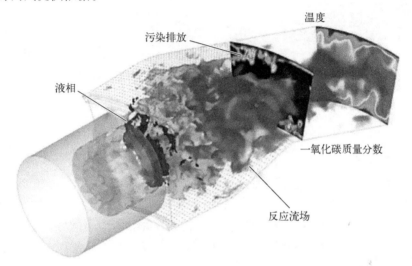

图 12.5　燃烧室性能数值仿真图[1]

12.2.2　数值仿真在燃烧室传热设计中的作用

燃烧室传热设计主要包括火焰筒冷却设计及壁面温度分布研究。火焰筒及头部均需要冷却,使其在相应气动热负荷及材料下,工作温度可以保证燃烧室要求的寿命。与试验方法相比,利用数值仿真技术可以得到火焰筒壁面上每一点的温度和温度梯度分布(图 12.6)[1]。此外,也可以更直观地看到热点的数值与分布情况。因此,可以更全面地反映火焰筒的冷却效果,可为火焰筒寿命评估提供数据支撑。

12.2.3　数值仿真在燃烧室结构设计中的作用

1. 火焰筒和机匣强度

燃烧室在工作时,火焰筒表面存在一定的温度梯度,进而产生热应力。利用数值仿真技术可以研究不同工况下火焰筒与机匣的结构动力学参数随燃烧室内部温度变化的规律,通过分析热应力的影响因素为火焰筒热防护和机匣强度设计提供

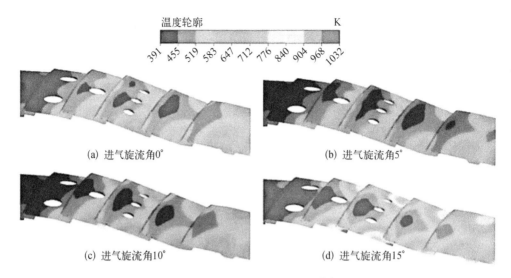

图 12.6　火焰筒壁温分布图[1]

依据。

2. 装配关系

燃烧室是由大量零部件组装而成的。在设计阶段,要确定零部件的装配位置、装配顺序及喷嘴的安装与取出方案。利用仿真系统可进行燃烧室的虚拟装配,从而详细地展示整个拆装的工艺流程,包括工具的选择和拆装步骤等。这对于燃烧室乃至发动机的知识普及和教学培训都有积极的效果。

3. 支承对流动和性能的影响

扩压器与火焰筒的支承结构以及燃油喷嘴/杆均会对燃烧室内部流动和燃烧性能产生影响,利用数值仿真技术能够评估其对燃烧室性能的影响,指导燃烧室内部支承结构及燃油喷嘴/杆布局的优化。

12.2.4　燃烧室数值仿真体系建设

目前,商用软件在燃烧室数值仿真研究中仍然占据主导地位,为了建设自主的数值仿真体系,需要做到以下几点。

首先,需要自主研发燃烧室专用的数值仿真软件,包括网格划分、针对燃烧室数值仿真计算的算法以及模型和后期数据处理软件等。这些均需要自主编写的源代码作为支撑。

其次,需要统一规划,分步实施。统一规划需要总体部门对整机数值仿真体系进行规划,分步实施主要从三个方面体现:第一,针对整机,需要先进行单独部件,如压气机、燃烧室、涡轮的数值仿真研究,再进行整机数值仿真;第二,针对单独部件,如燃烧室,需要从简单到复杂逐步开展数值仿真工作;第三,针对硬件基础,需要搭建强大的计算平台,开发高效的并行算法以提高计算效率,缩短研发周期。

最后,需要加强不同学科之间科研院所、高校及企业间的合作,充分共享研究成果,整合资源,建设规模庞大的数据库,全面提升数值仿真能力,实现优势互补,促进技术创新。

12.3　燃烧室两相湍流燃烧数值仿真理论和方法

12.3.1　流体控制方程[2]

流场中任一控制体都需要遵循三大基本物理定律,即质量守恒定律、动量守恒定律以及能量守恒定律。因此,可以通过控制方程描述流场中的流体运动,控制方程根据质量守恒、动量守恒和能量守恒以及连续性假设得出。

1. 连续方程

$$\frac{\partial \rho}{\partial t} + \frac{\partial \rho u_i}{\partial x_i} = \dot{S}_{mass} \tag{12.1}$$

式中:ρ ——流体密度;

t ——时间;

u_i 和 x_i —— i 方向的速度和坐标;

$\dot{S}_{mass}$ ——质量源项。

2. 动量方程

$$\frac{\partial \rho u_i}{\partial t} + \frac{\partial \rho u_i u_j}{\partial x_j} = -\frac{\partial p}{\partial x_i} + \frac{\partial \sigma_{ij}}{\partial x_j} + \rho g_i + \dot{S}_{mom} \tag{12.2}$$

式中:σ_{ij} ——黏性应力张量;

g_i —— i 方向的重力加速度;

p ——压力;

$\dot{S}_{mom}$ ——动量源项。

动量源项用于计算流场中离散相液滴粒子的加速度对气相动量的影响。黏性应力张量 σ_{ij} 与流体的应变率张量 S_{ij} 通过广义牛顿定律相联系:

$$\sigma_{ij} = 2\mu S_{ij} - \frac{2}{3}\mu S_{kk}\delta_{ij} \tag{12.3}$$

$$S_{ij} = \frac{1}{2}\left(\frac{\partial u_i}{\partial x_j} + \frac{\partial u_j}{\partial x_i}\right) \tag{12.4}$$

式中:S_{kk} ——流体散度,表征流体的体积膨胀和压缩性;

μ ——动力黏性系数;

δ_{ij} ——二阶单位张量,当 $i = j$ 时, $\delta_{ij} = 1$;当 $i \neq j$ 时, $\delta_{ij} = 0$。

将 σ_{ij} 代入方程中,可以得到流体的 N-S(Naviers-Stokes)方程的表达式:

$$\frac{\partial \rho u_i}{\partial t} + \frac{\partial \rho u_i u_j}{\partial x_j} = \rho g_i - \frac{\partial p}{\partial x_i} + \frac{\partial}{\partial x_j}\left[\mu\left(\frac{\partial u_i}{\partial x_j} + \frac{\partial u_j}{\partial x_i} - \frac{2}{3}\frac{\partial u_k}{\partial x_k}\delta_{ij}\right)\right] + \dot{S}_{\mathrm{mom}}$$

(12.5)

3. 能量方程

$$\frac{\partial \rho h}{\partial t} + \rho u_i \frac{\partial h}{\partial x_i} = \frac{\partial p}{\partial t} + u_i \frac{\partial p}{\partial x_i} + \tau_{ij}\frac{\partial \rho u_i}{\partial x_i} + \dot{S}_{\mathrm{h}}$$

$$- \frac{\partial}{\partial x_i}\left[-\frac{\mu}{Pr}\frac{\partial h}{\partial x_i} + \mu\left(\frac{1}{Pr} + \frac{1}{Sc}\right)\sum_{i=1}^{n} h_n \frac{\partial Y_n}{x_i}\right]$$

(12.6)

式中: h ——总焓,是组分质量分数和温度的函数;

Pr ——普朗特数;

Sc ——施密特数;

$\dot{S}_{\mathrm{h}}$ ——能量源项;

h_n 和 Y_n ——组分的热焓和质量分数。

4. 组分方程

$$\frac{\partial \rho Y_\alpha}{\partial t} + \frac{\partial \rho Y_\alpha u_i}{\partial x_i} = \frac{\partial}{\partial x_i}\left(\frac{\mu}{Sc_\alpha}\frac{\partial Y_\alpha}{\partial x_i}\right) + \dot{S}_{Y_\alpha}$$

(12.7)

式中: Y_α ——组分 α 的质量分数;

$\dot{S}_{Y_\alpha}$ ——由化学反应引起的组分 α 的生成率。

上述四类方程中的源项、输运项、组分项等需要结合相应的湍流模型、燃烧模型、雾化模型、蒸发模型、化学反应机理模型等,形成封闭的方程组进行数值求解。

12.3.2　数值求解方法

目前,对于湍流的数值计算方法主要有直接数值仿真(direct numerical simulation, DNS)方法、大涡模拟(large eddy simulation, LES)方法和雷诺平均 Navier-Stokes(Reynold-averaged Navier-Stokes, RANS)方法三种。

DNS 方法直接对 N-S 方程进行求解,不需要额外的湍流模型,可以得到最真实的瞬时湍流流场。但是 DNS 方法所需计算量巨大,目前只能对低雷诺数、结构简单的湍流问题进行仿真计算,在燃烧室部分微小零组件结构的细节流动中可以使用,如喷嘴内部流动、壁面小孔局部流动等,但在燃烧室湍流流场仿真中难以应用。

RANS 方法对 N-S 方程进行雷诺平均,通过建立数学模型的方法对方程中的雷诺应力项进行求解。RANS 方法对湍流进行时间平均处理,只计算湍流中的平均值,而放弃对湍流脉动量的求解,因此大大减少了计算量,广泛应用在工程尺度问题的仿真计算中,是目前燃烧室流动数值仿真中的主流方法。

LES 方法对湍流流动中的大尺度涡团和小尺度涡团使用不同的方法进行处理,将不同尺度涡团划分为可解尺度量和不可解亚网格尺度量。LES 方法使用一个滤波函数过滤出湍流中的大尺度涡团,对过滤后的大尺度涡团采用直接数值模拟方法进行求解,而小尺度涡团使用亚网格模型进行求解。由于小尺度涡团在统计上满足各向同性,单独对小尺度涡团进行模化的 LES 方法计算结果比对全部涡团同时模化的 RANS 方法更加准确。在使用 LES 方法的数值仿真计算中,一般根据所使用的计算网格的大小过滤大尺度涡团和小尺度涡团,因此在使用 LES 方法时计算网格需要足够精细,才能准确地捕捉到流场中的湍流脉动量。LES 方法的计算量要高于 RANS 方法,但比 DNS 方法要小很多。随着计算机技术的发展,LES 方法也越来越多地被应用于工程问题的计算上,已经逐步成为燃烧室流动高精度数值仿真的主要技术发展方向,但受制于计算效率和计算资源,目前在工程应用上还有待进一步推广和发展。

上述方法中,除 DNS 方法外,其余两种方法都需要在控制方程之外增加相应的湍流模型,以封闭方程组。同时,由于燃烧室燃烧过程中还存在液体燃料雾化、蒸发等两相过程,以及燃烧化学反应等复杂的能量、质量、组分交换输运过程,还需要增加相应的燃烧模型、雾化模型、蒸发模型、化学反应机理方程等,以便在尽量真实反映实际物理过程的条件下实现数学上的合理求解。下面将对相关模型逐一进行简要介绍。

12.3.3 湍流模型

燃烧室在工作时,雷诺数能达到 1 000 000 量级,所以一般认为燃烧室内的流场处于三维的、时间相关的湍流状态。对湍流流动求平均解有两种方式:一种是时间平均;另一种是密度加权平均。由于燃烧流场的密度变化较大,密度脉动不能忽略,而对于考虑了密度脉动变化的守恒方程,采用时间平均会使方程中出现许多与密度脉动有关的二阶和三阶相关项,使方程组的形式更为复杂。因此,采用密度加权平均,瞬时压力和密度仍采用时间平均,而其他变量采用密度加权平均,平均之后的方程中出现了一些新的未知量,使得原来封闭的方程组变成了不封闭的方程组,这是用统计方法描述非线性微分方程时所固有的问题,而且无法从方程本身出发进行解决,只能利用经验或者其他方法给出这些新未知量的计算公式,才能使方程组封闭,这些新未知量的计算公式之一就是湍流模型。

目前,广泛采用的湍流模型有涡黏系数模型和雷诺应力模型两大类。涡黏系数模型是根据湍流应力和分子运动引起的黏性应力相似提出来的,涡黏系数模型有零方程模型、单方程模型、双方程模型等。雷诺应力模型则是从基本方程出发,直接推出雷诺应力的方程,在雷诺应力的方程中包含更高阶的相关项,对该更高阶的相关项建立相应的模型。雷诺应力模型包含更多的物理机理,计算实践表明,虽然雷诺应力模型考虑了一些各向异性的效应,但在计算突扩流动分离区和湍流输运各向异性较强的流动时,雷诺应力模型优于双方程模型,但对于一般的回流流动,雷诺应力模型的结果并不一定比双方程模型好,但计算量却大很多。因此,在航空发动机燃烧室工程仿真应用领域内常采用双方程模型。

1. 标准的 $k-\varepsilon$ 模型[3,4]

$k-\varepsilon$ 模型的基本思想是:建立以湍动能和湍动能耗散率为因变量的输运方程,由湍动能和湍动能耗散率决定湍流黏性系数,从而体现流场中对流和扩散作用的影响。根据湍流黏性 $\mu_t = \rho l_0^2 / t_0$,l_0 为湍流长度尺度,t_0 为湍流时间尺度,又因 l_0、t_0 与湍动能 k 和湍动能耗散率 ε 有关,故湍流黏性 μ_t 可写成以下形式:

$$\mu_t = \frac{C_\mu k^2}{\varepsilon} \tag{12.8}$$

模化后的湍动能 k 和湍动能耗散率 ε 的方程分别为

$$\frac{\partial}{\partial t}(\rho k) + \frac{\partial}{\partial x_j}(\rho u_j k) = \frac{\partial}{\partial x_j}\left[\left(\mu + \frac{\mu_t}{\sigma_k}\right)\frac{\partial k}{\partial x_j}\right] - \rho\varepsilon + G_k \tag{12.9}$$

$$\frac{\partial}{\partial t}(\rho\varepsilon) + \frac{\partial}{\partial x_j}(\rho u_j \varepsilon) = \frac{\partial}{\partial x_j}\left[\left(\mu + \frac{\mu_t}{\sigma_\varepsilon}\right)\frac{\partial\varepsilon}{\partial x_j}\right] + \frac{C_{1\varepsilon}\varepsilon}{k}G_k - C_{2\varepsilon}\frac{\rho\varepsilon^2}{k}$$
$$\tag{12.10}$$

式中: G_k ——由平均速度梯度引起的湍动能 k 的生成项,根据 Boussinesq 假设得出。

$$G_k = 2\mu_t S_{ij} S_{ij}$$

式中: S_{ij} ——平均应变率张量的模。

模型中五个常数分别为

$$C_\mu = 0.09, \ C_{1\varepsilon} = 1.44, \ C_{2\varepsilon} = 1.92, \ \sigma_k = 1.0, \ \sigma_\varepsilon = 1.3$$

标准 $k-\varepsilon$ 模型自从被提出,便成为工程流场计算中的主要工具。但当其用于强旋流、弯曲壁面流动或弯曲流线流动时,会产生一定的失真,原因是在标准的 $k-\varepsilon$ 模型中,对于雷诺应力的各个分量,假定黏性系数 μ_t 是相同的,而在弯曲流线情况下,湍流黏性是各向异性的。为了弥补标准 $k-\varepsilon$ 模型的缺陷,提出了 RNG $k-\varepsilon$ 模型和 Realizable $k-\varepsilon$ 模型。

2. RNG $k-\varepsilon$ 模型[5]

根据湍流流动现象与相变理论之间的相似性,可将量子理论中重整化群(renormalization group, RNG)方法应用于湍流问题中。将非稳态 N-S 方程对平衡过程进行 Gauss 统计展开,通过频谱分析消去其中的小尺寸涡团并将小尺寸涡团的影响归到涡旋黏性当中,改善了对涡团耗散的模拟,在理论上得到 RNG $k-\varepsilon$ 模型。

RNG $k-\varepsilon$ 模型的 k 和 ε 的方程形式与标准 $k-\varepsilon$ 模型很相似,如式(12.11)和式(12.12)所示。

$$\frac{\partial}{\partial t}(\rho k) + \frac{\partial}{\partial x_j}(\rho u_j k) = \frac{\partial}{\partial x_j}\left(\alpha_k \mu_{eff} \frac{\partial k}{\partial x_j}\right) - \rho\varepsilon + G_k \tag{12.11}$$

$$\frac{\partial}{\partial t}(\rho\varepsilon) + \frac{\partial}{\partial x_j}(\rho u_j \varepsilon) = \frac{\partial}{\partial x_j}\left(\alpha_\varepsilon \mu_{eff} \frac{\partial\varepsilon}{\partial x_j}\right) + \frac{C_{1\varepsilon}^* \varepsilon}{k} G_k - C_{2\varepsilon}\frac{\rho\varepsilon^2}{k} \tag{12.12}$$

其在模型系数上与标准 $k-\varepsilon$ 模型有所区别:$\mu_{eff} = \mu + \mu_t$, $C_\mu = 0.0845$, $\alpha_k = \alpha_\varepsilon = 1.39$, $C_{1\varepsilon}^* = C_{1\varepsilon} - \dfrac{\eta(1-\eta/\eta_0)}{1+\beta\eta^3}$, $C_{1\varepsilon} = 1.42$, $C_{2\varepsilon} = 1.68$, $\eta = Sk/\varepsilon$, $S = \sqrt{2S_{ij}S_{ij}}$, $\eta_0 = 4.377$, $\beta = 0.012$。

由于 RNG $k-\varepsilon$ 模型在 ε 方程中引入了一个附加产生项,该项主要考虑了流体流动的不平衡应变,对大应变的流动、受强曲率影响以及壁面约束的湍流分离流动起着重要的作用,在一定程度上考虑了湍流的各向异性效应,加强了对复杂湍流(旋流等)流动的预估能力。

3. Realizable $k-\varepsilon$ 模型[6,7]

标准 $k-\varepsilon$ 模型对于时均应变率特别大的情况,有可能会导致负的正应力。为使流动符合湍流的物理定律,需要对正应力进行某种数学约束。为保证这种约束的实现,可认为湍流黏性系数 C_μ 不是常数,而应与应变率联系起来,从而提出了 Realizable $k-\varepsilon$ 模型。关于 k 和 ε 的输运方程为

$$\frac{\partial}{\partial t}(\rho k) + \frac{\partial}{\partial x_j}(\rho u_j k) = \frac{\partial}{\partial x_j}\left[\left(\mu + \frac{\mu_t}{\sigma_k}\right)\frac{\partial k}{\partial x_j}\right] + G_k - \rho\varepsilon \tag{12.13}$$

$$\frac{\partial}{\partial t}(\rho\varepsilon) + \frac{\partial}{\partial x_j}(\rho u_j \varepsilon) = \frac{\partial}{\partial x_j}\left[\left(\mu + \frac{\mu_t}{\sigma_\varepsilon}\right)\frac{\partial\varepsilon}{\partial x_j}\right] + \rho C_1 S\varepsilon - \rho C_2 \frac{\varepsilon^2}{k+\sqrt{\nu\varepsilon}} + C_{1\varepsilon}\frac{\varepsilon}{k}C_{3\varepsilon}G_b \tag{12.14}$$

式中：$C_1 = \max\left[0.43, \dfrac{\eta}{\eta + 5}\right]$, $\eta = S\dfrac{k}{\varepsilon}$, $S = \sqrt{2S_{ij}S_{ij}}$

$$C_\mu = \cfrac{1}{A_0 + A_s \cfrac{kU^*}{\varepsilon}}\ [\,C_\mu\ \text{为}\ \mu_t\ \text{的变量,见式(12.8)}\,], U^* = \sqrt{S_{ij}S_{ij} + \widetilde{\Omega}_{ij}\widetilde{\Omega}_{ij}},$$

$$\widetilde{\Omega}_{ij} = \Omega_{ij} - 2\varepsilon_{ijk}\omega_k$$

$$\Omega_{ij} = \overline{\Omega}_{ij} - \varepsilon_{ijk}\omega_k, A_0 = 4.04, A_s = \sqrt{6}\cos\phi, \phi = \frac{1}{3}\arccos(\sqrt{6}W)$$

$$W = \frac{S_{ij}S_{jk}S_{ki}}{S^3}, S_{ij} = \frac{1}{2}\left(\frac{\partial u_j}{\partial x_i} + \frac{\partial u_i}{\partial x_j}\right)$$

与标准 $k-\varepsilon$ 模型相比,Realizable $k-\varepsilon$ 模型的主要变化如下。

(1) 湍流黏性系数计算公式发生了变化,引入了与旋转和曲率有关的内容。

(2) ε 方程中的生成项没有包含 k 的生成项,因此现在这种形式的方程更好地代表了光谱的能量转换。

(3) ε 方程中的耗散项没有任何奇异性,即使当湍动能为零或为负值时,分母都不会为零,这个特点与标准 $k-\varepsilon$ 模型不同。

该模型经过了大量的验证,已被有效地用于各种类型的流动模拟,包括旋转的均匀剪切流、包含射流和混合流的自由流动、管道内流动、边界层流动以及带有分离的流动等,而且该模型比 RNG $k-\varepsilon$ 模型更容易收敛,在航空发动机燃烧室流动仿真中应用较广[8]。

12.3.4　雾化模型

航空发动机在燃烧室内部存在非常复杂的物理化学过程,包括燃油雾化和蒸发、油气混合和燃烧以及传热等多个过程。燃油雾化作为燃烧室一切物理化学过程的开始,强烈影响着发动机的性能,对于燃烧数值仿真的准确性也有极大的影响。

由于液滴颗粒在雾化过程中受到多种力的共同作用,如惯性力、黏性力、表面张力、气液交互面上的剪切力等,液滴的雾化机理非常复杂,所以当前还没有一个全面且清晰的研究结果。目前,研究者一般将液滴的雾化过程分为两个阶段,即初次雾化和二次雾化。初次雾化与二次雾化的雾化机理有本质区别,初次雾化涉及气动稳定性、空化效应和湍流脉动等多种因素,而二次雾化主要受气动稳定性的影响。初次雾化主要发生在燃料喷嘴区域附近,此处的液雾浓度很大且破碎过程非常复杂,很难通过光学测量手段对其进行试验测量,因此目前对初次雾化的机理研究仍处于理论研究阶段。二次雾化发生在液滴浓度较为稀薄的远离喷嘴的区域,液滴粒子容易被光学仪器测量,对二次雾化的研究已经有大量的模型与经验公式可供数值仿真使用。

由于初次雾化和二次雾化的雾化机理不同,在数值仿真中应该对二者加以区别,分别建立不同的模型。但是由于对初次雾化的机理研究还不够深入,有研究者认为不必区分初次雾化和二次雾化,采用统一的计算模型处理液滴的雾化过程。这种处理方法可以回避初次雾化模型的复杂性,减少数值仿真中的计算量。另有一些研究者则试图将液滴雾化模型组合起来进行计算,使用不同的模型对液滴的初次雾化和二次雾化分别进行计算。以下介绍几种在航空发动机燃烧室仿真中常用的雾化模型。

1. K-H(Kelvin-Helmholtz)模型[9]

K-H 模型也称为 WAVE 模型,通过对气液交界面上的扰动波不稳定性分析得出,该模型是第一个面向实际应用的液滴破碎模型。基于线性稳定性理论,假定雾化过程产生的子液滴大小受引发破碎的扰动波波长和频率的影响。对色散方程的数值解进行曲线拟合,可以得到扰动波的最大增长速率 Ω_{K-H} 及相应的波长 Λ_{K-H} 的表达式分别为

$$\Omega_{K-H}\left(\frac{\rho_1 r_0^3}{\sigma}\right) = \frac{0.34 + 0.38 We_g^{1.5}}{(1 + We_1^{0.5}/Re)(1 + 1.4 We_1^{0.3} We_g^{0.3}/Re^{0.6})} \tag{12.15}$$

$$\frac{\Lambda_{K-H}}{r_0} = 9.02 \frac{(1 + 0.45 We_1^{0.25}/Re^{0.5})(1 + 0.4 We_1^{0.35} We_g^{0.35}/Re^{0.7})}{(1 + 0.865 We_g^{1.67})^{0.6}} \tag{12.16}$$

式中: r_0——母液滴半径;

　　　ρ_1——液滴密度;

　　　σ——表面张力系数;

　　　We_g——气相韦伯数;

　　　We_1——液相韦伯数;

　　　Re——雷诺数。

K-H 模型表面波剥离示意图见图 12.7[9]。

假定雾化过程中产生的子液滴大小与波长 Λ_{K-H} 成正比,则雾化后的子液滴半径 r 的计算公式为

$$r = \begin{cases} B_0 \Lambda_{K-H}, & B_0 \Lambda_{K-H} \leqslant r_0 \\ \min \begin{cases} (3\pi r_0^2 U/2\Omega_{K-H})^{0.33} \\ (3 r_0^2 \Lambda_{K-H}/4)^{0.33} \end{cases}, & B_0 \Lambda_{K-H} > r_0 \end{cases} \tag{12.17}$$

式中: B_0——经验常数;

　　　U——气液相对速度。

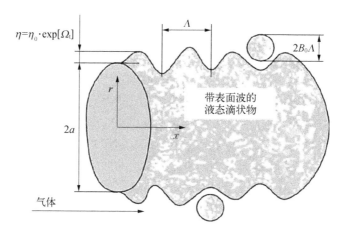

图 12.7 K‐H 模型表面波剥离示意图[9]

K‐H 模型不仅可以用于射流雾化的初次雾化计算,也可以用于计算液滴的二次雾化。在密集喷雾内,液滴的初次雾化和二次雾化这两个过程是不可区分的,根据这一思想提出了团块(blob)模型。该模型假定射流从喷嘴离开后,会形成与喷嘴出口直径相同的大尺寸离散状的液滴团块,这些团块在亚网格尺寸上可以视作连续的射流液膜,但是在数值模拟中团块可视为经过初次雾化后破碎形成的大块液滴,这些大块液滴在气动力的作用下进行二次破碎与雾化,如图 12.8 所示。团块模型将初次雾化和二次雾化统一起来,可以有效减少计算工作量。

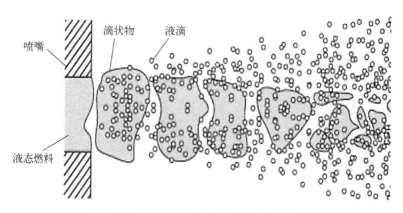

图 12.8 团块喷射破碎及雾化示意图[9]

K‐H 模型在计算上较为简便,但是其缺点也很明显。K‐H 模型假设喷嘴出口的团块为一个特征尺寸与喷嘴直径相同的球形液滴,但是实际情况中,在高压喷雾液核区域,初次雾化形成的液滴形状和半径都十分复杂。同时,射流稳定性理论不能预测母液滴破碎后形成的子液滴尺寸分布,因此计算公式中需要使用经验常数来反映喷嘴内部流动和液滴内部各种因素所产生的影响。这就给模型带来了局限性和不确定性,需要大量的试验数据作为支撑。

2. R－T(Rayleigh－Taylor)模型[10]

R－T 模型同样也是基于液滴表面扰动波的不稳定性理论建立的。当经过初次雾化形成的离散态液滴以较高的速度在气体环境中运动时,会受到气体介质的阻力影响而减速。此时,由于气液交界面处的密度差异巨大,产生的惯性力会在液滴表面引起另一种扰动波 R－T(Rayleigh－Taylor)波。R－T 波也是导致液滴雾化破碎的一个重要原因。事实上,R－T 模型考虑的是在气液交界面的垂直方向(法向)由加速度产生的不稳定波,而 K－H 模型则是考虑气液交界面沿流向方向(切向)由气动力产生的不稳定波。用类似分析 K－H 波的方法也可以得到 R－T 波的最不稳定表面波长 Λ_{R-T} 和最大增长速率 Ω_{R-T} 的表达式为

$$\Omega_{R-T} = \sqrt{\frac{2a}{3}} \left(\frac{a\rho_1}{3\sigma}\right)^{1/4} \qquad (12.18)$$

$$\Lambda_{R-T} = 2\pi \sqrt{\frac{3\sigma}{a\rho_1}} \qquad (12.19)$$

式中: σ ——表面张力系数;

ρ_1 ——液相密度;

a ——液滴的加速度, $a = \frac{3}{8} C_D \frac{\rho_g U}{\rho_1 r_0}$, C_D ——阻力系数, U ——液滴与气体的相对速度, ρ_g ——气相密度, r_0 ——母液滴半径。

计算得到的 R－T 扰动波长 Λ_{R-T} 若小于液滴直径,液滴才能发生破碎,液滴的破碎特征时间 τ_{R-T} 可以通过对扰动波的频率取倒数得到,子液滴半径 r 可以根据扰动波长 Λ_{R-T} 得到。

$$\tau_{R-T} = \frac{C_\tau}{\Omega_{R-T}} \qquad (12.20)$$

$$r = \frac{1}{2} C_r \Lambda_{R-T} \qquad (12.21)$$

式中: C_τ 和 C_r ——经验常数。

在发动机燃烧室中,燃料喷雾的初始速度很大,同时由于流场复杂,液滴的空气阻力也很大,这使得需要同时考虑由惯性力产生的 R－T 不稳定波与由气动力产生的 K－H 不稳定波。有研究者认为液滴的破碎是 K－H 波与 R－T 波之间

竞争的结果,特别是在远离喷嘴区域的二次雾化过程中。由此提出了整合 K‑H 模型和 R‑T 模型的 KH‑RT 模型,混合模型液滴雾化过程示意图如图 12.9 所示,液滴在气流中同时受到 K‑H 波和 R‑T 波两种扰动波的作用,由于 R‑T 扰动波必须在液滴直径大于临界扰动波的波长时才能使液滴发生破碎,所以生成的子液滴尺寸会比 K‑H 波产生的子液滴尺寸大得多,在 KH‑RT 模型的计算中会先判断液滴破碎条件是否满足 R‑T 破碎条件,液滴的破碎特征时间是否大于 $\tau_{R\text{-}T}$。 如果液滴不满足 R‑T 破碎的条件,则再判断液滴是否发生 K‑H 破碎。

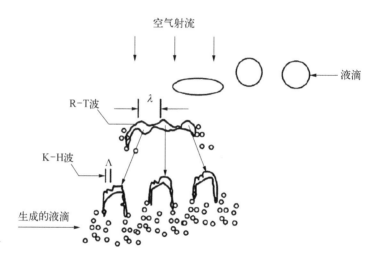

图 12.9　KH‑RT 模型液滴雾化过程示意图[10]

3. TAB 模型[11]

K‑H 模型与 R‑T 模型都是基于气液界面扰动波不稳定理论的,而在液滴的雾化破碎问题上,还可以使用弹性力学理论对液滴进行分析。液滴在运动过程中会受到流场中各种力的作用,如来自气体湍流涡团的气动力、来自其他液滴的作用力、来自液滴自身的表面张力与黏性力等。这些力除了会影响液滴的运动速度和运动轨迹,还会对液滴本身产生振动和扭曲,进而使得液滴发生破碎。其中气动力是驱使液滴变形的主要因素,而液滴自身的表面张力与黏性力却阻碍了这一过程的发生。这一理论与弹性力学中的弹簧‑重物振动系统相似,因此可将液滴的振动‑变形类比为弹簧‑重物振动系统,提出了 TAB(Taylor analogy breakup)模型。该模型假设液滴在气动力、黏性力和表面张力的共同作用下发生振动,当振幅增大到临界值时,液滴发生破碎。液滴所受的气动力、黏性力和表面张力分别被类比为弹簧‑重物振动系统中的激振力、阻尼力和恢复力,如图 12.10 所示。

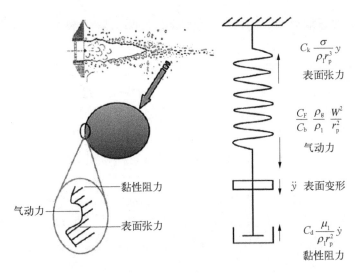

图 12.10　TAB 模型和弹簧-重物振动系统相比拟[11]

在 TAB 模型中,液滴的变形方程为

$$\ddot{y} = \frac{C_F}{C_b} \frac{\rho_g}{\rho_1} \frac{U^2}{r_0^2} - C_k \frac{\sigma}{\rho_1 r_0^3} y - C_d \frac{\mu_1}{\rho_1 r_0^2} \dot{y} \qquad (12.22)$$

式中: y ——液滴表面偏离其平衡位置的位移与液滴半径之比;

　　$\dot{y}$ 和 $\ddot{y}$ —— y 对时间的一阶和二阶导数,亦即液滴振动的速度和加速度;

　　ρ_g 和 ρ_1 ——气相密度和液相密度;

　　U ——气液相对速度;

　　r_0 ——液滴半径;

　　σ 和 μ_1 ——液滴的表面张力系数和黏性系数;

　　C_F、C_b、C_k 和 C_d ——经验系数,由试验测量获得,分别等于 1/3、2、8 和 5。

如果液滴的表面张力系数和黏性系数均为常数,则该方程的解析解为

$$y(t) = \frac{We}{12} + \exp\left(-\frac{t}{t_d}\right)\left[\left(y(0) - \frac{We}{12}\right)\cos(\omega t) + \frac{1}{\omega}\left(\dot{y}(0) + \frac{y(0) - \dfrac{We}{12}}{t_d}\right)\sin(\omega t)\right]$$

$$(12.23)$$

式中: ω ——振荡频率;

　　t_d ——黏性阻尼特征时间;

　　We ——韦伯数。

TAB 模型的物理概念清晰,理论体系完整,且总体计算量不大,计算精度较好,因此与 KH - RT 模型一样,得到了比较广泛的应用。但是该模型包含较多的经验

系数,需要根据试验测量数据和计算经验加以修改调整,这给模型的应用带来了局限性。

4. 分级破碎模型(ETAB 和 CAB 模型)[2,12]

在经过初次雾化形成液滴后,液滴受气流的作用会进一步破碎成尺寸更小的粒子。液滴在 We 大于 1 的时候开始发生形变,而 We 大于临界数 Wecrit 时,液滴发生破碎。在不同 We 下,受气动力影响液滴的破碎形式不同。有研究者通过单液滴破碎试验研究,将液滴的破碎模式按照 We 的不同划分为 5 种,根据 We 由低到高排列依次为:振荡破碎、袋式破碎、多模态破碎、剪切破碎和爆发破碎,后 4 种模式如图 12.11 所示。液滴雾化机理十分复杂,基础理论还不是很完善,因此液滴的破碎模式和边界 We 并不是受到统一认可的,例如,Tanner[13] 将液滴破碎分为三个破碎模式,分别为袋式破碎、剪切破碎和爆发破碎。基于这一分级破碎理论,Tanner对 TAB 模型进行了改进,提高了 TAB 模型在高 We 下的计算精度。这一改进使得破碎模型可以用于柴油机燃烧室内高 We 环境下喷雾雾化过程的模拟计算,该模型称为 ETAB(enhanced TAB,增强的 TAB)模型。

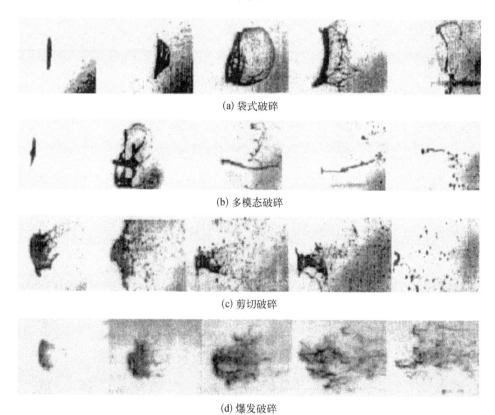

(a) 袋式破碎

(b) 多模态破碎

(c) 剪切破碎

(d) 爆发破碎

图 12.11　液滴的二次雾化破碎模式[2]

ETAB 模型在液滴变形的动力学分析方面与 TAB 模型完全相同,但是对液滴破碎过程进行了分级破碎处理,通过破碎常数 K_{bu} 计算不同破碎模式下生成的子液滴半径。ETAB 模型认为当液滴的 We 超过 12 时,液滴才会发生破碎,并假定子液滴的产生速率与子液滴的粒子数目成正比。

$$\frac{\mathrm{d}}{\mathrm{d}t}\overline{m}(t) = -3K_{bu}\overline{m}(t) \tag{12.24}$$

式中: $\overline{m}(t)$ ——子液滴平均质量;

K_{bu} ——破碎常数,计算方法取决于母液滴的破碎模式。

$$K_{bu} = \begin{cases} k_1\omega, & We \leqslant We_t \\ k_2\omega\sqrt{We}, & We > We_t \end{cases} \tag{12.25}$$

式中: We_t ——袋式破碎和剪切破碎两种破碎模式之间的边界 We;

k_1 和 k_2 ——根据试验测量结果确定的经验常数,其中 $k_1 = 0.05$, k_2 取值保证 K_{bu} 函数的连续性。

之后,Tanner 对 ETAB 模型进行了更细化的分级处理,提出了分级雾化液滴破碎模型(cascade atomization and drop breakup, CAB)模型,该模型将液滴的破碎模式细分为三种,分别是袋式破碎、剪切破碎和爆发破碎,并给出了三种破碎模式下破碎常数计算公式,提高了 TAB 模型在更高 We 工况下的数值模拟精度。

一般来说,K-H 模型和 R-T 模型适用于高 We 下的液滴破碎计算,并且经常将二者联合起来使用,构筑 KH-RT 模型。TAB 模型适用于较低 We 下的液滴破碎计算,DDB 模型适用于液滴形状变化较大的破碎计算。ETAB 模型和 CAB 模型通过对液滴破碎模式的分级处理,We 的适用范围较广,可以对燃烧室内的射流雾化进行模拟计算。应该注意的是,现有的破碎模型都只能从理论上给出破碎后液滴的雾化特性,实际使用时还需要使用经验常数对模型进行修正。而子液滴的速度很难从理论上进行推导,一般采取假设推导与经验分析的方法给出。

12.3.5　蒸发模型

燃料雾化成液滴之后需要蒸发成气体进行燃烧。如果用欧拉拉氏框架描述燃烧室中的两相湍流燃烧过程,用拉氏方法描述的液滴存在和连续相之间的质量交换,一般称为燃油蒸发模型。单液滴蒸发模型很多,常用的有传统的基于球面蒸发考虑斯蒂芬流的零维模型,考虑液滴和气相相对对流速度的包含液滴雷诺数的模型,还有考虑高温作用包含瑞利数的模型。以下介绍常用的部分单液滴蒸发模型。

1. d^2 模型

Spalding[14] 最早提出了单组分孤立液滴于静止高温环境下的液滴蒸发模

型——d^2 模型,也称为恒温模型。Godsave 对该模型的液相及气相均采用了准稳态的球对称假设,同时假定液滴温度恒定且等于液滴的湿球温度。在气液分界面上,假定燃料蒸汽的质量分数只是表面温度的函数,这个温度可以由平衡蒸气压力方程得到。该模型相对简单,忽略了液态的传热和传质过程,且没有考虑其他重要的物理过程,只是一个粗略的气相的液滴蒸发速率模型。

2. 无限传导模型[15]

基于 d^2 模型,Law 根据液滴内部温度可快速传导的情况,假设液滴温度在空间上区域一致,且该温度随时间变化,液滴受到外界高温环境加热是导致液滴温度时间上不稳定的主要因素,在非稳态液滴蒸发过程的研究中应该考虑该因素。液滴内部的快速环流会造成空间温度分布一致性,有研究学者将该模型称为快速混合蒸发模型。但 Sirignano 在研究中发现,液滴内部的涡流强度虽极高,但内部循环减少并不明显,快速混合蒸发模型可能并不存在,因此将该模型称为无线传导模型。

3. 有限传导模型

在液滴内部环流不明显的情况下,液滴内部的扩散及传导既不为零也不是无限大,而是存在一定的传导速率,有研究学者称该模型为有限传导模型。

上述三种蒸发模型均由球对称假设得到,可直接应用于液滴与环境相对静止的情况。而在实际情况下,一般会有来流,需要提出雷诺数项进行模型的修正。由于气流的影响,液滴内部强烈的环流会加速液滴内部的掺混,需要更为复杂且贴合实际状态的模型。

4. Ranz – Marshall 模型[2]

基于 Godsave 等的结果,研究学者通过添加修正系数的方法得到了相应的蒸发速率表达式:

$$\dot{m}_{\text{convection}} = \dot{m}_{\text{spherical}} f(Re, Pr) \tag{12.26}$$

式中:$f(Re, Pr)$——修正系数。在经典的 Ranz – Marshall 模型中:

$$f(Re, Pr) = 1 + 0.3Re^{\frac{1}{2}}Pr^{\frac{1}{3}} \tag{12.27}$$

式(12.27)是在准稳态情况下由实验数据得到的一个经验公式。在液滴蒸发过程中有一个瞬态加热阶段,此时液相并不严格遵守准稳态假设,因此这个关系式很难准确描述液滴的蒸发过程。

5. Prakash – Sirignano 轴对称模型[2]

Prakash 和 Sirignano 研究高温对流下单液滴的瞬时蒸发情况时,首先研究了液滴内部的循环流动和液滴受热升温过程,然后提出了气相边界层分析的概念,并与之前的蒸发模型进行耦合。其采用二维轴对称假设模型,将液滴分成四个物理区域,根据不同的特性,对不同的物理区域采用不同的分析方法,得到一个轴对称蒸发模型,称为 Prakash – Sirignano 轴对称模型。该模型因对液滴蒸发过程的物理现象描述十分详细,故算法复杂,计算成本较大,实际应用该模型时需要进行相应的简化。

6. Tong – Sirignano 轴对称模型[2]

在 Prakash – Sirignano 轴对称模型的基础上,Tong 和 Sirignano 对一个一维液滴蒸发模型进行了简化,该模型通过合理地分配滞止点区域和侧翼区域来描述液滴内的传热传质,从而简化了气相分析,得到了 Tong – Sirignano 轴对称模型。该气相模型可与 Prakash – Sirignano 轴对称模型结合应用,进而简化蒸发模型的计算过程。

7. 非平衡模型[2]

Bellan 和 Harstad 假设液滴内部温度分布存在梯度,并非均匀一致,液滴内部温度场是通过求解表面温度和内部平均温度的拉格朗日方程得到的。

8. 折合薄膜理论

折合薄膜的基本假设为:将实际对流环境下的单液滴蒸发等效为某个直径的柱形膜的传热和传质问题。在进行等效估算时,首先不考虑蒸发过程,而只考虑液滴与周围环境之间的热量传递,求出折合薄膜的直径,之后忽略液滴与周围环境之间的对流,只考虑等效圆柱蒸发过程,求出等效的蒸发速率。

9. 厚交换层理论[16]

基于折合薄膜理论假设,随着输运数的增加,无蒸发无燃烧的固球换热努塞特数与对流换热努塞特数之比下降。有研究表明,实际上温度对液滴蒸发的影响要比这种理论预计的强烈得多。在有燃烧的情况下,液滴边界层与气相交换层的厚度一般远远大于液滴半径。因此,当液滴处于强迫对流状态时,附近流场、温度场等不是球对称的,并不具备边界层的特点。在该种情况下,周力行[16]提出了厚交换层这一概念。

10. 冷冻模型

冷冻模型也称为零扩散模型,即假定液滴内部燃料扩散速率为零。液滴内各组分浓度分布不随时间变化而变化,保持恒定。在液滴表面存在零厚度的扩散层,在这一薄层存在对流和扩散的平衡。基于该模型,多组分燃料中易挥发组分在表面的浓度相比液滴内部浓度要小,难挥发组分恰好相反。

11. 考虑自然对流的厚交换层航空燃料二维蒸发模型[17]

上述的蒸发模型主要是零维和一维的,对高温环境的检验和对多组分因素的考虑不足。基于液滴和周围混合气体存在厚交换层的状态,考虑高温、对流、二维及多组分等因素,提出考虑自然对流的厚交换层航空燃料二维蒸发模型。

该模型假设液滴附近的流场不是球对称的,且不具备边界层特点,换热层和换

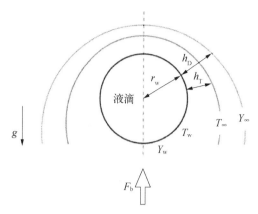

图 12.12　二维轴对称层流流动球坐标图[13]

质层厚度甚至远大于液滴半径。图12.12表示液滴在高温静止空气中的蒸发原理(具有厚交换层,考虑自然对流)。该模型中的二维指的是考虑液滴附近流动的多维效应,不是一维假设;多因素指的是考虑液滴蒸发的二维因素、浮升力因素、强对流因素、高温自然对流因素、多组分因素等。

根据阿基米德原理,以及球坐标中描述液滴蒸发二维轴对称层流流动的动量方程、连续方程、扩散方程等基本方程,得到蒸发常数 K_e 的表达式为

$$K_e = \frac{4\theta_w \lambda_w}{c_p \rho_1} \left[2 \frac{\ln(1+\theta_w)}{\theta_w} \left(\frac{T_\infty + T_w}{2T_w} \right)^{0.5} + \frac{2}{3\zeta} \frac{\theta_w^2}{1+\theta_w} Re^{\frac{1}{3}} Pr^{\frac{1}{3}} \right.$$

$$\left. + \frac{2}{3\delta} \frac{\theta_w^2}{1+\theta_w} Ra^{\frac{1}{3}} Pr^{\frac{1}{3}} \right] \qquad (12.28)$$

式中:

$$\theta_w = \frac{c_p(T_\infty - T_w)}{q_e} \qquad (12.29)$$

ζ 和 δ ——实验常数,由实验数据确定;

T_∞ ——环境温度;

T_w ——液滴表面温度(沸腾温度);

λ ——导热系数;

c_p ——比定压热容;

q_e ——蒸发潜热;

Re ——雷诺数;

Pr ——普朗特数;

Ra ——瑞利数。

对于蒸发常数计算式,高雷诺数强迫对流环境下,可忽略自然对流项(瑞利数项);中小雷诺数强迫对流环境下,可兼顾考虑自然对流项;静止环境下,忽略强迫对流项(雷诺数项),并考虑自然对流项。

在此基础上,考虑多组分影响。对于多组分蒸发模型的构建,有零扩散模型和无限扩散模型。零扩散模型假定液滴内部燃料扩散速率为零,液滴内各组分浓度

分布随时间恒定不变,并与液滴初始值保持一致;无限扩散模型假设液滴内部扩散速率无限大,液滴内部组分和温度均匀一致但随着时间不断变化,整个蒸发过程呈现组分阶段性。

12.3.6　燃烧模型

湍流燃烧模型是用来描述湍流与燃烧反应之间相互作用的模型。二者的相互作用涉及许多因素,使得流动参数与化学动力学参数之间相互耦合的机理极其复杂。

一方面,燃烧化学反应可以通过多种方式影响湍流特性[18]: ① 燃烧放出的热量使流场中各处的流体发生不同程度的膨胀,从而引起密度的变化,甚至产生了显著的密度梯度。此梯度的后果是使在多数场合下被忽略的浮力效应明显加强,从而使湍流脉动具有各向异性的特点,使湍流结构复杂,增大了数值模拟的难度,密度变化还可使密度本身产生强烈脉动。因此,对湍流而言,一般不能像经典湍流理论那样忽略密度脉动。计算实例证明,输运方程中的密度与速度的相关项对湍动能的生成有显著影响。② 燃烧引起的温度升高,会使流体的输运系数随之变化,从而影响湍流的输运特性。

另一方面,湍流对燃烧的影响主要体现在,其能强烈地影响化学反应速率。众所周知,湍流燃烧率一般大大高于层流燃烧率。定性地看,湍流中大尺度涡团的运动使火焰面变形而产生褶皱,其表面积大大增加;同时,小尺度涡团的随机运动大大增强了组分间的质量、动量和能量之间的传递。这两方面的作用使得湍流燃烧能够以比层流燃烧快得多的速率进行。在高雷诺数情况下,甚至从"表面燃烧"变成了"容积燃烧"。湍流化学反应率主要取决于反应物之间的混合率以及温度、组分浓度等参数的湍流脉动率,而使平均化学反应速率与脉动量存在强的非线性函数关系。因此,湍流燃烧模拟最基本的问题是反应速率的时平均值不等于用时平均值表达的反应速率。

由此可见,在目前的知识水平上,还难以建立完善的湍流燃烧理论。可行的途径只能是借助一定的简化假设和数学工具,或多或少地依靠实验数据建立各种湍流燃烧过程中的数学模型。目前,湍流燃烧模型的类型主要有以下三类。

第一类是快速化学反应模型。该模型认为:与湍流混合过程相比,分子混合与化学反应速率无限大,在预混燃烧中只有完全未燃和完全已燃两种状态。在扩散燃烧中,如果燃料与氧化剂按照理论化学恰当比混合,则形成产物单独存在的状态;如果富燃料燃烧,则形成燃料与产物的混合状态;如果贫燃料燃烧,则形成氧化剂与产物的混合状态。快速化学反应模型完全不考虑具体化学反应的影响,而是考虑火焰面积、油气混合比例等因素的影响。将描述化学热力学状态的参数进行简化,只用一个参数描述。在预混燃烧反应中,一般选用反应进度作为描述参数,如涡团破碎(eddy break up, EBU)模型等;在扩散燃烧反应中,一般选用混合分数作为描述参数,如 d3p 模型等。

第二类是火焰面模型,该模型认为:湍流燃烧过程的反应速率是快速的,但又不是无限快的。这在几何上意味着,其反应区是一个厚度很小的薄层,燃烧反应的长度尺度和时间尺度均小于湍流微混合的尺度,即 Kolmogorov 尺度。如图 12.13 所示[19],在这种尺度下的火焰实质上是受分子扩散和输运控制的层流小火焰(flamelet),而湍流火焰可以视为嵌入湍流流场内的具有一维结构的层流小火焰的集合和系统。小火焰的内部结构在空间中具有近似的一维结构,并且不依赖时间变化。湍流会通过火焰的拉伸和卷曲影响小火焰的内部结构,但这些微团内部仍然保持层流火焰的结构。常用的火焰面模型有稳态层流火焰面模型(steady laminar flamelet model, SLFM)、火焰面进度变量(flamelet progress variable, FPV)模型、火焰面生成流形(flamelet generated manifold, FGM)模型等。

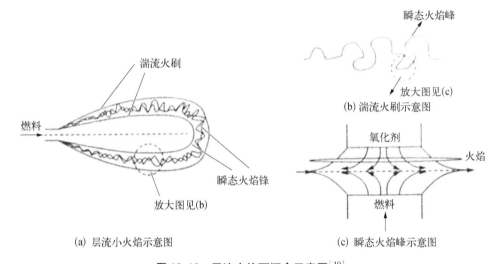

(a) 层流小火焰示意图　(b) 湍流火刷示意图　(c) 瞬态火焰峰示意图

图 12.13　层流火焰面概念示意图[19]

第三类是借鉴湍流流动模拟中用湍流模型封闭流动方程的思路,利用基于统计理论的湍流燃烧模型处理湍流和化学反应的相互作用,该方法可以有效地实现速度等时间相关量和组分、温度等标量的有机结合,不需要更多的假设和人工模型,能够比较真实地反映速度和组分湍流脉动的相互影响,有利于湍流与化学反应之间相互作用的捕捉和表达,可与详细化学反应机理有机结合,可以更加真实地反映实际湍流燃烧过程的细节,尤其可以更好地模拟氮氧化物排放和点火、熄火等极端过程[20]。以该类方法为思路发展的模型有二阶矩模型、PDF 模型等。

1. 涡团破碎模型[21]

湍流反应速率是受湍流混合、分子扩散和化学动力学三方面因素控制的。在大多数情况下,湍流起主导作用。按照湍流理论,湍流运动是大量尺度各不相同的涡团随机运动的总和。伴随着湍动能从大涡团到小涡团的级联输送过程,涡团本身逐步破碎,从最大尺度逐步减小到对分子扩散起重要作用的微小尺度。这一过程是有能量的级联输运率或涡团破碎率所控制的惯性过程。当湍流处于平衡状态时,湍动能的级联输运率与其黏性耗散率是相等的。因而,尽管分子过程是化学反应进行的直接原因,但其进行的反应速率在大雷诺数下都与分子输运系数无关,而取决于惯性过程的速率。因此,Spalding[14] 提出了著名的涡团破碎模型。该模型认为预混火焰的湍流燃烧区中已燃气体和未燃气体都是以大小不等并做随机运动的涡团形式存在的,化学反应发生在这两种涡团的交界面上,化学反应速率取决于未燃燃气涡团在湍流作用下破碎成更小涡团的速率,即湍流燃烧过程由湍流混合过程来控制,并认为这个混合过程不受释放热量的影响。在该模型中,过分突出了湍流混合对燃烧速率的决定作用,而忽略了分子输运和化学反应动力学过程的作用。因此,该模型只适用于高雷诺数的湍流预混燃烧过程。

为了考虑温度对化学反应速率的影响,引入用时均参数确定的化学反应速率。此时,化学反应速率取为 EBU 湍流混合速率和平均参数的 Arrehnius 机理反应速率的最小值。因此,该模型又称为 EBU－Arrehnius 模型。

2. 涡团耗散模型[22]

EBU 模型只适用于预混燃烧,因此在 EBU 模型的基础上提出了同时可用于预混燃烧和扩散燃烧的模型。其基本思想是:当气体涡团因耗散而变小时,分子之间的碰撞机会增多,反应容易进行并迅速完成,故化学反应速率在很大程度上受湍流的影响,而且化学反应速率还取决于涡团中包含燃料、氧化剂和产物中浓度值最小的一个。该模型的特点是意义比较明确,化学反应速率取决于湍流脉动衰变速率,并能自动选择成分来控制速率,因此该模型既能用于预混火焰,也能用于扩散火焰。为了防止在燃料进口之前发生化学反应,与 EBU－Arrehnius 模型一样,引入用时均参数确定的化学反应速率,化学反应速率可以取 Arrehnius 反应速率和涡团耗散速率中较小的一个。当反应开始进行后,涡耗散速率一般小于 Arrehnius 反应速率,这样反应速率仍然是受涡耗散速率这种混合速率限制的。

3. d3p 模型[23]

在扩散燃烧中假定燃烧室只有燃料流和氧化剂流两股气流进入;各种组分的扩散系数相等,且刘易斯(Lewis)数等于 1;混合物的比定压热容和反应热是常数;流动马赫数很小,可以略去气动热和切应力做功,忽略热辐射;燃烧室绝热。在这样简单的化学反应系统中,组分方程和能量方程在壁面上有相同的边界条件。

根据快速化学反应和 Lewis 数等于 1 的假定,在扩散燃烧中存在一个火焰面,在火焰面上燃料和氧化剂完全转化为产物,在火焰面的燃料流一侧没有氧化剂,在氧化剂一侧没有燃料。由于湍流脉动的存在,扩散燃烧火焰面可能是高度褶皱的或在燃料流中存在被火焰面包围的燃料微团,或在氧化剂中存在被火焰面包围的燃料微团。

　　假设燃烧反应只取决于燃料和氧化剂的混合比例,认为油气混合瞬间完成完全化学反应,如果燃料和氧化剂按照化学当量比混合,则只存在最终的产物。燃料、氧化剂和产物的质量分数随混合分数的变化关系为分段线性函数 $Y(Z)$,如图 12.14 所示。

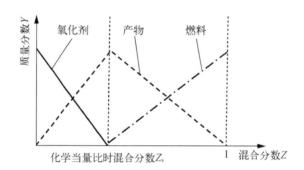

图 12.14　燃料、氧化剂、产物的质量分数与混合分数的分段线性关系[23]

　　对于各组分质量分数的求解,在湍流燃烧模拟中,d3p 模型给定了标量的概率密度分布函数,如图 12.15 所示。为确定概率密度函数(probability density function,PDF)的相关参数大小,需求解混合分数的平均值及其方差的输运方程。通过输运方程获得的均值及其方差,可确定概率密度函数 $P(Z)$,利用概率密度积分,可获得燃料、氧化剂和产物的质量分数均值。

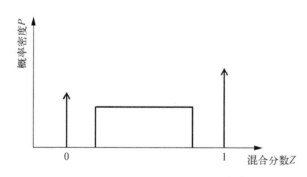

图 12.15　标量的概率密度函数[23]

　　对于温度场的求解,图 12.16 显示了焓值与混合分数之间的函数关系。通过绝热条件或非绝热条件下焓的输运方程可以确定化学当量比混合时的焓值 H_{zs},从而可以确定焓与混合分数的函数关系 $H(Z)$。再通过给定物质的焓-温关系,获得温度与混合分数的函数关系 $T(Z)$,即可获得燃烧反应的温度均值场。

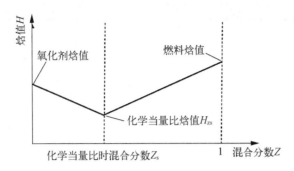

图 12.16　焓值与混合分数的函数关系[23]

4. 稳态层流火焰面模型[24]

湍流扩散火焰可看成由一系列具有不同结构的层流火焰面组成,将层流扩散火焰的组分和能量方程,通过坐标变换得到混合物分数空间下的火焰面方程。将标量耗散率作为一个独立的参数引入火焰面方程中,求解火焰面方程,将标量与标量耗散率和混合分数的变化关系存入数据文件,生成火焰面数据库。

根据 Jones 等[20]给出的模型计算湍流流场中的平均标量耗散率,混合分数的 Favre 平均值和脉动均方值通过求解输运方程来获得。根据计算得到的混合分数 Z 的 Favre 平均值及其相应的平均标量耗散率,在火焰面数据库中进行插值,找出与其对应的组分质量分数和温度值,通过统计平均方法计算湍流燃烧得到平均组分浓度和温度值。

5. 火焰面/进度变量模型[25]

稳态火焰面方程完整解示意图见图 12.17,图中横坐标为化学当量标量耗散率,纵坐标为化学当量条件下的火焰面温度。解曲线为一条 S 形曲线,包括三个分支:稳定燃烧分支、不稳定燃烧分支和纯混合分支。上分支描述了完全燃烧状态,标量耗散率等于 0 的位置对应化学平衡状态,随着标量耗散率的增大,火焰面的传热传质增强,火焰温度降低;下分支则为纯混合状态,火焰面的解与标量耗散率完全无关;而中间分支则描述了部分熄火状态,中间分支上火焰温度进一步降低,使得化学动力学中的 Arrhenius 速率因子开始限制反应速率,为保持低的反应速率和混合的平衡,标量耗散率随火焰温度的降低而减小。不稳定燃烧分支是具有物理意义的,虽然不稳定燃烧分支是由稳态火焰面方程求解得到的,但反映了非稳态。SLFM 不能模拟局部熄火和再点火过程就是由于 SLFM 的查询表只包含了火焰面解的稳定燃烧分支。

为克服 SLFM 的不足,在火焰面数据库中包括整个稳态火焰面解,需要将稳态火焰面解的不稳定燃烧分支和纯混合分支添加到层流火焰面数据库中。SLFM 是以化学当量标量耗散率为火焰面参数来描述火焰状态的。然而从图 12.17 中可以看出,若包含不稳定燃烧分支和纯混合分支,则会出现一个标量耗散率对应多个解

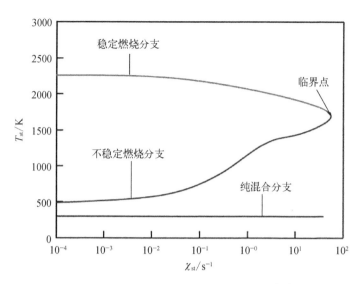

图 12.17　稳态火焰面方程完整解示意图[25]

的情形,因此化学当量标量耗散率不能代表 S 形曲线上所有的火焰面解,不再适合作为火焰面参数。为解决这一问题,Pierce 提出火焰面/进度变量模型,引入反应进度变量 C 替换标量耗散率,使得稳态火焰面解与 C 形成一一对应关系。

6. 火焰面生成流形模型[26]

火焰面生成流形模型基于流形方法和火焰面思想,在考虑化学动力学的同时,也引入重要的输运过程,反映输运过程对化学反应过程的影响。由于采用了火焰面思想,FGM 与 SLFM 和 FPV 共享同一个基本思想,即化学反应的特征时间尺度远小于湍流的特征时间尺度,湍流并不会对火焰内部结构造成影响,湍流流场中的化学反应可以认为是层流的。最初的 FGM 方法构建火焰面数据库是基于一维稳态层流无拉伸预混火焰完成的,因此称为预混 FGM(premixed - FGM)模型,用于预混燃烧的模拟。为实现部分预混燃烧的模拟,在预混 FGM 模型中添加了混合分数这个自由度,形成可用于部分预混或非预混燃烧模拟的预混 FGM 模型,或采用非定常扩散对冲火焰构建火焰面数据库,称为扩散 FGM(diffusion - FGM)模型。

7. 二阶矩模型[27,28]

湍流燃烧的二阶矩模型可以看成类似于湍流流动的封闭模型。最简单的二阶矩模型对反应速率表达式中的非线性指数项进行级数展开,取 $E/(RT)$ 是小量与 $T'/T \ll 1$ 的近似,舍去高阶项,从而得到时间平均的反应速率。这种研究思想是希望利用级数展开进行平均化学反应速率的封闭,解决湍流燃烧模拟的难题。

但是,在许多实际燃烧过程中 $E/(RT)$ 为 5~10,特别是在污染物生成的反应中更是如此,同时 T'/T 也并不总是远远小于 1 的,因此这种级数展开的方法有严重的误差。在假设两个条件成立,即级数收敛时,对二级双组分的简单反应来说,时均化学反应率的封闭问题转化为温度、浓度之间二阶矩的封闭问题。可以建立这些二阶矩的输运方程,并应用梯度模拟对其中一些项进行模拟以使这些输运方程封闭。因此,在湍流燃烧的二阶矩封闭模型中,常常需要引入多个二阶标量脉动关联矩的微分方程,这种模型即为二阶矩输运方程模型。

这些微分方程的引入会使计算机的存储量和计算时间增加。为了减少计算量和存储量,本节提出一种代数关联矩模型。对强剪切流动,如射流流动,可以将二阶标量脉动关联矩的输运方程中的对流项和扩散项忽略,并认为化学反应对脉动关联的影响是次要的,从而可以得到二阶标量脉动关联矩的代数表达式。Khalil 对无旋同轴射流射入突扩燃烧室的湍流燃烧问题用 EBU‐Arrhenius 模型、扩散控制的简化的 PDF 模型及只有浓度脉动的关联矩输运方程封闭模型进行了对比研究。三种模型的预报结果相近,并都与实验符合得比较好。用此模型预报了 50 种组分300 多个基元反应的甲烷-空气扩散燃烧,所预报的温度和主要组分与实验值符合程度尚好,但明显低估了氮氧化物的生成,原因就是上述的级数展开近似引起的误差。

为了发挥二阶矩模型的优点并克服其缺点,王方等[29]提出了二阶矩-概率密度模型,即用二阶矩封闭和 PDF 概念相结合的方法来模拟时均反应速率,对浓度脉动关联用二阶矩封闭,对反应速率系数 K 和浓度的关联用简化 PDF 封闭,避免了指数级数展开带来的近似。该模型已用于模拟甲烷-空气的突扩湍流燃烧和射流燃烧,与标准实验数据的对比表明,模拟结果比原有的二阶矩模型和 EBU‐Arrhenius 模型更加合理。但是该模型在用 PDF 概念模拟 K 与浓度脉动关联时,仍然使用了温度和浓度的概率密度函数的乘积 $p(T)p(Y)$ 来代替温度和浓度脉动的联合概率密度函数 $p(T,Y)$,未能完全避免原来的 PDF‐有限反应速率模型的缺陷。

8. 概率密度函数模型[30]

概率密度函数模型以完全随机的观点对待湍流燃烧问题,通过推导与求解速度与标量联合的 PDF 输运方程来获知湍流场中单点的统计信息。出现在 PDF 输运方程中的对流项、化学反应、体积力和平均压力梯度的影响均可以精确处理,无须模拟,只有脉动压力梯度和分子输运项需要模拟,以解决封闭问题。

目前,应用 PDF 的方程有三种方法:第一种方法是速度场和化学热力学参数都通过求解 PDF 输运方程来确定,湍流输运项和化学反应速率都无须模拟,可以精确给出。第二种方法是平均速度和平均能量用 Favre 平均方程求解,脉动速度和化学热力学参数等用 PDF 输运方程求解。第三种方法是平均速度场和湍流输运通量都用统计矩方法求解,只有化学热力学参数用 PDF 输运方程求解。

对于第一种方法,求解过程为:完全用颗粒法(蒙特卡洛法)求解 PDF 输运方程。流体颗粒在整个流场内连续分布,根据它本身的速度在流场内不断运动,因此它在物理空间内的位置是不断变化的。在这种方法中,每个颗粒的所有参数(包括速度、化学热力学参数和耗散率)都用随机微分方程求解,是完全一致的。但需要通过求解 Poisson 方程给出平均压力的梯度。在 Poisson 方程中包含平均速度的二阶导数项,对用颗粒法求解平均速度提出了苛刻的要求,即每个网格单元内要有大量的颗粒数,计算花费相当大。

对于第二种方法,求解过程为:用有限容积法求解平均速度场、湍流动能和耗散率方程,化学热力学参数用联合概率密度函数方程求解。这种方法比较简单,且化学反应可以精确求解,但计算精度受到湍流输运模型的制约。

对于第三种方法,求解过程为:用有限容积法求解平均速度、平均压力和平均能量的方程,用概率密度函数方程求解脉动速度、化学热力学参数和耗散率。有限容积法中所需要的雷诺应力、湍流输运和化学反应放热项由颗粒法提供,反过来,有限容积法给颗粒法提供平均参数。计算量位于第一种方法和第二种方法之间。

12.3.7　化学反应机理

1. 航空煤油详细化学反应机理[18]

煤油作为现代航空发动机的主要燃料,其燃烧反应机理决定了燃烧室内湍流燃烧数值模拟的精度和可靠性。然而煤油成分复杂,主要由链烷烃、芳香烃以及环烷烃组成。此外,煤油属于大分子碳氢燃料,碳原子数在 $C_9 \sim C_{12}$,这类燃料机理的发展是燃烧动力学领域的热点和难点。

目前,构建煤油的化学反应机理具体存在两个方面的问题:一是煤油实际包含了多种组分,且具体组分随着煤油的产地与种类不同有明显差异,对其提出详细的化学机理模型进行研究是不切实际的,只能采用替代燃料的方法开展相关研究;二是描述煤油替代燃料燃烧过程的化学模型过于复杂,包含成百上千种中间组分和基元反应,当前计算水平无法实现真实三维流场的仿真,存在严重的计算效率过低、刚性大、收敛困难的问题。

当前构建化学反应机理的方法按替代煤油的燃油组分数可大致分为两类:一类是把煤油视为一种组分,给出不同平均分子式(如 $C_{12}H_{23}$、$C_{11.6}H_{22}$、$C_{11}H_{22}$、$C_{11}H_{23}$ 等),再研究相应的化学反应机理;另一类是采用多组分替代燃料的方法构建煤油的燃烧反应机理,将煤油视为多组分的混合物,选取几种有代表性的组分按照一定的比例混合,使得混合物具有与实际应用燃料相同的物理性质和化学性质。

针对单一组分的煤油简化机理,研究表明典型的航空煤油(如 Jet A、Jet A-1、TR0、JP8)的平均分子式在 $C_{10.9}H_{20.9}$ 至 $C_{12}H_{23}$ 之间。针对不同的分子式发展了多个化学反应机理。此外,人们发现正癸烷与实际燃料的物理性质相似,故常将其作为替代燃料来构建单组分详细化学反应机理。Bikas 以正癸烷为替代燃料,构建了一个包含 67 种组分、600 步基元反应的详细化学反应机理,模拟计算得到的层流燃烧速度、点火延迟时间、常压下主要反应物和产物的物种浓度与实验数据吻合较好。在上述单组分煤油替代物的分子式中,$C_{12}H_{23}$ 常代表 Jet A－1 燃油。Ranzi 研究了 Jet A－1 的燃烧反应动力学模型,将 451 种组分、17 848 步基元反应的详细化学反应机理简化至仅包含 231 种组分、5 591 步可逆与非可逆反应,保证了较高的复杂性以细化燃烧与氧化过程。Wang 等也针对 $C_{12}H_{23}$ 分子式提出了 A3－NTC 框架机理,该机理包含 50 种组分与 277 步基元反应。

多组分的煤油机理常由链烷烃、环烷烃、芳香烃按不同搭配方案组合而成,典型机理包括[18]: Lindstedt 和 Maurice 采用摩尔分数 89% 的正癸烷和 11% 的苯(以及甲苯、乙苯)作为煤油的两组分替代模型,包含 193 种组分和 1 085 步基元反应;Honnet 等提出质量分数 80% 的正癸烷与 20% 的三甲基苯的二组分替代燃油,包含 118 种组分和 914 步基元反应,并经过了激波管、快速压缩机、充分搅拌反应器、产生稳定预混火焰的燃烧器、自由传播的预混火焰等实验数据验证,也能用于预测非预混煤油的燃烧。三组分机理有 Dagaut 等提出体积分数分别为 74% 的正癸烷、15% 的丙基苯和 11% 的丙基环己烷的煤油替代模型,基于该模型构建了 209 种组分、1 673 步基元反应的化学反应机理;Humer 等采用摩尔比分别为 60% 的正癸烷、20% 的甲基环己烷、20% 的甲苯表征 JP－8 煤油,提出了包含 173 种组分、4 890 步基元反应的反应动力学机理。总体而言,煤油的多组分替代机理在组分构成与配比方案上,基本原理是舍弃微量成分,将煤油中链烷烃、环烷烃、芳香烃成分类型细化区分后分别采用相应的纯净燃料组分替代,根据各组分在煤油中占比的不同,依据理化性质进行适当比例的配比,形成针对某种煤油的模拟替代研究模型,并进行试验与反应动力学研究。

2. 简化反应动力学模型[18]

在当前众多的反应机理中,无论是单组分还是多组分替代机理,为了详细描述燃油在燃烧过程中的自发着火、火焰传播、污染排放等特性,均包含了大量的组分与化学反应,规模过于复杂和庞大,与流动模拟相结合会产生极为严重的方程的刚性问题,导致收敛速度缓慢甚至发散,无法应用到三维流场的 CFD 模拟中。针对这一问题,众多研究学者针对详细机理以及部分复杂的框架机理进行简化以实现工程应用,这些简化机理多以替代燃料来描述煤油的物理化学性质。

目前,燃烧反应数值模拟通常基于两类反应方案:一类是总包反应方案,由一些经验反应组成;另一类是分析简化化学(analytically reduced chemistry, ARC)方案,通过分析规模较大的详细机理去除冗余的反应与组分实现简化。

1) 总包类简化机理[31]

该类机理以拟合放热量来反映燃烧特性,其思路是将燃料氧化的整体反应分解成多个中间步骤和几个关键的中间体。这类机理通常包含 1~4 个步骤,涉及重要的中间体有 CO 或 H_2 等。反应速率常数以 Arrhenius 形式表示,其各种参数与详细的化学结果或指定操作范围内的实验相匹配,从而在整体火焰参数(如温度)方面产生良好的效果。此外,由于输运的变量数量较少,此类机理具有较高的计算效率。总包类简化机理较为典型的是[31]:Westbrook 与 Dryer 提出的单步反应机理与二步反应机理;Dong 提出的四步反应机理;Jones 和 Lindstedt 以 $C_{12}H_{23}$ 为平均分子式的四步七组分反应机理;Franzelli 在 Westbrook 与 Dryer 的二步反应机理的基础上根据不同当量比改进反应的速率参数,获得了更宽适用范围的总包类简化机理。这些机理因计算量最小受到工程应用的青睐,成为目前燃烧室研发的主流化学反应动力学模型,在燃烧室湍流燃烧数值仿真工程应用中得到广泛应用[32]。然而总包类简化机理忽略了燃烧问题的物理本质,丧失了真正的化学途径,只涵盖了非常狭窄的条件范围。此外,污染物信息如烟尘、NO_x、CO 缺失或不准确,导致总包类简化机理在研究燃烧污染排放以及熄火与点火等极端和复杂燃烧现象情况下存在明显的劣势。

2) ARC 类简化机理[18]

ARC 类简化机理的目标是减少规模过大的详细机理的反应个数与组分数。可先通过筛选组分的方法简化化学反应的动力学模型,后消除冗余反应,以达到精简反应模型的目的。其重要的简化方法包括:① 感性分析(sensitivity analysis,SA)法和主成分分析(principal component analysis, PCA)法,这些方法可用于计算着火延迟时间、关键组分浓度等参数,并分析某个组分或者基元反应的敏感度,在此基础上设定阈值去除影响较小的组分或反应,求解浓度敏感性系数矩阵,来获得各个基元反应之间的关联性,从而确定关键组分,使详细机理得到大幅简化;② 直接关系图(direct relationship diagram, DRG)法,即首先计算组分之间相互的贡献率并得到组分之间的依赖程度,后设定关键组分,并基于关键组分筛选关联密切的组分,最终删除相关性低的组分;③ 准稳态假设(quasi-steady state approximation,QSSA)法,其在化学反应时间尺度上进行分析,认为快反应迅速达到平衡、相应的组分达到稳态,从而减少求解的组分数目,去除方程的刚性。通常正是上述多种简化方法的结合才可实现 ARC 类简化。

目前,ARC 类简化机理是燃烧反应动力学模型研究的热点。ARC 类简化机理如 Zettervall 考虑简化机理在 CFD 中的应用问题,总结之前对 Jet A-1 燃油 22 种组分 57 步基元反应机理在燃烧室单扇区和环形多燃烧器内的 LES 仿真研究,提出了分子式 $C_{12}H_{23}$、包含 22 种组分 65 步不可逆基元反应的框架机理,后考虑低温氧化机制发展得到了 30 种组分 77 步可逆与不可逆基元反应的框架机理[18]。Wang 提出分子式 $C_{10}H_{22}$、$C_{12}H_{23}$ 的煤油简化机理[18];You 与 Sarathy 提出正十二烷的简化机理[18];国内学者李象远使用 Reaxgen 程序生成正十烷和正十二烷机理,并对其进行了简化[18]。

　　ARC 类简化机理相较于总包类简化机理更为细致而真实,经激波管、充分搅拌反应器、层流预混燃烧实验、对冲火焰等试验验证获得了更精准的点火延迟时间、层流火焰传播速度与熄灭极限,理论上在着火、火焰传播与熄灭特性中表现更佳,结合高精度的 LES 等方法实现燃烧的高精度模拟成为未来研究的发展趋势。

参考文献

[1] 索建秦,冯翔洲,梁红侠,等.航空发动机燃烧室研发中的数值仿真探讨[J].航空动力, 2021(2): 5.

[2] 刘邓欢.基于 LES - PDF 方法的航空发动机燃烧室液滴雾化模型研究[D].北京: 北京航空航天大学,2021.

[3] 王慧汝.航空发动机燃烧室过渡态燃烧数值模拟研究[D].北京: 北京航空航天大学, 2011.

[4] 刘晨.复杂燃烧流场数值模拟方法研究[D].南京: 南京航空航天大学,2009.

[5] 徐旭常,周力行.燃烧技术手册[M].北京: 化学工业出版社,2008.

[6] 王福军.计算流体动力学分析——CFD 软件原理与应用[M].北京: 清华大学出版社, 2004.

[7] 雷雨冰,赵坚行,周峰轮.环形燃烧室性能计算[J].工程热物理学报,2002,23(5): 645 - 648.

[8] 赵坚行.燃烧的数值模拟[M].北京: 科学出版社,2002.

[9] 刘日超,乐嘉陵,杨顺华,等.KH - RT 模型在横向来流作用下射流雾化过程的应用[J]. 推进技术,2017,38(7): 1595 - 1602.

[10] 刘日超.航空发动机燃烧室喷雾燃烧数值方法及应用研究[D].西安: 西北工业大学, 2017.

[11] 雷雨冰,谭辉平,赵坚行.数值模拟环形燃烧室两相反应流场[J].燃烧科学与技术,2000, 5(3): 222 - 225.

[12] 王宗勇,王亮,孟辉波.Kenics 型静态混合器内分散相液滴破碎和聚结过程的 CFD - PBM 数值模拟[J].过程工程学报,2021,21(8): 935 - 943.

[13] Tanner F X. Development and validation of a cascade atomization and drop breakup model for high-velocity dense sprays[J]. Atomization and Sprays, 2004, 14(3): 211 - 242.

[14] Spalding D B. Theoretical aspects of flame stabilization[J]. Aircraft Engineering, 1953, 25: 264 - 276.

[15] Longwell J P, Frost E E, Weiss M A. Flame stability in bluff body recirculation zones[J]. Journal of Industrial and Engineering Chemistry, 1953, 45: 1629 - 1633.

[16] 周力行.燃烧理论和化学流体力学[M].北京: 科学出版社,1986.

[17] Zhou L X, Qiao L, Chen X L, et al. A USM turbulence-chemistry model for simulating NO_x formation in turbulent combustion[J]. Fuel, 2002, 81(13): 1703 - 1709.

[18] 沈硕,煤油反应机理对钝体湍流燃烧火焰的影响研究[D].北京: 北京航空航天大学, 2021.

[19] 胡好生,蔡文祥,赵坚行,等.回流燃烧室燃烧过程的三维数值模拟[J].航空动力学报,

　　　　2008,23(3):454 - 459.

[20]　Jones W P, Tyliszczak A. Large eddy simulation of spark ignition in a gas turbine combustor [J]. Flow Turbulence and Combustion, 2010, 85: 711 - 734.

[21]　蔡文祥.环形燃烧室两相燃烧流场与燃烧性能数值研究[D].南京:南京航空航天大学, 2008.

[22]　Mongia H C. Combining Lefebvre's correlations with combustor CFD[C]. Fort Lauderdale: 40th AIAA/ASME/SAE/ASEE Joint Propulsion Conference and Exhibit, 2004.

[23]　张兆顺,崔桂香,许春晓.湍流大涡数值模拟的理论和应用[M].北京:清华大学出版社, 2008.

[24]　王海峰,陈义良.采用考虑详细化学反应机理的火焰面模型模拟湍流扩散火焰[J].燃烧科学与技术,2004,10(1):77 - 81.

[25]　侯晓春,季鹤鸣,刘庆国,等.高性能航空燃气轮机燃烧技术[M].北京:国防工业出版社,2002.

[26]　王海峰,陈义良.湍流扩散火焰的非稳态火焰面模拟[J].工程热物理学报,2004,25(2): 329 - 332.

[27]　李科,周力行,Chan C K.基于二阶矩燃烧模型的液雾燃烧大涡模拟[J].工程热物理学报,2012(3):521 - 524.

[28]　乔丽,周力行,陈兴隆,等.湍流燃烧的统一二阶矩模型[J].燃烧科学与技术,2002(4): 297 - 301.

[29]　王方,周力行.几种二阶矩模型模拟湍流旋流燃烧的比较[J].工程热物理学报,2005(1): 143 - 146.

[30]　郑楚光,周向阳.湍流反应流的 PDF 模拟[M].武汉:华中科技大学出版社,2005.

[31]　Rizk N K, Mongia H C. Three-dimensional analysis of gas turbine combustors[J]. Journal of Propulsion and Power, 1991, 7(3): 445 - 451.

[32]　Rizk N K, Mongia H C. Gas turbine combustor performance evaluation[C]. Reno: 29th Aerospace Sciences Meeting, 1991.